第三级

西班牙
法国
以色列
意大利
新西兰
芬兰
马耳他
哥斯达黎加
葡萄牙
希腊
韩国
英国
德国
秘鲁
黎巴嫩
智利
斯洛文尼亚
塞浦路斯
比利时
丹麦
卡塔尔
马尔代夫
古巴
土耳其
捷克
科威特
美国
哥伦比亚
巴拿马
波兰
厄瓜多尔
阿尔巴尼亚
泰国
乌拉圭
阿曼
波黑
阿尔及利亚
爱沙尼亚
突尼斯
沙特阿拉伯
斯里兰卡
黑山
墨西哥
克罗地亚
斯洛伐克
巴林
文莱
中国
巴巴多斯
阿根廷
匈牙利
阿拉伯联合酋长国
圣卢西亚
塞尔维亚
伊朗
亚美尼亚
萨尔瓦多
委内瑞拉
多米尼加
罗马尼亚
马来西亚
牙买加
马其顿
利比亚
保加利亚
立陶宛
巴拉圭
毛里求斯
拉脱维亚
不丹
格鲁吉亚
巴西
白俄罗斯
巴哈马
塞舌尔
埃及
特立尼达和多巴哥
阿塞拜疆
格林纳达
哈萨克斯坦
苏里南
印度尼西亚
土库曼斯坦
俄罗斯
蒙古
伊拉克
加蓬
博茨瓦纳
斐济
纳米比亚
赤道几内亚
南非

全球健康状况图

这张图表像是一张反映各国健康与财富的世界地图。纵轴反映健康状态，较健康的国家在上面，较不健康的国家在下面；横轴反映收入状况，较富裕的国家在右边，较贫穷的国家在左边。每一颗气泡代表一个国家，呈现每个国家2017年的平均预期寿命和平均收入。

颜色：地区

大小：人口

百万
千万
亿
10亿

世界随时在变化。若对最新的数据图表有兴趣，请参见开启民智基金会的免费网站工具，同时看到这些国家过去两百年来的惊人进展变化。

www.gapminder.org/whc

来源:World Bank[1], IMF[1], IHME[1], UN-Pop[1] & Gapminder[1,2,3,4]

世界银行，国际货币基金组织，卫生计量与评价研究所，联合国人口署，开启民智基金会

均国内生产总值，美元/天，对价格差异做了调整）

$16,000
$32,000
$64,000

FACTFULNESS

事实

[瑞典] 汉斯 · 罗斯林 著

[瑞典] 欧拉 · 罗斯林 / 安娜 · 罗斯林 · 罗朗德 著

张征 译

Hans Rosling

Ola Rosling

Anna Rosling Rönnlund

文匯出版社

图书在版编目（CIP）数据

事实 / (瑞典) 汉斯·罗斯林, (瑞典) 欧拉·罗斯林, (瑞典) 安娜·罗斯林·罗朗德著 ; 张征译. -- 上海 : 文汇出版社, 2019.4

ISBN 978-7-5496-2812-4

Ⅰ. ①事… Ⅱ. ①汉… ②欧… ③安… ④张… Ⅲ. ①认知逻辑 Ⅳ. ①B815.3

中国版本图书馆CIP数据核字(2019)第051404号

著作权合同登记号：09-2019-171

事实

作　　者 / [瑞典] 汉斯·罗斯林　欧拉·罗斯林　安娜·罗斯林·罗朗德
译　　者 / 张　征

责任编辑 / 若　晨
特邀编辑 / 叶启秀　孟　南
封面装帧 / 李子琪

出版发行 / 文匯出版社
上海市威海路 755 号
（邮政编码 200041）
经　　销 / 全国新华书店
印刷装订 / 河北中科印刷科技发展有限公司
版　　次 / 2019 年 4 月第 1 版
印　　次 / 2024 年 10 月第 17 次印刷
开　　本 / 880mm × 1230mm　1/32
字　　数 / 284 千字
印　　张 / 12.75

ISBN 978-7-5496-2812-4
定　　价 / 99.00 元

谨以此书献给一位勇敢的赤着双足的妇女。

虽然我不知道她的名字，然而正是她面对一群愤怒的持刀暴徒仗义执言，用她的理性雄辩挽救了我的生命。

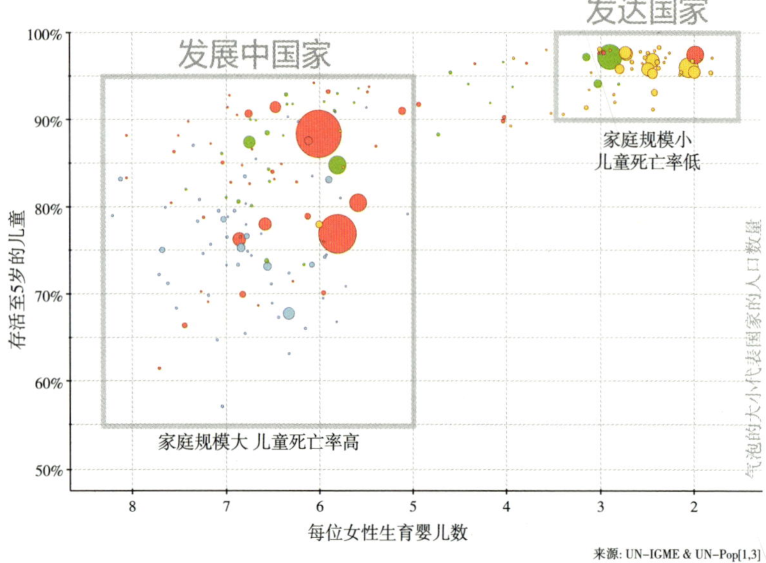

针对本图的具体分析，见032页

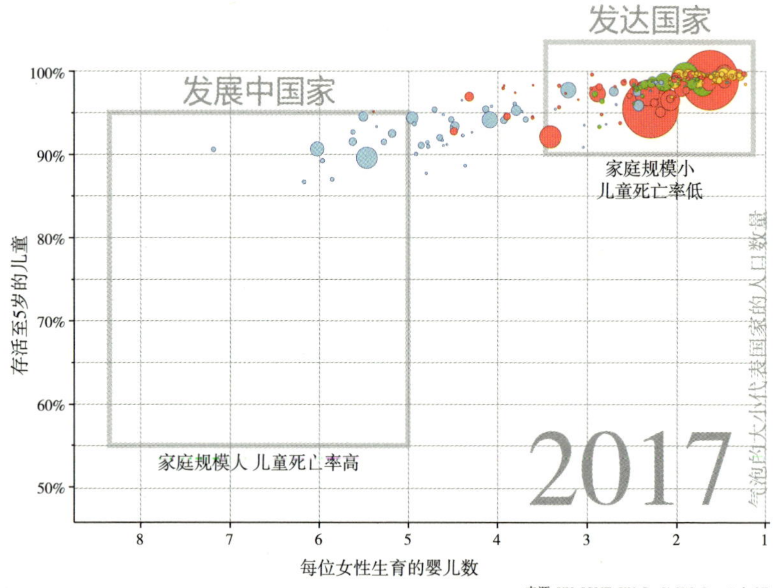

针对本图的具体分析，见034页

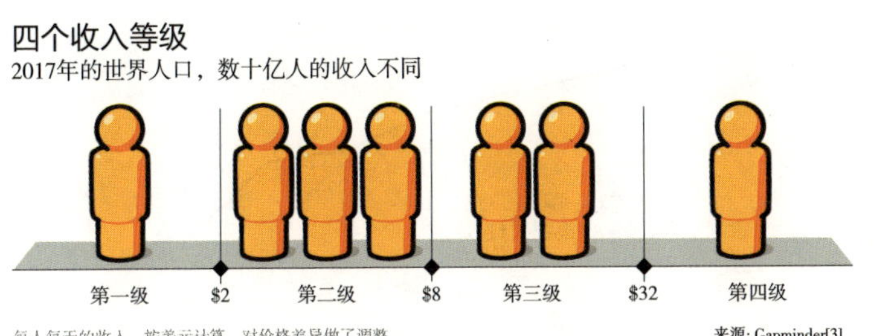

针对本图的具体分析，见041页

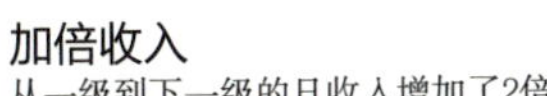

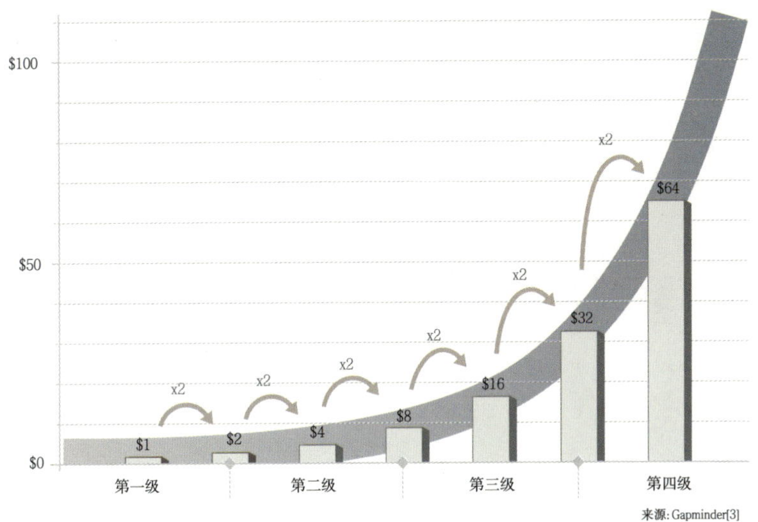

针对本图的具体分析，见118页

1800年至今的极度贫困人口比例

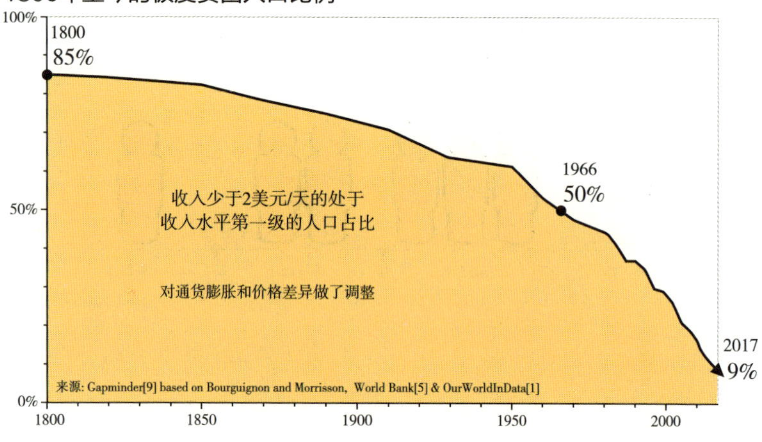

针对本图的具体分析，见064页

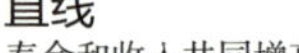

直线

寿命和收入共同增高

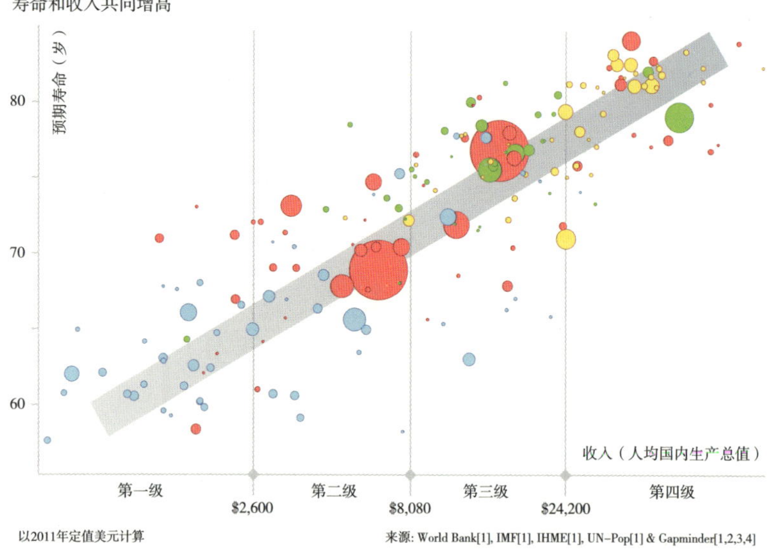

针对本图的具体分析，见113页

1800年至今平均每位女性生育婴儿数

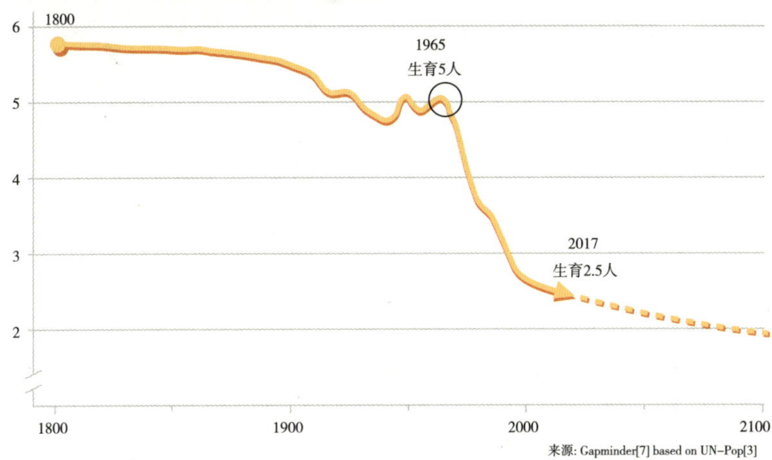

针对本图的具体分析，见103页

按收入分类的平均家庭规模，2017年

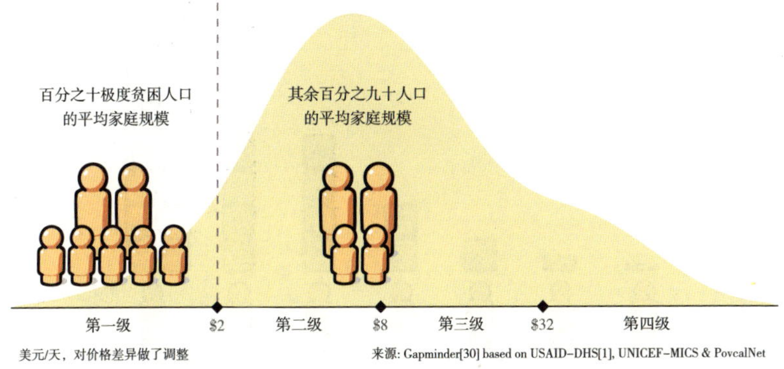

针对本图的具体分析，见109页

人均拥有吉他数量

每百万人可弹的吉他数量

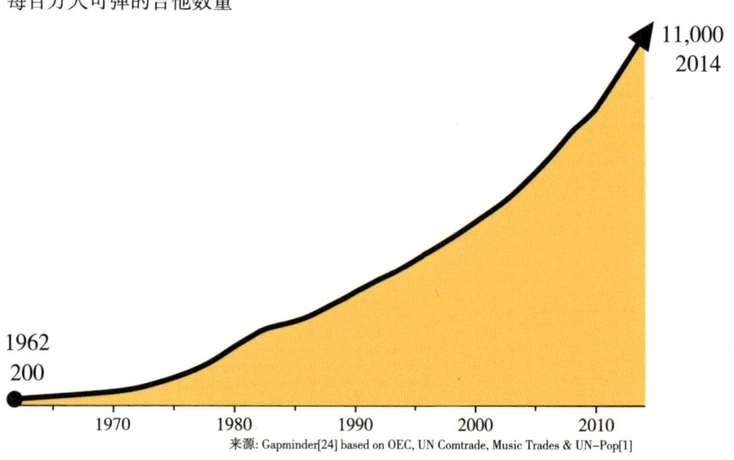

针对本图的具体分析，见077页

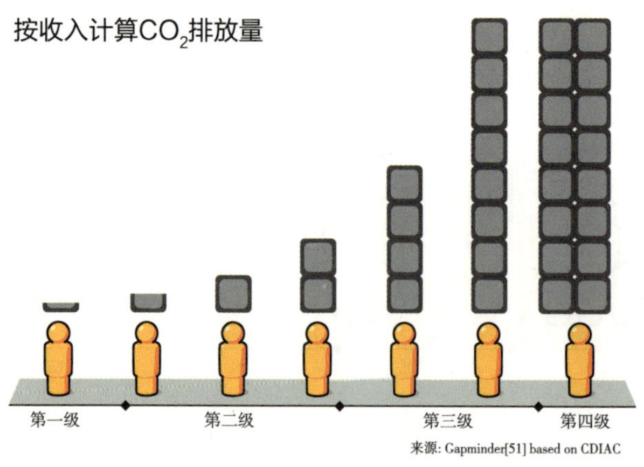

针对本图的具体分析，见261页

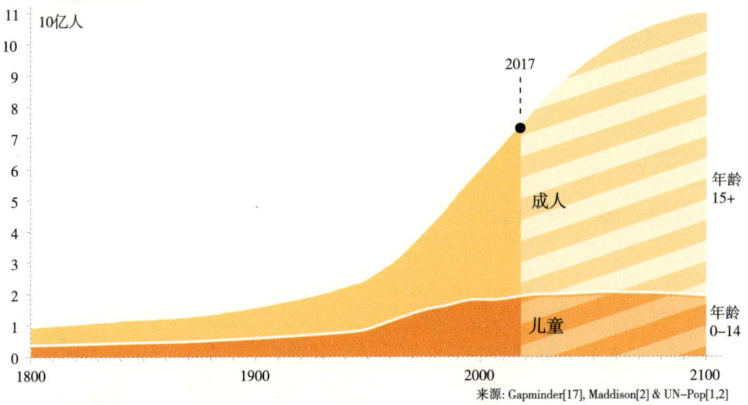

针对本图的具体分析，见102页

只有10%的人回答得比大猩猩好

十三个问题中回答正确的人的占比

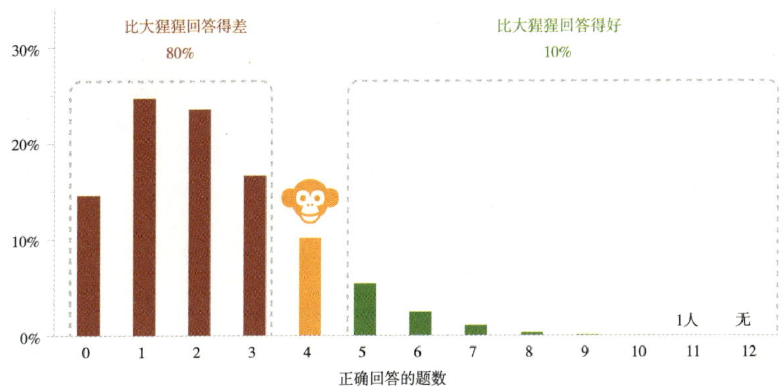

针对本图的具体分析，见328页

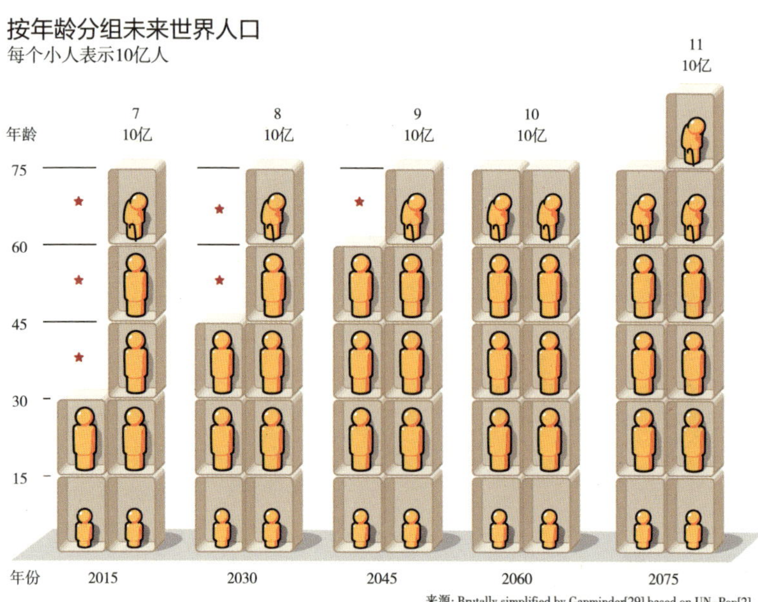

针对本图的具体分析，见105页

很快，非西方人将占第四级人口的大多数

将人口按照西方和非西方分类，各自的收入分布

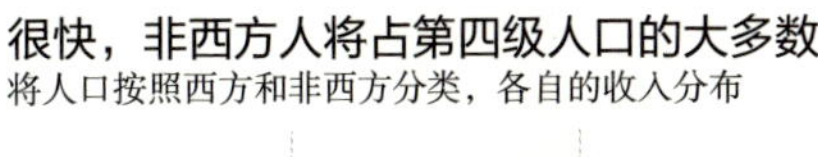

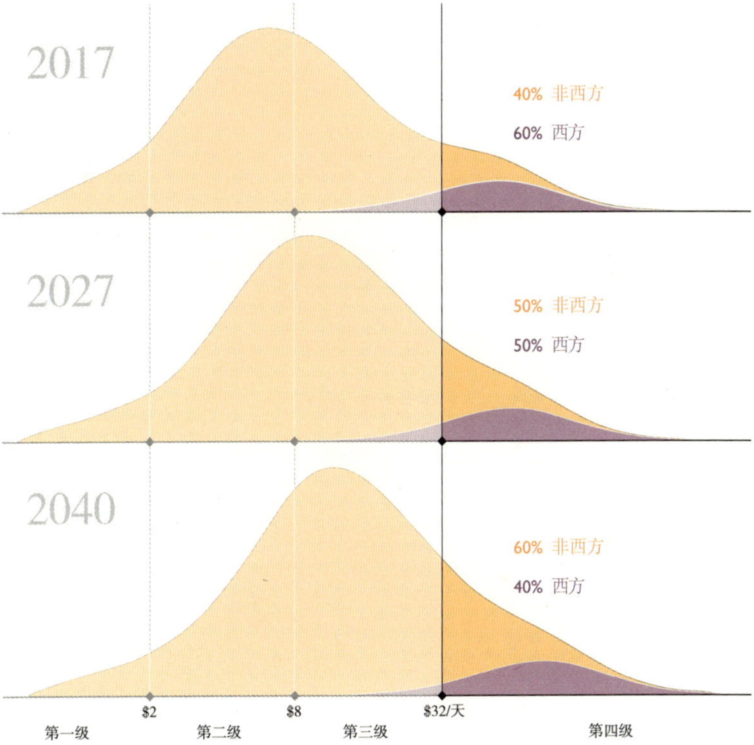

2017

40% 非西方

60% 西方

2027

50% 非西方

50% 西方

2040

60% 非西方

40% 西方

$2 $8 $32/天

第一级 第二级 第三级 第四级

以2011年定值美元计算每天的收入，对价格差异和通货膨胀做了调整

来源: Gapminder[8] based on PovcalNet, IMF[1] & van Zanden[1]

针对本图的具体分析，见165页

目录

作者寄语 - 001
引言 - 003

第一章 一分为二 - 023
第二章 负面思维 - 057
第三章 直线思维 - 091
第四章 恐惧本能 - 121
第五章 规模错觉 - 149
第六章 以偏概全 - 171
第七章 命中注定 - 199
第八章 单一视角 - 223
第九章 归咎他人 - 247
第十章 情急生乱 - 269

目 录

第十一章　实践中的实事求是 – 295

结语 – 312

致谢 – 315

附录　世界各个国家答得如何 – 321

笔记 – 329

数据来源 – 362

作者简介 – 391

作者寄语

这本书是以我的语气来写的，貌似这是我自说自话、独立完成的工作，而事实并非如此。正如我过去十年来在全世界各地参加的 TED 演讲一样，这本书也是三个人的工作成果，而不是我一个人的。

我只是那个站在讲台上演讲、接受掌声的人。而您听到的所有演讲，以及本书中的所有内容，都是我们三个人在过去 18 年中精诚合作、共同努力的结果。这三个人是我的儿子欧拉、我的儿媳安娜和我本人。

我们三个人在 2005 年一起创建了“开启民智基金会”，致力于普及实事求是的世界观，从而减少无知。作为一名医生和研究全球健康问题的学者，我贡献了我的精力、好奇心以及一生的经验；而欧拉和安娜则负责进行数据分析、可视化的解读，发掘数据背后的故事以及做出简明直观的结果呈现。是他们提议系统化地测试人们对真实世界的无知，也是他们设计了美妙的气泡图来反映真实的世界。“收入阶梯”这种用图像来直观地反映数据、从而反映世界真相的方法，就是安娜发明的。当我在为人们对真实世界的无知而感到越来越愤怒的时候，他们则超越了愤怒情绪，采用了理性的分析来阐明实事求是的世界观及这种世界观谦虚、坦然的本质。我们三个人一起设计了各种思维工具，以便人们将实事求是的世界观用于实践。

本书的内容不是来自所谓的“孤独的天才”灵光乍现的创造，而是来自我们三个带着不同的才能、知识和视角的人经过持续讨论、争辩以及合作的结果。正是这种非传统且常常令我大发雷霆的工作方法带来了真正的成果——一种全新的呈现真实世界并且思考真实世界的方法。而仅凭我一人，是无法创造出这种方法的。

引 言

为什么我喜欢马戏

我喜欢看马戏表演，我喜欢看马戏表演者在空中挥舞着发出刺耳噪声的电锯，或者在一条悬挂于高空中的绳子上连续翻十个跟头。我喜欢奇迹，也喜欢目睹奇迹发生的感觉，我喜欢亲眼看到似乎不可能的事情变成现实。

当我还是一个孩子的时候，我的梦想就是成为一个马戏表演者，但我父母的梦想却不是这样，他们希望我去接受他们从来没接受过的、非常好的教育，所以最终我学了医学。

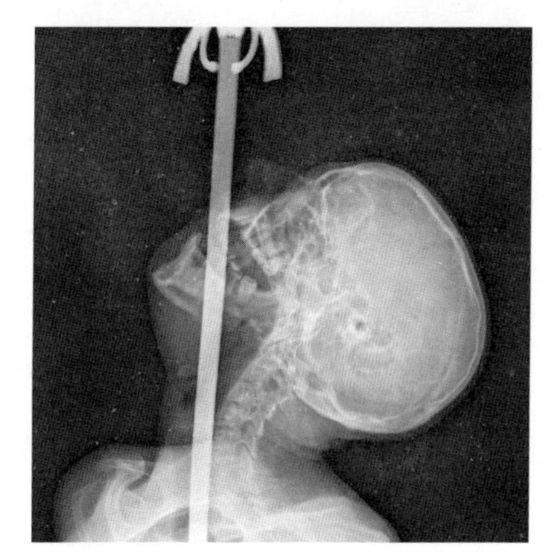

有一天下午，我在医学院听着一堂沉闷的讲座。教授讲到了喉咙的功能和构造，他说，如果喉咙里面有什么东西卡住了，可以通过把下颌骨向前推的方式，使

喉咙的通道变得畅通，从而使卡住的东西能够通过。为了描述这一点，他展示了一张 X 光片，这张 X 光片展示了一个马戏演员把剑吞进喉咙的场景。

那一刻，我非常激动，我发现我儿时的梦想还没有结束。几周之前，当我在学习反射反应的时候，我发现比起其他的同学，我能够把手指头伸入喉咙更深的地方。当时我并没有觉得这有什么了不起的，而且我也不觉得这是什么重要的技术。但是现在我理解了它的价值，突然之间，我儿时的梦想回到了我的生活中。我决定要成为一个吞剑表演者。

我的第一次尝试以失败告终。由于我没有宝剑，我就拿了一个钓鱼竿来代替。但是无论我多么努力地尝试，每次我都只能把钓鱼竿伸到喉咙里面大约 2.5 厘米的地方，然后它就卡住了，每次都是如此失败。最终，在我的人生中，我第二次放弃了儿时成为马戏表演者的梦想。

三年之后，我成为一个助理医师，在一个真正的医院里面工作。有一天，我的第一个病人来看我，他患有持续性的咳嗽。按照惯例，我询问了他的职业，因为职业和患者的症状经常会有相关性。

结果，让我非常吃惊的是，他竟然是一个吞剑表演者，您能想象当时我有多么吃惊吗？我竟然看到了一个和当初在医学院学到的 X 光片上面完全一样的吞剑表演者，他就在我面前。我压抑不住激动的心情，向他介绍了我多次尝试吞钓鱼竿而失败的经历，他笑着对我说："年轻的医生，您难道不知道喉咙是扁的吗？您只能把扁平的东西插到喉咙里面，这就是为什么我们要用剑。"

当天晚上我回到家里，找到了一个汤勺，这个汤勺有一个扁平且很长的柄，马上我开始了新的尝试。

这次我非常顺利地把勺柄插到了喉咙里面。我非常激动，但把勺子柄插到喉咙里面并不是我的梦想。第二天我就在当地的报纸上登了一则广告来收购宝剑。很快我就得到了我想要的东西，这是一把 1809 年造的、瑞典军队用的宝剑。当我顺利地把宝剑插入喉咙的时候，我觉得无比激动和骄傲。一方面是为了我获得的成就，另一方面我觉得我发现了一种重新利用旧时代武器的方法。

吞剑表演一直就是一种看起来不可能，但在现实中却是可能的事情，这种表演能够激发人们的想象力，而这种想象力，可以超越表面上的可能性。偶尔我会在关于全球发展的讲座结束之后，为我的观众表演这项古老的印度艺术。我会搬来一张桌子，站到上面，脱掉我体面的西服，露出里面装饰着金光闪闪的铜扣的黑色马甲。然后我要求所有的观众彻底地安静下来，伴随着密集的鼓点，我慢慢地把宝剑插入我的喉咙，接着我伸开双臂，这时所有的观众都沸腾了。

自我测试题

这本书讲述的是关于我们所生存的世界，以及如何理解这个世界，那么为什么我要讲马戏团的表演呢？为什么我在讲座结束之后要表演吞剑呢？我马上会解释这一点，但是首先我希望您能够测试一下自己关于这个世界的知识，看一下您对这个世界了解多少。请找出一支笔，并且回答下面 13 个关于事实的问题。

1. 在全世界所有的低收入国家里面，有多少百分比的女孩能够上完小学？

□ A.20%

□ B.40%

□ C.60%

2. 全世界最多的人口生活在什么样的国家？

□ A. 低收入国家

□ B. 中等收入国家

□ C. 高收入国家

3. 在过去的 20 年里，全世界生活在极度贫困状态下的人口是如何变化的？

□ A. 几乎翻倍

□ B. 保持不变

□ C. 几乎减半

4. 全世界人口的预期寿命现在是多少岁？

☐ A.50 岁

☐ B.60 岁

☐ C.70 岁

5. 今天全世界有 20 亿儿童，他们的年龄从 0 到 15 岁，那么根据联合国的预测，到 2100 年，全世界会有多少儿童？

☐ A.40 亿

☐ B.30 亿

☐ C.20 亿

6. 联合国预测，到 2100 年，世界人口将增加 40 亿，那么请问主要原因是什么？

☐ A. 将会有更多的儿童（15 岁以下）

☐ B. 将会有更多的成年人（15 到 74 岁）

☐ C. 将会有更多的老年人（75 岁以上）

7. 在过去的 100 年间，死于自然灾害的人数是如何变化的？

☐ A. 几乎翻倍

☐ B. 保持不变

☐ C. 几乎减半

8. 当今世界上的人口数量接近 70 亿，下面哪张地图最佳地表示了人口的分布情况？每一个人形图案代表了 10 亿人。

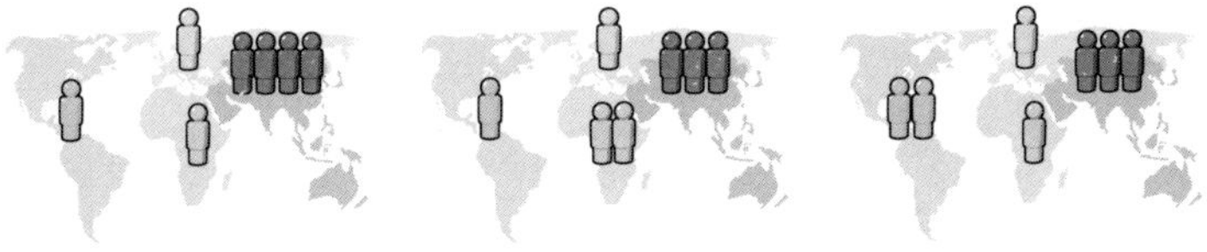

A　　B　　C

9. 现在全世界有多少一岁儿童接种过疫苗?

□ A.20%

□ B.50%

□ C.80%

10. 在全世界范围内,30岁的男人平均接受教育的时间超过10年。请问30岁的女性,平均在学校接受教育的时间是多少年?

□ A.9年

□ B.6年

□ C.3年

11. 在1996年,老虎、大熊猫和黑犀牛被列为濒危动物,那么请问到今天这三种动物中的哪些还是濒危动物?

□ A. 全部都是

□ B. 其中的一种

□ C. 全部都不是

12. 全世界有多少人能够使用电?

□ A.20%

□ B.50%

□ C.80%

13. 全球气候专家预测,在接下来的100年中,全球的平均温度将＿＿＿＿＿＿＿＿＿＿＿＿。

□ A. 升高

□ B. 保持不变

□ C. 降低

这是上述问题的答案：

1. C，2. B，3. C，4. C，5. C，6. B，7. C，8. A，9. C，10. A，11. C，12. C，13. A

请把您的分数记录在一张纸上。

科学家、大猩猩和您

请问您的测试结果怎么样？您是不是做错了很多题？您是不是觉得大部分题都要靠猜？如果是这样的话，下面我将会谈到的两点，会使您感觉舒服一些。

第一，当您读完这本书的时候，您的测试结果会变得好很多，这并不是因为我会让您坐下来，死记硬背一系列全球统计数据（我是一个全球健康学教授，我不会做这种不靠谱的事），而是因为我会和您分享一系列思考工具，而这些思考工具将帮助您对“世界是如何运转的”这件事情有一个宏观的了解，而不必去学习过多的细节。

第二，如果您的测试成绩很差，那么您会发现这个世界上的绝大多数人和您的成绩是一样差的。

在过去的几十年间，我向成千上万的人问了上百个像这样基于事实的问题，关于贫穷和财富，关于人口增长，关于出生、死亡、教育、健康、性别、暴力、能源和环境。这些都是关于世界的现状和趋势的基本问题。这些问题都不复杂，也没有欺骗性，我非常谨慎地选择了基于基本事实的问题，而且所有的数据都是记录完好，并且没有争议的。然而，绝大多数的人仍然在测试中错得离谱。

例如问题 3，就是关于世界上极度贫困人口的变化趋势。在过去的 20 年间，全球人口中，生活在极度贫困状态的人的比例下降了一半。这绝对是革命性的进展。我个人认为这是在我的生命中所发生的最重要的变化。这是关于人类生存的基本状况的一个非常基本的事实。然而很多人并不知道这个事实，平均只有 9% 的人给出了正确答案。

（是的，我已经对瑞典的媒体说过很多关于全球极度贫困人口减少的情况。）

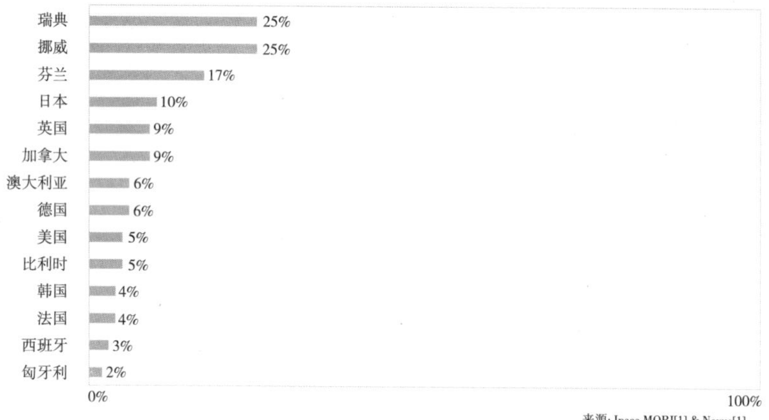

我们经常看到，美国的共和党和民主党互相攻击对方不了解事实。而实际上，如果他们停止攻击对方，反过来检测一下自己对事实的了解程度的话，他们都会变得谦虚很多。当我们在美国做这道题测试的时候，只有 5% 的人给出了正确答案。绝大多数人，无论他们是投票给民主党，还是投票给共和党，都相信全球的极度贫困人口，要么在过去 20 年间没有改变，要么就是变得更多了，而事实却恰恰相反。

让我们再看看另外一个例子吧，第 9 题，关于疫苗注射。在当今的世界，几乎所有的儿童都接种过疫苗。这是令人震惊的进步，它意味着，在今天的世界上，几乎所有的人都可以得到现代医疗的好处。但是绝大多数人并不知道这一点，平均只有 13% 的人选出了正确答案。

而大家普遍回答最正确的问题，就是关于全球气候变化的，有 86% 的人给出了正确答案。在我做调查的所有富裕国家里面，几乎所有人都知道气候专家预测全球的天气将变暖。仅仅在几十年的时间里，科学的发现就已经从实验室走向了普罗大众。这个案例可以称为公众宣传的一个成功。

然而除了气候变化的问题，对其他 12 个问题，人们普遍表现出了极大的无知。2017 年，我们在 14 个国家向 12000 人进行了调查，而他们平均在其他 12 个问题中只回答对了两个，没有任何一个人得到满分，而且只有一个人答对了 12 道题中的 11 道。令人震惊的是，有 15% 的人答错了所有的题。

也许您会认为，受过更好教育的人群会给出更好的答案，或者专业人士和对这些问题有专门研究的人，能够给出更好的答案。当然，我原来也是这样认为的。而实际上我错了，我测试的对象包括了全世界各种人群。有医学院的学生教师、大学教授、出色的科学家、投资银行家、企业高管、记者和社会活动家，甚至还有很多高层政策制定者。这些人毫无例外，都是受过高等教育的，而且他们对上述问题也都是有关注、有兴趣的，但是他们中的绝大多数都答错了绝大部分问题。上述的几类人群中，甚至有的错误率还要高过普通人。诺贝尔奖得主和医学研究者在有些问题上错得令人震惊。这不是一个关于智商的问题。貌似绝大多数人对这个世界的理解都是错误的。并且不仅仅是错误，而是系统性的错误。所谓系统性的错误，我指的是这些错误答案并不是随机选择所得。即使接受测试的人对所测试的题目毫无了解，只是随机选择的话，得到的正确答案也会多很多。

大家可以想象一下，假如我去动物园，拿我的所有问题问动物园里的大猩猩。我手里拿着一大把香蕉，每个香蕉上都分别标着 A、B、C，然后我把香蕉扔给这些大猩猩。我大声地念出上面 13 道题中的每一道，念完之后，就看看大猩猩到底选择了哪一个香蕉吃掉，再记录下来，香蕉上面的答案到底是 A、B 还是 C。

如果我真的这样做的话（当然我不会这么做，只是大家可以想象）：由于大猩猩是随机选择香蕉，也就是答案 A、B、C，它一定会得到一个接近 1/3 正确的比例。这样来讲，由于大猩猩是随机选择答案的，所以它们的答题正确率将一定会比我们这些受过良好教育但是被误导的人的正确率要高得多。即使纯粹凭瞎蒙，大猩猩仍然可以得到 33% 的正确率，或者说在 12 道题里面答对 4 道。而参与测试的人类，平均只能答对两道题。

更重要的是，大猩猩的错误将会均匀分布在两个错误答案之中，然而，人类的答案却是毫无例外地偏向一个方向。相对于事实，每组人群都普遍相信这个世界是更加可怕、更加暴力，而且更加没有希望的。简单来说，人们想象中的世界比真实的世界更加夸张。

我们为什么没能比大猩猩做得更好

为什么如此多的人错得如此离谱呢？为什么绝大多数的人类得到的分数都比大猩猩要低，会比随机瞎蒙乱猜得到的结果更差呢？

1990 年，当我第一次发现人们这种巨大的无知时，我还是很高兴的。当时我刚刚开始在瑞典的卡罗林斯卡学院任教，教授全球健康课程。那时候我还是很紧张的，因为我知道我面对的是一群非常聪明的学生，说不定他们已经知道了所有我打算教给他们的东西。因此，当我发现他们对世界的认识是如此无知，他们做出的答案竟然比大猩猩做出的答案还要差的时候，我很高兴，而且觉得很轻松。

但是我越来越多地发现这种无知的存在。这种无知不仅仅存在于我的学生中间，而是无处不在。人们对世界的认识是如此错误，这一点使我陷入了深深的沮丧和焦虑。这就好比当你使用 GPS 系统的时候，你希望你使用的是正确的信息。你绝不希望你在使用导航系统的时候，这个系统的基础信息全部是另外一个城市的。因为你很清楚，用错误的信息来导航，你最终只能去到一个错误的终点。但是我们的政策制定者和政治家们，都在使用错误的信息，这样如何解决全球的问题呢？我们的商业领袖们的世界观都是黑白颠倒的，这样他们如何来为他们的机构做出正确的决定呢？我们每一个普通人在不知道他们究竟应该为什么而紧张和焦虑的时候，又如何对自己的人生做出选择呢？

我认识到，仅仅测试大家的知识和暴露无知是不够的，我决定努力去理解，这一切究竟是为什么？为什么关于世界真相的无知是如此普遍，又是如此持久。人都是会犯错的，包括我自己，但是怎么会有如此多的人错得如此离谱呢？为什么如此多的人的测试结果竟然还不如动物园里的大猩猩呢？

当一天夜深人静的时候，我在大学里面加班，突然悟到了这个问题的答案。我认识到，这个问题不能简单地归咎于人们缺乏知识。因为缺乏知识只会导致人们和大猩猩一样随机选择答案，而不是犯下系统性错误，回答得比随机选择更差。只有错误的知识，才能够使我们犯下系统性的错误，才能使我们得到如此差的结果。

天哪，我终于明白了。这么多年来，我所面对的问题，其实是一个有关知识升级的问题。不只是我那些学习全球健康专业的学生，还包括在过去多年间其他做过我的测试的人，他们都是有知识的，只不过他们所拥有的知识是过时的，而且是几十年前很过时的知识。他们的世界观停留在几十年前——他们的学生时代。

因此我得到了一个结论，要想根除无知，我必须帮助人们升级他们的知识系统。为了做到这一点，我需要拥有更好的教材，从而能够把数据清晰地反映出来。在一次家庭晚宴上，我告诉了安娜和欧拉我的这些想法，他们马上就参与进来，开始帮助我设计动画图表。我带着这些先进的教学工具周游世界，在各种不同的场合演讲，包括在蒙特利尔、柏林和戛纳的 TED 演讲，在可口可乐和宜家这样的大型跨国公司的演讲，在全球性的银行和对冲基金的演讲，以及在美国国务院的演讲。我总是非常兴奋地用动画图表向所有人展示这个世界发生了哪些变化。我也总是非常乐于告诉所有人，他们就是《皇帝的新衣》里一丝不挂的皇帝，他们对自己所生活的世界毫无了解。我希望能够帮助所有人升级他们的知识系统。

但是我逐步认识到，我错了。无知的问题，并不仅仅是知识升级的问题，也并不可能仅仅通过提供更好的教学工具以及更清晰的数据来解决。因为我非常遗憾地发现，即使是那些喜欢我的演讲的人，他们也并没有真正接受我演讲中的观点。很多人在听我演讲时，深有感触，但是过了三分钟热度之后，他们仍然会陷入自己原有的负面世界观里面，而不会接受我所介绍的新观点。甚至在我刚刚演讲结束之后，我都可以听到观众仍然在用旧的观点表达他们对于贫穷或者人口的错误认识。这使我深受挫折。

那么我们应该责备媒体吗？我当然这么想过，但这不是正确的答案。媒体有其扮演的角色，这一点我在后面会继续讨论，但是我们不能简单地把媒体作为一个反面角色来看待。

2015 年 1 月，我迎来了一个重要的时刻。世界经济论坛在瑞士的达沃斯举行。全世界上千名最有影响力的领袖全部参加了达沃斯论坛。这其中包括政治家、商业领袖、企业家、学者、社会活动家、记者，以及很多联合国的高级官员。他们都参加了这次论坛的关于社会经济和可持续发展的主题会议。在主题会议上，比尔·盖茨夫妇和我做了主题演讲。当我走上讲台的时候，我向台下望去，我认出了好几个国家的元首、联合国前秘书长、几位大型跨国公司的董事长，还有几位我在电视上经常见到的著名记者。

我计划问大家三个问题，关于贫穷、人口增长以及疫苗的接种率。我其实内心非常紧张，我担心如果大家对这三个问题都回答出了正确的答案怎么办，这样的话，后面我所有的演讲内容都无法按计划来进行了。我不会再有机会向他们来解释他们的回答有多么错误，以及这个真实的世界究竟是什么样子。

事实证明我大可不必担心。虽然这些运筹帷幄的世界领袖确实对于贫穷问题了解得比普通大众要多得多，他们中的 61% 选中了正确的答案，但是在另外两个关于全球人口增长以及医疗服务的普及方面的问题上，他们的正确率仍然比不上大猩猩。而这些人类的领袖，他们能够得到最新的数据，并且得到专家顾问的支持帮助。他们对世界现实的无知，无法用知识的过时来解释。那么他们无知的根源又在何处呢？

达沃斯论坛之后，一切都清晰了起来。

我们情绪化的本能和过分情绪化的世界观

这就是我要写这本书的原因。我年复一年地在世界各地推广实事求是的世界观，我也日复一日地见到人们无视面前铁一样的事实而坚持自己错误的观念。我多年来一直在研究为什么如此多的人，下至普通大众，上至精英人群，在回答关于世界基本事实的问题的时候，得分还不如靠胡蒙乱猜的大猩猩高。

简而言之，当我们想到这个世界的时候，我们经常会想到战争、暴力犯罪、自然灾害、人为灾害等等负面的信息。我们感觉到好像所有的事情都在变糟，对不对？富人在变得更富，穷人在变得更穷。而穷人的数量在不断增长，我们将很快耗尽我们的自然资源，除非我们现在马上采取行动。上面所说的这些，至少是我们西方人普遍在脑海中存在的对世界的印象。我称之为过分情绪化的世界观，这种世界观给我们带来的是压力和误导。

事实上，这个世界上的绝大多数人，生活在中等收入的水平，也许他们并不是我们所认为的中产阶级，但是他们并不生活在极度贫困的状态下。在这些中等收入的人群中，他们的女儿可以上学，他们的孩子可以得到疫苗接种，他们普遍有两个孩子，他们在假期有机会出国，去旅游，而不是作为难民。年复一年，日复一日，这个世界正在进步。当然，我并不是说这个世界每年在每一个方面都有进步，但是确实一步又一步、一年又一年地持续进步着。虽然我们面对巨大的挑战，但我们仍然取得了巨大的进步，这就是实事求是的世界观。

正是这种过分情绪化的世界观，误导了人们，使人们对我的问题选择了最情绪化以及最负面的答案。当人们思考的时候，人们会持续地并且本能地通过他们的世界观来猜测和理解这个世界。所以如果你的世界观是错的，那么你就会系统性地做出错误的猜测。然而这种过度情绪化的世界观，并不是由过时的知识引起的，虽然我曾经这样认为。但事实上，甚至那些能够接触到最新数据和信息的人，仍然对这个世界产生了错误的理解。所以我相信并不是由于媒体的误导、错误的宣传、假新闻或者错误的数据，导致人们产生了对世界错误的理解。根源在于人们错误的、过分情绪化的世界观。

在过去的几十年间，我一直在持续地讲课、测试，并且目睹人们持续地无视事实，仍然对世界产生错误的理解。几十年的经验使我深深地相信，这种过度情绪化的世界观是非常难以转变的。究其根源，这种错误的世界观深深地根植于我们人类大脑工作的方式。

测试：视觉错觉和全球错觉

请观察下面两条水平线，并且回答哪一条水平线更长。

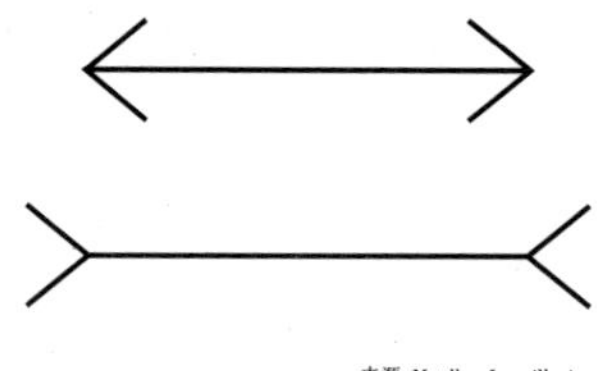

来源：Mü ller-Lyer illusion

也许你曾经看到过这个题目。下边的水平线看起来比上边的那条线要长一些。你也许已经知道了答案。但是，尽管你可以亲自测量这两条线的长度，并且确认它们是一样长的，**但你仍然会感觉它们长度不同。**

我戴的眼镜有视力校正功能。但是当我在做这道测试题的时候，我仍然会产生错觉，觉得下边的那条线比上边的更长。这是因为错觉并不是产生在我们的眼睛里，而是产生在我们的大脑深处。这种错觉来源于系统性的误判，而不是来源于个体的视力问题。当我们知道，我们对世界的误解是来源于系统性的误判时，我们就大可不必为我们答错题而感到尴尬了。取而代之的应该是感到无比好奇，这种错觉是如何产生的呢?

同样，你可以看着公开测试的结果，感觉到无比好奇，而不是尴尬。你可以问自己这种全球性的错觉是如何产生的，为什么有这么多人的大脑系统性地误解了这个世界的真实状况。

人类的大脑是几千年进化的结果，在几千年进化的过程中，我们的大脑产生了多种本能。而正是这些本能，帮助我们的祖先，能够从一小群捕猎者和采集者中，在严酷的生存环境中幸存下来，并且进化为统治世界的人类。我们的大脑经常会不经过系统的深思熟虑而直接跳到简单的结论，这种本能曾经能够帮助我们的祖先躲开迫在眉睫的危险。我们对流言蜚语和夸张的故事感兴趣，是因为这些曾经是我们祖先仅有的信息来源。我们对糖和脂肪无比渴望，是因为这些东西在食物短缺的情况下是能够救命的能量来源。我们人类有很多的本能，这在几千年前是非常有用和有帮助的，但今天我们已经生活在一个非常不同的世界中了。

我们对糖和脂肪的渴望导致了肥胖这一最大的世界性健康问

题。我们今天不得不教育我们的孩子以及我们自己远离甜食和油炸食物。同时我们快速反应的大脑和我们情绪化的本能，导致了我们对世界的错误理解，以及过度情绪化的世界观。

请不要误解我，我们今天仍然需要这些情绪化的本能。正是由于这些情绪的存在，我们的世界和人生才变得有意义。如果我们把一切都变成简单的、纯理性的输入分析以及决策过程，我们将失去正常的人生乐趣。我们不应该一刀切地戒掉所有的糖和脂肪，我们也不应该做一个外科手术，去切掉我们的右脑。但是我们确实应该学会控制我们的情绪。否则，过度情绪化的世界观将使得我们不能认识世界的真相，并且带给我们错误的答案。

尊重事实和实事求是的世界观

这本书是我对全世界的无知宣战之后的最后一场战役，也是我希望自己能对这个世界产生一些正确影响的最后一次努力。我希望本书能够改变人们的一些思维方式，使得他们不要受到非理性恐惧的困扰，并且能够重新把他们的能量投入建设性的行为中去。在我以往几十年对抗世界性无知的战役中，我曾经采用过各种各样的武器，包括海量的数据、先进的软件、激情四射的演讲，以及一把古老的瑞士宝剑。然而这些都不够，我希望这本书能够成为战胜世界范围内的无知的终极武器。

这本书讲述的是如何**以数据作为根治无知的良方，以理性作为心灵平静的源泉。因为这个世界并没有你所感觉到的那么糟糕。**

实事求是的思维方式，应该就像健康饮食和持续锻炼一样，成为你日常生活的一部分。接受这种思维方式，你将能够改掉原来过度情绪化的世界观，取而代之的是一种实事求是的世界观。你将会拥有一颗开放的心灵，去正确理解这个世界。你将会做出更好的决定，对真正的危险和可能性保持敏锐，并且不再会为一些实际上无关紧要的事情而紧张。

在本书中，我将会教你如何避免过分情绪化，并且给你一些思考的工具，从而能够帮助你控制情绪化的本能。然后你就可以改变自己的一些错误观念，建立起自己实事求是的世界观，并且在以后的测试中，每次都能够打败动物园的大猩猩们。

回到马戏表演

我之所以偶尔会在演讲结束的时候表演吞剑，就是为了给观众展示，貌似不可能的事情实际上是可以发生的。每次表演吞剑之前，我都会测试我的观众对世界事实的了解，我都会向他们展示这个世界和他们所理解的是完全不同的，我都会证明给他们看许多他们认为从来都不会发生的变化，其实已经发生了。我也都会努力去唤醒他们的好奇心，使他们去追问究竟什么是可能的。

我表演吞剑，是因为我希望我的观众都能够认识到他们的直觉可以错得多么离谱。我希望他们能够认识到，吞剑也好，真实的世界也罢，无论与他们以往的认识有多么大的冲突，无论看起来是多么不可能，却都是事实。

我也希望人们能够在认识到自己对世界的理解有误之后，不要觉得尴尬，而是感到孩子般好奇和兴奋，就像每次我观看马戏表演或者发现我自己对世界的错误理解时一样，充满了兴奋和好奇地问自己，天哪，这怎么可能，这是怎么发生的?

这本书将会告诉你一个真实的世界，也会告诉你为什么你自己不能看到这个世界的真相，你应当如何做才能够看到世界的真相，以及如何在现实的生活中变得更加乐观，少点紧张，多点希望。

所以，如果你对如何正确地认识世界，而不是继续生活在自己错觉的泡沫中感兴趣，如果你愿意改变你情绪化的世界观，如果你愿意用批判性的思考来代替直觉的反应，如果你感觉到谦卑和好奇，请继续阅读下面的内容。

CHAPTER 1

第一章

一分为二

仅用一张纸就能捕捉到藏在教室里的怪物

回到原点

那是在 1995 年 10 月，当天晚上我并没有意识到，上完了这一晚的课程，我将会开始长达几十年的面对全球错误观念的战斗。

我向参加课程的学生分发了从联合国教科文组织的年鉴中摘录的数据表 1 和 5。这些数据图表看起来是枯燥无味的，但是我却非常兴奋。我向他们提问："谁能告诉我沙特阿拉伯的儿童死亡率是多少？"

所有的学生异口同声地回答："35‰。"

"没错，是 35‰。大家回答正确。这就意味着每一千个儿童中，就会有 35 个儿童在年满 5 岁之前死亡。那么谁能告诉我马来西亚的儿童死亡率是多少？"

"14‰。"所有人异口同声回答道。

当他们把数字回答给我的时候，我就用一支绿色的笔，把这个数字写在一张透明胶片上，然后通过幻灯片把它投射出来。

"14‰，没错。"我说，"这个数字比沙特阿拉伯的儿童死亡率要低。"

我一不小心把马来西亚的名字拼写错了，这引得学生们发出一阵大笑。

我继续问道："巴西呢？"

"55‰。"

"坦桑尼亚呢？"

“171‰。”

我放下笔，对大家说：“你们知道为什么我如此痴迷地研究儿童死亡率这个指标吗？这不仅仅因为我关心儿童，还因为这个指标就像一个巨大的温度测试器一样，测试着整个社会的温度。因为儿童是非常脆弱的，有很多因素都可能导致他们死亡。你们可以看到，在马来西亚只有14‰的儿童死亡，那么这就意味着另外的986个儿童生存了下来。这就意味着他们的父母和社会在细菌、饥饿、暴力等各种能够危害儿童生命的危险因素面前，有能力保护他们。所以14‰这个数字可以告诉我们，绝大多数马来西亚的家庭是有充足的食物的，他们的排水系统并不会污染他们的饮用水，他们具备基本的医疗条件，而且他们的母亲们有读和写的能力。这不仅仅告诉了我们儿童的健康状况，实际上也衡量了整个社会的质量。

“这些数字本身也许并没那么有趣，但这些数字背后反映出来的现实生活是非常有趣的。”我继续对大家说，“请认真看一下这些不同的数字，14‰、35‰、55‰和171‰，这些不同国家的生活，一定存在巨大的差别。”

我拿起了笔，对大家说：“请告诉我，沙特阿拉伯35年前的生活是什么样的？在1960年，沙特阿拉伯的儿童死亡率是多少？请查阅第二列数字。”

“242‰。”

当学生们说出242‰这个数字的时候，他们的声音明显变低了。

“是的，沙特阿拉伯的社会取得了巨大的进步，难道不是吗？

“儿童的死亡率从242‰降低到了35‰，而这仅仅花了他们33年的时间。这个进步的速度远远比瑞典快，我们用了77年才取得了同样的进步。

“那么马来西亚是什么情况？今天的儿童死亡率是 14‰，那么在 1960 年呢？”

“93‰。”学生们回答道。他们的脸上带着困惑的表情，开始仔细地搜索这些表格。这并没有出乎我的意料。因为在一年前我给那时的学生们上同样课程的时候，我没有给出联合国教科文组织的具体统计数据。当时所有的学生都简单地拒绝相信我所给出的结论，他们不相信整个世界在过去取得了如此大的进步。现在的学生呢，面对我给他们的铁一般的证据，拼命地想办法看看数据里面有没有什么破绽，想找出我究竟是不是选取了一些极端的例子和特殊的国家来糊弄他们。他们无法相信这些数据告诉他们的这个世界的样子。因为这些数据所展现出来的是一幅与他们脑海中存在的对世界的印象完全不同的图画。

我笑着对大家说：“你们可以省省力气了，我现在告诉你们，你不会发现在过去的 30 年里任何一个国家的儿童死亡率是上升的，这是因为整个世界都取得了巨大的进步。好了，现在我们可以喝一杯咖啡，休息一下。”

一分为二，是一种巨大的误解

这一章介绍的是人类十大情绪化本能中的第一个，一分为二的本能。在本章内，我们将要探讨人类总想把事情一分为二去看待这样一种冲动。人们似乎总是喜欢把事物一分为二为两个类别，而这两个类别又是互相对立、互相矛盾的，并且这两个类别之间存在着一道巨大的鸿沟。我们也会探讨，正是这种一分为二的本能，促使我们把世界和人群都分成两个不同的类别：富有的和贫穷的。

这种巨大的误解，就像一只狡猾的野兽一样，非常难被发现。在 1995 年 10 月的那个晚上，我第一次真正发现了这只狡猾的野兽，它恰恰在我们喝过咖啡的课间休息之后出现了。那一次的经历是如此让我兴奋，以至于自那以后我就开始了长达几十年追猎这只狡猾野兽的过程。

我将其称作巨大的误解，是因为它们对人类的世界观有着巨大的影响。一分为二的本能是错得最严重的。由于人们本能地把世界划分成富人和穷人这两个非常具有误导性的类别，导致人们在脑海中对全球人口的分布产生了极大的误解。

刨根问底追猎误解

在课间休息结束之后，我们都回到了教室里，我向学生们进一步解释了关于儿童死亡率的问题。在偏远地区的农村和热带雨林的原始部落中，儿童死亡率通常是最高的。在那里，人们的生活就像你在电视上的纪录片中看到的一样困难。那里的父母们拼命地努力工作来使家庭能够生活下去，但是即使如此，他们仍然会平均失去一半的孩子。幸运的是，在这种极端困难的情况下生活的人已经变得越来越少了。

这时候，坐在第一排的一个男生举起了手，说道：“他们永远不可能像我们这样生活。”教室里的其他同学点头表示赞成。

这个学生可能以为我会觉得很惊讶，但是事实上我一点都不吃惊。这是典型的一分为二的论断。我以前已经听说过无数次这种论断了。因此我并不惊讶，反而感到非常兴奋。于是我们继续对话。

“对不起，请问你所说的他们指的是谁？”

“我指的是其他国家的人们。”

“是瑞典以外的其他国家吗？”

他犹豫了一下说：“不是，我的意思是，非西方生活方式的国家。在那些国家的人们，他们永远不可能像我们一样生活。”

“是吗？你的意思是说，比如日本？”

“不是的，日本人也有西方的生活方式。”

“那马来西亚怎么样？他们有没有西方的生活方式呢？”

“不，马来西亚不是西方国家，所有那些没有接受西方生活方式的国家，他们永远都不会接受这种生活方式，你明白我的意思吗？”

“不，我不明白你的意思，请你解释一下。你说的是西方和其他国家对吗？”

“对，就是这个意思。”

“那么墨西哥是西方国家吗？”

他看着我，不知道应该如何回答。

我虽然并不想对一个学生过分地吹毛求疵，但是我仍然很希望能够继续看到我们的对话究竟会得到什么样的结论。墨西哥是西方国家，所以墨西哥人可以像我们一样生活。还是说墨西哥是“其他的国家”，他们不能像我们一样生活。“我不理解。”我继续问道，“你一开始说的是他们和我们，然后你把主题换成了西方和非西方国家，所以我非常感兴趣，希望理解你到底指的是什么。我听到过这些标签很多次，但是诚实地讲，我从来没有弄明白过这些标签究竟是什么意思。”

这时候坐在第三排的一个女生来给这位男生解围了，她接受了我的挑战，而且她回答问题的方式使我非常吃惊。她指着自己面前一张巨大的白纸，说道：“也许我们应该如此下定义：我们西方国家有更少的儿童和更低的儿童死亡率。其他国家的人们，每个家庭有更多的儿童，整体上有更高的儿童死亡率。”她在试图解释男生的观念和我的数据之间的矛盾。而她采用的方法是非常具有创造性的。她给出了一个清晰的定义，用这个定义可以简单地把这个世界一分为二。这使我非常开心，因为她彻头彻尾地错了，而且她将认识到，她的错误是可以被数据和事实来证明的。

“非常好，棒极了，棒极了。”我拿起我的笔，说道，“让我们看看，如果我们根据你刚才下的定义，把世界上所有的国家分为两组，我们只看平均家庭中的儿童人数和儿童死亡率这两个指标。”

学生们脸上怀疑的表情逐渐变成了好奇，他们都在想，究竟是什么让我变得如此开心？

我非常欣赏这位女生的定义，是因为它是如此清晰。我们可以用数据来检验这个结论是否正确。如果你想真正地说服某人他的观念是错误的，那么最有效的方法就是能够用数据来测试他们的观念，这正是我打算做的。

而且这项工作我一做就是几十年。1998 年，在我面对错误观念的战斗中，我更换了我的第一个伙伴：一台复印机。取而代之的是一台彩色打印机。这位新的伙伴使得我能够打印各个不同国家的彩色图表，并且把它分发给我的学生们。后来，我真正得到了我的人类合作伙伴，然后事情有了突飞猛进的发展。安娜和欧拉对我捕捉人类错误观念的想法感到非常兴奋，而且他们非常喜欢我的这些数据图表。在他们与我一起工作之后，他们因偶然的机会创造出了一种革命性的方式，创造出气泡图表来同时展示数以百计的数据，以显示趋势。在摧毁一分为二这种错误观念的战斗中，气泡图成了我们最有力的武器。

这张图有什么问题

我的学生谈论“他们”和“我们”，其他人经常谈论“发展中国家”和“发达国家”。你通常也会使用各种类似的标签，那么这有什么问题呢？记者、政治家、社会活动家、教师和学者，都习惯于使用这些标签。

当人们说“发展中国家”和“发达国家”，他们通常真正想表达的意思是，“贫穷的国家”和“富裕的国家”。我也经常听到人们说“西方国家”和“其他国家”，“北方”和“南方”，“低收入”和“高收入”。其实无论人们习惯用什么样的词语来描述这个世界都是无所谓的，但是他们用来描述这个世界的词语，一定在他们的脑海中形成了一幅图画，而这幅图画应当是基于现实的。但是当你只用两个简单的术语来描述世界的时候，你的脑海中会形成一幅怎样的图画？而这样的图画真的符合现实吗？

让我们来看看数据，用数据来检测一下这种把世界一分为二的定义方法。下面的图表示了针对每一个国家，平均每一位妇女的生育次数和儿童存活率。

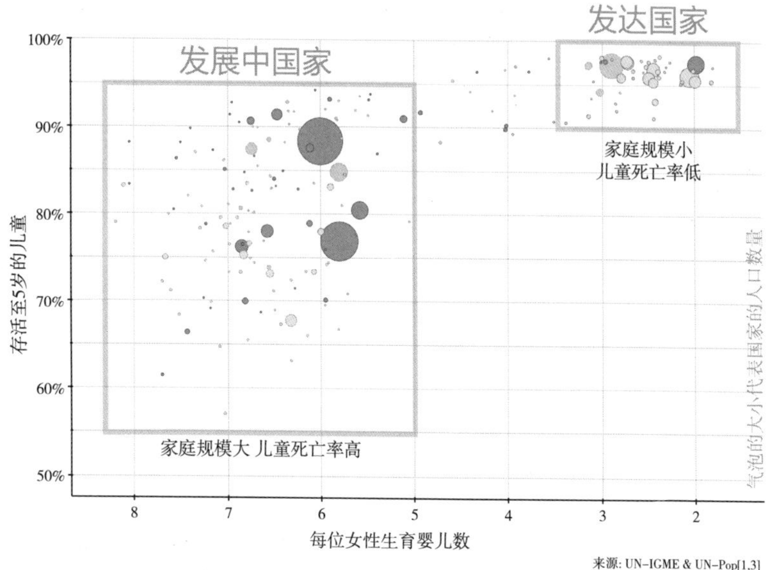

图中的每一个气泡代表一个国家，气泡的大小代表国家的人口数量，最大的气泡是印度和中国。在图的左半部分是平均生育较多的国家，而在右半部分是平均生育较少的国家。在图上位置越高的国家则是儿童存活率越高的国家。这张图反映的正是我的学生建议的用来定义这个世界，从而把世界一分为二的方法，“我们”和“他们”，“西方国家”和“其他国家”。这里我标示出了两组国家：“发展中国家”和“发达国家”。

大家可以看到，全世界的国家是多么完美地被划分到了两组之中：发展中国家和发达国家。而且在这两组国家之中，有一道清晰的鸿沟，包含了大概 15 个非常小的国家（包括了古巴、爱尔兰和新加坡），在这 15 个国家之中，全世界只有 2% 的人口在这里生活。在发展中国家的组里面总共有 125 个国家，其中包括中国和印度。在所有的这 125 个发展中国家中，妇女的平均生育数超过了 5 个孩子，而且儿童生存率低于 95%。这意味着有超过 5% 的儿童，在他们年满 5 岁之前就已经死亡。而在发达国家的这一组，总共有 44 个国家，包括美国和大部分的欧洲国家，在这些国家中，妇女的平均生育数是 3.5 个孩子，而儿童的生存率超过了 90%。

这个世界被分成了两组，这两组国家之间有一道鸿沟，而且这恰恰是我的学生建议的分组方式。多么完美啊，如此简单地把世界一分为二，就可以理解世界了。所以到底有什么问题呢？为什么不能把国家分为“发展中国家”和“发达国家”呢？为什么我一定要吹毛求疵地质疑我的学生把世界分为“我们”和“他们”的说法呢？

这是因为这张图展示的是 1965 年的世界。那时我还是一个年轻人。这就是真正的问题所在。**今天你会用一张 1965 年的地图来为你导航吗？今天你会愿意你的医生用 1965 年的顶尖科技来为你进行诊断和治疗吗？**下面这张图展示的是今天的世界究竟是什么样子。

今天的世界已经彻底改变了。今天家庭普遍规模更小，而儿童死亡率更低。包括中国和印度，儿童死亡率都已经大大地降低了。请看图表的左下角。这一部分几乎已经空了，没有国家在里面。再看更小家庭规模、更高儿童生存率的那一组，几乎所有的国家都在那里。85% 的人口已经在被定义为发达国家的分组里面了。剩下有接近 15% 的人口在发达和发展中国家之间，而只有 13 个国家，包含 6% 的世界人口，仍然处在发展中国家那一组里面。然而这个世界虽然发生了巨大的变化，我们的世界观却没有随之而变，至少在西方国家的人们的头脑中没有变化，我们中的绝大多数人仍然还固执地相信着已经过时的对世界的理解。

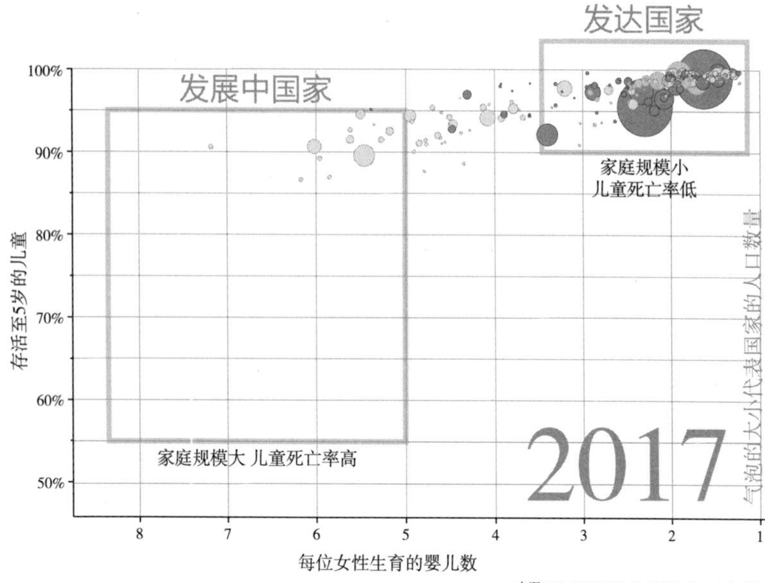

不只家庭人数和婴儿生存率发生了变化，在人类生活的方方面面，几乎都在发生着天翻地覆的变化。无论我们去研究人类的收入、旅游、民主、教育、健康，或者用电水平，所有的这些数据都会告诉我们同样的结论：这个曾经可以被清晰简单地一分为二的世界，今天已经不是如此了。在当今的世界，更多的人生活在中间地带，不再有一道鸿沟能够简单地划分西方国家与其他国家、发达国家和发展中国家、富国和穷国。所以我们不应当再继续使用那些一分为二的简单标签了。

我的学生们都是专注且有全球观念的年轻人，他们希望把这个世界变得更好。然而他们对这个世界基本事实的无知，使我感到非常震惊。我震惊于他们认为这个世界可以用“我们”和“他们”来划分，我震惊于听到他们说，“他们”永远不能像“我们”

这样生活。他们怎么可以带着 30 年前老旧的世界观来认识今天的世界呢?

1995 年 10 月中的一个晚上，我在雨中骑车回家。我的手指冻得麻木了，但是我却感觉到，心里似乎有火在烧。我的计划确实奏效了。通过把数据展示给我的学生们，我能够证明给他们看，这个世界是不可以被一分为二的。我终于能够捕捉住他们的错误观念了。现在我感觉到一种紧迫感，我一定要把这一场战斗进行得更加深远。我希望我的数据能够变得更加清晰，那样才能使我帮助更多的人。用统一的、更令人信服的方式来证明他们的观念是错误的，那样才能帮助我打碎人们盲人摸象般的片面观念。

然而 20 年后，当我在丹麦的哥本哈根一个著名的电视台接受采访的时候，我又见到了这种熟悉的一分为二的世界观，而且这种世界观又多过时了 20 个年头。在现场直播中，记者问我:“我们今天仍然可以看到在穷国和富国之间的巨大鸿沟啊。”

我简单地回答:“你错了。”

然后我又一次解释，贫穷的发展中国家现在几乎已经不存在了。同样不存在的是那一道横在穷国和富国之间的鸿沟。在今天的世界，绝大多数的人，具体点说是 75% 的人口，生活在中等收入国家中，不是穷国，也不是富国，而是介于二者之间的一种生活水平，并且开始过上更好的生活。极端的情况仍然存在，在一些国家，大多数人口仍然生活在极度贫困的状态下，而另外也有一些国家，大多数人都生活在富裕的状态下，比如北美洲的一些国家和欧洲的一些国家，还有少数的像日本、韩国、澳大利亚这样的国家。但绝大多数人口是生活在中间状态的。

“那么你凭什么这么说呢？”这位记者继续发问，而且明显是想激怒我。他确实成功了，我的语言和声音中都带着愤怒，回答他说：“我的结论是基于世界银行和联合国的统计数据，这是不具争议的，这些是无可辩驳的事实，所以我是对的，而你是错的。”

捕捉“一分为二”这种错误观念

迄今为止我已经与“一分为二”这种错误观念战斗了接近 20 年。对此我是如此司空见惯，以至于我再也不感到惊讶了。我的学生们并不是个案，那位丹麦的记者也不是孤例。我遇到的人普遍都带有这样的观念。如果你怀疑我的观点，你怀疑究竟会不会有这么多人都犯了同样的错误，那这是一种很好的习惯。我们永远都应该习惯于追问证据。下面我将为您展示两部分的证据。

第一步，我们引导人们去想象这些低收入国家的生活。我们会问大家下面的测试题，正如在前面你已经在测试中做过的一样。

事实问题1：

在全世界所有的低收入国家里面，有多少百分比的女孩能够上完小学？

☐ A.20%

☐ B.40%

☐ C.60%

所有回答这道问题的人中，只有 7% 选择了正确的答案：在世界上的低收入国家中，60% 的女孩可以上完小学。

（还记得吗？动物园里的大猩猩有 33% 的概率答对这道题。）大部分人“猜测”这道题的答案是 20%。实际上，世界上只有在很少一部分国家——如阿富汗和南苏丹——少于 20% 的女孩能读完小学，而全世界最多只有 2% 的女孩生活在这样的国家中。

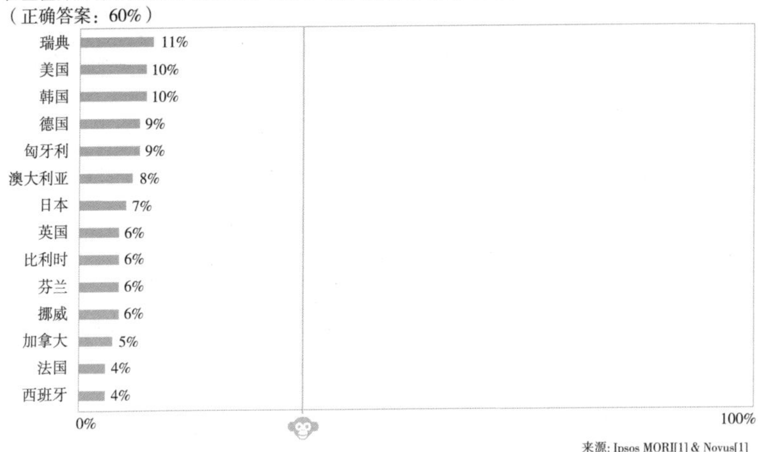

不仅仅是关于女孩的教育问题，当我们问类似的关于预期寿命、营养不良、水污染以及疫苗接种率等这些基础问题的时候，当我们问关于低收入国家的人们是否已经在向着现代生活不断进步这类问题的时候，人们的回答总是相似的，并且是错误的。事实上，在低收入国家中，预期寿命有 62 岁。绝大多数人可以吃饱饭，绝大多数人可以有干净的饮用水，而大多数儿童可以得到疫苗接种，大多数的女孩可以上完小学。然而人们的正确率远远地低于大猩猩们 33% 的猜测概率。而且大多数人都选择了最错误、与事实偏差最远的答案，那些答案代表的是，这个地球上一些最悲惨的地方发生了可怕的灾害之后才会发生的悲惨情况。

下面让我们来完成第二步。在前面的测试中，我们已经知道了，人们脑海中想象的低收入国家的人们的生活，实际上是远远差于他们的真实情况的。那么我们想知道，人们究竟认为，有多少人口生活在他们所想象的可怕的现状中？所以我们向瑞典人和美国人提出了下列问题。

全世界有百分之多少的人生活在低收入国家？几乎每一个人，具体来讲有超过 90% 的接受问卷调查的人，认为答案应该是超过 59%。

而真实的数据是 9%，全世界只有 9% 的人口生活在低收入国家。而且不要忘了，我们刚刚分析过，这些低收入国家的生活，远远不像人们想象的那么差。这些国家的生活在很多方面确实很差，但是他们远远不像阿富汗、索马里或者中非共和国这些世界上最差的地方的生活那样差。

总而言之，低收入国家的生活水平，实际上远远没有人们想象的那么差。而且只有很少数的人生活在这些低收入国家。那种把世界一分为二的观念，那种认为全世界大多数人口都过着贫穷而悲惨的生活的观念，是一种错觉。是彻头彻尾的误解。

大多数人在哪里

既然大多数人并没有生活在低收入国家中，那么他们究竟生活在什么样的国家里面呢？很显然，他们并不生活在高收入国家中。

请问你喜欢用什么样的洗澡水？是喜欢冰水呢还是喜欢蒸汽浴？当然，你的选择并不仅限于这两种。你可以选择冷水、温水和滚烫的水或者介于它们之间的任何一种温度。你拥有很多的选择。

事实问题2：

全世界最多的人口生活在什么样的国家？

☐ A. 低收入国家

☐ B. 中等收入国家

☐ C. 高收入国家

事实问题2的结果：回答正确的百分比

全世界最多的人口生活在什么样的国家？

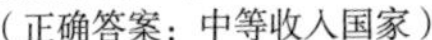

（正确答案：中等收入国家）

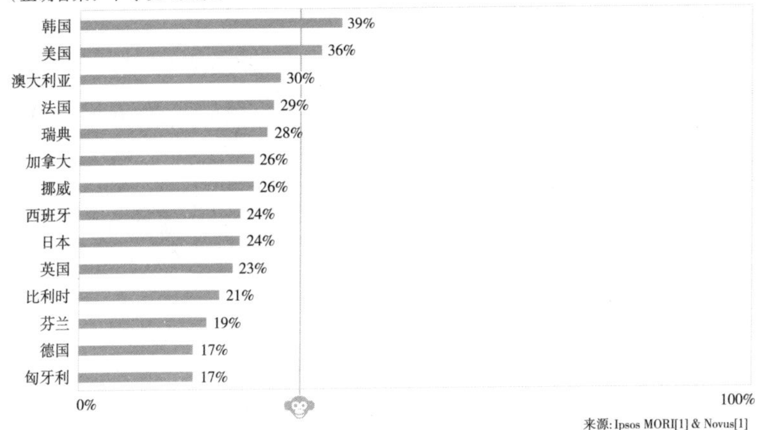

来源：Ipsos MORI[1] & Novus[1]

事实上，世界上绝大多数的人口既不生活在低收入国家，也不生活在高收入国家，而恰恰生活在中等收入国家。中等收入国家这个概念是不可能存在于一分为二的世界中的。然而事实却恰恰如此。全世界 75% 的人口生活在中等收入国家。而那正是抱有一分为二的错误观念的人认为应该出现一道鸿沟的地方。事实上，在今天的世界中，这种鸿沟根本不存在。

如果把中等收入国家和高收入国家加在一起，那么全世界 91% 的人类都已经融入了全球市场，并且获得了持续的进步，他们逐步在过上体面的生活。这对于人道主义者来说，是一个非常令人欢欣鼓舞的现状，而对于全球的商业来说，这是一个非常重要的认知。原因很简单，请想象一下，这个世界上有 50 亿人口生活在中等收入国家，并且他们的生活水平在不断地提高，他们需要消费更多的洗发水、摩托车、卫生巾和智能手机。如果你仅仅把他们认为是生活在低收入国家的穷人的话，你就会很容易失去这一巨大的市场。

那么我们应该如何称呼他们呢？应当采用四级分类法。

通常我会在我的演讲中猛烈地抨击“发展中国家”这种说法。

演讲过后，人们通常会问我，那么你打算怎么来称呼他们呢？听听，这又是同样的错误观念，“我们”和“他们”，“我们”应当如何称呼“他们”？

正确的做法是我们停止把这个世界一分为二。这种方法现在已经不靠谱了。这种方法已经不再能帮助我们理解现实的世界，不再能帮助我们发现商业机遇，也不再能帮助我们把资金用来有效地援助世界上最贫穷的人们。

但我们还是希望能够做一些有效的分类，来帮助我们理解这个世界的现状。我们并不能撕下旧标签，然后不贴上任何新的标签，我们不可能什么都不做，对不对？

旧的标签也好，一分为二的观念也好，它们之所以能够变得如此普遍，是因为它们非常简单。但由于它们是错误的，所以我们必须用其他的方式来替代它们，这里我将会建议一种同样简单易行，但是又能够正确反映世界真相的分类方法。我们不再把所有国家分为两类，而是把所有国家根据收入水平的不同，分为四个等级。

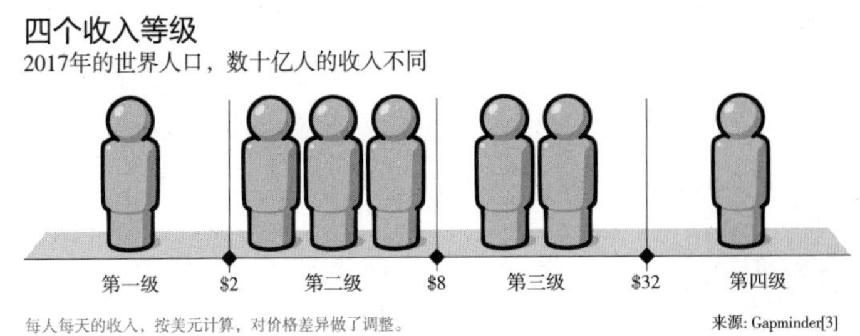

上图中的每一个小人代表10亿人口，这7个小人代表了全世界的总人口，即70亿人口在四种不同的收入水平的国家中的分布。

收入水平是用人均每日的收入来代表的。你可以看到，绝大多数人生活在中间的两个级别。在这两个收入水平的级别里面，人类的基本生活需要是可以得到满足的。

看到这里，你觉得很兴奋吗？你确实应该觉得兴奋，因为这四级收入水平分类的方法，正是第一个，也是最重要的一个思维工具。它是实事求是的思维框架的重要组成部分。当你读完这本书的时候，你将会看到，这种四级分类的方法确实能够提供给我们一个理解很多问题的简单方法，包括但不限于恐怖主义、性教育等。所以下面我希望详细地为大家解释，在这四个收入等级中，人们的生活是如何不同。

大家可以把四个不同的收入级别想象成一个游戏里面的四个不同级别。每一个级别的人都希望能够努力升到更高的级别。只是这个游戏的特点是第一个级别反而难度最高，那么让我们开始吧。

饮水

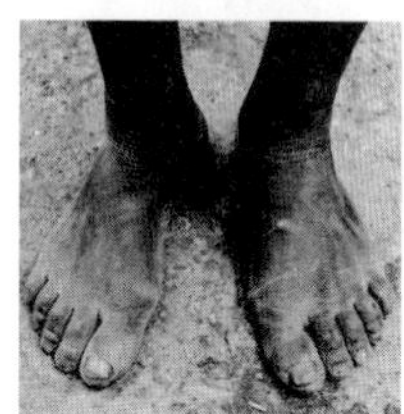
交通

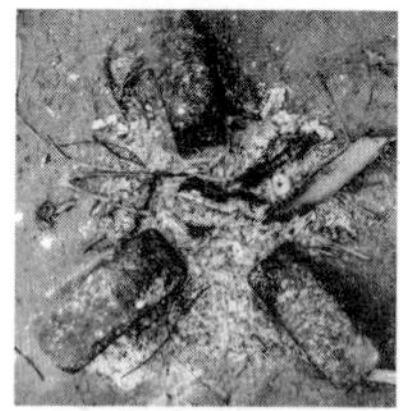
烹饪

食物

第一级。你的收入水平只有每天 1 美元，你有 5 个孩子。他们每天都要花费一天中大部分的时间，光着脚，拿着家里唯一的塑料桶，在水井和家之间往返来运水。水井距离你们家有一小时的路程。而所谓的水井，就是在一片肮脏的泥地上打了一个洞，里面能冒出水来。在他们回家的路上，他们会捡一些干柴，而你会为大家煮一锅粥。你们全家日复一日、年复一年的三餐都只靠喝粥来果腹。赶上饥荒的年份，你们连粥都喝不上，你们只能饿着肚皮去睡觉。有一天，你的小女儿得了令人讨厌的感冒。室内炉火产生的烟，让她的肺越来越差。因为你们家没钱，买不起抗生素，一个月后她死了。这就是极度的贫困。你非常努力地工作，如果你很幸运，而且田里的收成不错，你就可以卖掉一些多余的谷物，然后每天可以挣到 2 美元，那么这就可以使你进入下一个级别：第二级。（生活在这个阶段的人口有大约 10 亿。）

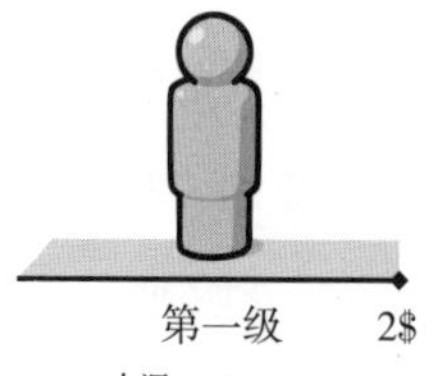

来源: Dollar Street

第二级。恭喜你，你做到了。你的收入是原来的 4 倍，现在你可以每天挣到 4 美元，相当于每天比以前多挣了 3 美元。你用这些多出来的钱做些什么呢？现在你可以买一些食物了，你不必自己去种所有的食物。你已经有能力买一些鸡，而这些鸡还可以下蛋。你有钱可以存下来买凉鞋、一辆自行车和更多的塑料桶。现在你每天打水所花的时间只需要半小时了。你买了一个燃气炉，这样你的孩子们就不用捡柴来做饭，而他们就可以上学了。当有电的时候，他们可以在电灯下做作业，但是经常停电，所以没法在家里用电冰箱。你攒钱买了一个床垫，这样你们就不用睡在泥地上了。生活比以前好多了，但是仍然充满了不确定性。如果家里有人生病，那么你只能卖掉所有财产去买药。这样你就会直接跌回第一级。虽然在这个级别，你每天多挣了 3 美元，对你来说生活可以有很大的提高，但是要想经历真正巨大的生活水平的提高，你还要把收入水平提升到原来的 4 倍，如果你能够在当地的服装企业得到一份工作的话，那么你就可以挣到稳定的工资了。（在第二级生活的人口有大约 30 亿。）

饮水

交通

烹饪

食物

来源: Dollar Street

饮水

交通

烹饪

食物

来源: Dollar Street

第三级。真了不起，你真的做到了，你兼职了多份工作，每天工作 16 小时，每周工作 7 天，终于你有能力把自己的收入再翻 4 倍，每天可以挣到 16 美元了。你有了一定的存款，而且你家里装上自来水管了。你们不再需要为了打水而奔波。而且你的家里已经用上了稳定的电，孩子们由于可以用上电灯，他们的学习水平都提高了。家里也买了冰箱，这样你就可以储藏食物，并且每天做不同的菜了。你攒了一些钱，买了一台摩托车，这样你就可以去一个更远但是更好的工厂，得到更高的收入。但不幸的事情发生了，有一天你在路上发生了车祸。这样你不得不把你省吃俭用攒下来、本来打算给孩子上学的钱，用来买药治病。谢天谢地，你终于康复了。而且幸亏你有储蓄。这样你才不会被迫返回到第二级或者第一级的生活。你有两个孩子考上了高中，如果他们能够顺利毕业的话，他们将得到更高收入的工作，比你的收入还要高。为了庆祝，你带着全家第一次出去旅游，去海边度假。（世界上大约有 20 亿人口，生活在第三级。）

第四级。你每天能挣到超过 32 美元，你是一个有钱的消费者。而且每天多赚或少赚 3 美元，对你来说已经无足轻重了。虽然当你在极度贫困状态下，每天能多挣 3 美元对你来说是一件很了不起的事。但是对于今天的你来说，每天 3 美元不算是个大数。你受过良好的教育，至少上了 12 年的学，当你出差的时候，你会坐飞机。每个月你最少会在餐馆吃一顿饭，而且你还可以买一辆车。当然，你家里已经有了入户的冷水和热水。我相信对于第四级的生活，你已经非常了解了，因为你正在读这本书，我非常确信你生活在第四级。我无需描述这个级别的生活，你就可以理解。然而你将面对的困难是，你需要理解其他三个级别的人的不同生活。生活在第四级的人必须非常努力，才能做到不误解这个地球上其他 60 亿人所过的截然不同的生活。（生活在第四级的人口有大约 10 亿。）

饮水

交通

烹饪

食物

32$ 第四级

来源: Dollar Street

我在上面简单描述了生活的进阶方式。而且我是假设同一个人努力地从第一级一路奋斗，一直打到第四级。通常这是不现实的，在正常情况下，一个家庭要经过几代人的奋斗才可以从第一级到达第四级。但是我希望通过上面的介绍，能够帮助你理解，不同收入水平的人们过着完全不同的生活。也希望你了解到个人也好，国家也罢，都是有可能从低级别的收入水平，进入高级别的收入水平的。另外很重要的一点是，希望你能够理解这个世界上有不止两种生活方式。

在人类社会刚刚开始的时候，每一个人都在第一级，经过了超过 10 万年的进化和努力，仍然没有人能够进入第二级，大多数的孩子仍然没能活到成年。在仅仅 200 年前，全世界人口的 85% 仍然生活在第一级，生活在极度贫困的状态中。

但是今天绝大多数的人都生存在中间的级别：第二级和第三级。他们今天的生活水平和 20 世纪 50 年代欧洲和北美洲的人的生活水平是一样的。而这种状态已经持续了几十年。

一分为二

一分为二是一种非常强烈的思维本能。在 1999 年，我第一次向世界银行介绍了把世界分成发展中国家和发达国家的分法是错误的，直到 17 年后，我又为他们多做了 14 场演讲之后，世界银行才最终宣布，放弃了发展中国家和发达国家的定义方法，并且把世界重新按照我所建议的四个收入水平，划分为四个不同的级别。然而联合国和其他的大型全球性的组织仍然没有做出相应的改变。

究竟为什么，这种一分为二的观念，这种把世界分为富国和穷国的观念如此难以改变呢?

我认为这是因为人类有一种很强烈的、情绪化的本能。这种本能促使人们习惯于把事情一分为二：好的和坏的，英雄和恶棍，我所在的国家和其他国家。把世界一分为二是简单、直观而且情绪化的方法。因为这种一分为二的方法，暗示了矛盾冲突。所以我们总是不假思索地采用这种方法。

记者们都明白这一点，他们在自己的文章中都会描述对立的人、对立的观点，或者对立的群体。他们更喜欢讲述的是那些极度贫困的人或者亿万富翁的故事，而他们没有兴趣去讲述绝大多数人缓慢提高自己生活水平的故事。不仅仅是记者们擅长一分为二地讲故事，纪录片和电影的制造商们也喜欢这样讲故事。纪录片里面总是描述脆弱的个人对抗邪恶的巨型企业。而商业片中，总是刻意描画好人和坏人的斗争。

这种一分为二的本能会误导我们，把平滑过渡当作两极分化，把和而不同当作分道扬镳，把求同存异当作矛盾对立。这是我们所介绍的第一个错误的本能，因为它是如此普遍，而且根本性地误导了我们对数据的理解。如果你看一看新闻或者去任何一个社会团体的网站，你就会马上注意到，上面充满了关于各种冲突和对立的消息。

如何防范一分为二的错误本能

当出现以下三种情况时，你要提高警觉，有人可能会告诉你（或者你自己认为）存在一个巨大的差距，并触发你一分为二的本能。这三种情况分别是：只比较平均数、只比较极端情况和只俯视不仰视。

只比较平均数

希望大家不要误解我的意思，我喜欢平均数，平均数是一个很简便的统计信息的方法，而且平均数会告诉我们一些有用的信息，现代社会离不开平均数。我这本书也离不开平均数。书中有很多地方都利用了各种平均数。但是对信息的过度简化，通常也有可能带来误导性的信息。平均数最大的问题就是它用一个单独的数字取代了大量数据的分布规律。

而当我们对两组平均数做比较的时候，我们就有可能犯一个更大的错误。我们可能只看到了两组平均数之间的鸿沟，而错过了两组数据之间重合的部分。所谓的鸿沟在事实上并不存在。

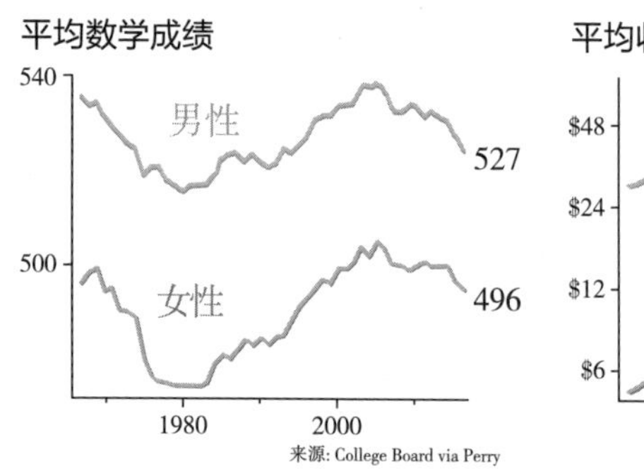

来源: College Board via Perry

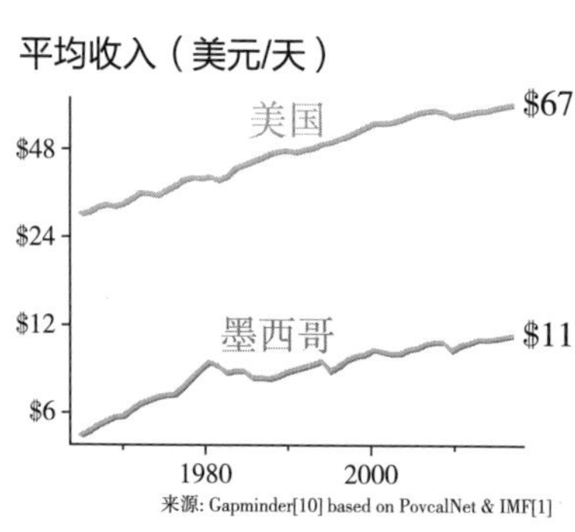

来源: Gapminder[10] based on PovcalNet & IMF[1]

举个例子，我们看一下上面的两张图。

左边的图展示了自从 1965 年以来，所有年份男性和女性的数学考试的平均成绩。右面的图展示了美国和墨西哥人民每年的平均收入水平。你可以清晰地看到两张图表展示的两组平均数之间的鸿沟。男性相对于女性，美国相对于墨西哥，这两张图似乎能够清晰地表示男性的数学成绩普遍要好于女性，而美国人的收入是高于墨西哥人的。从某种意义上来说，这个结论是有道理的。但是正确到什么程度呢？是所有男性的数学成绩都比女性要好吗？是所有的美国人都比墨西哥人更富有吗？

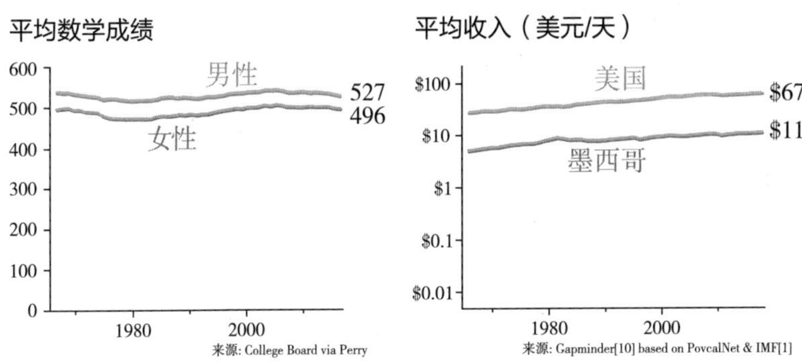

那么让我们来看一下数据背后的真相吧！首先让我们调整一下纵轴坐标的比例。这样看起来，原来似乎很明显的鸿沟变得非常小了。然后我们再来看看同样的数据，它的分布是什么样的？我们来看一下特定一年的数学成绩的分布和收入水平的分布。用这样的方法我们就可以理解，平均数背后代表的数据的分布究竟是什么样子。

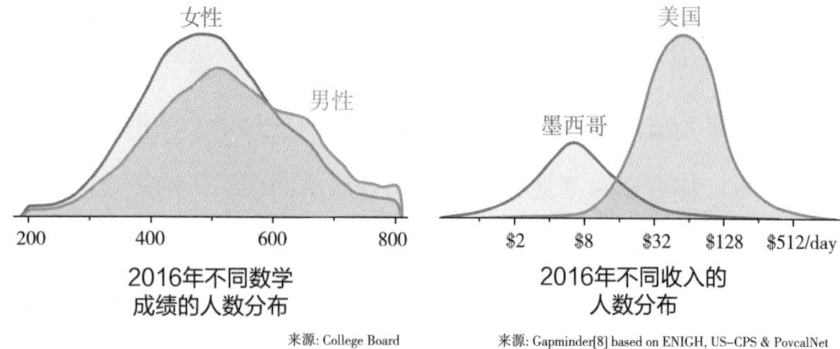

看到了吧，男性和女性的数学成绩的分布几乎是完全重合的。大多数的女性和男性的数学成绩是差不多的。我们再看看美国和墨西哥的个人收入分布情况。我们可以看到美国和墨西哥的个人收入水平是有部分重叠的。所以，当我们用这种方式来分析数据的时候，我们就会发现这两组人：男性和女性，墨西哥人和美国人，并不是完全一分为二的。它们的分布是有重叠的，而中间是不存在鸿沟的。

当然一分为二的表达方式也可以反映一些现实。在实行种族隔离制度的南非，黑人和白人生活在完全不同的收入水平之下，而且你确实可以发现他们之间收入的鸿沟。在这种情况下，一分为二的理论是完全合理的。

但种族隔离制度是非常罕见的。在更多的时候，一分为二的思维方式只能带给我们误导性的和过度情绪化的结论。在更多的情况下，两个组之间基本上没有清晰的划分界限，虽然有时候比较平均数的话，两者之间似乎有一道鸿沟。而当我们分析平均数背后的真实数据分布的时候，我们总能够得到一个更清晰、更准确的画面。那时我们就会发现，大多数我们看起来非常不同的族群，实际上是重叠在一起的。

只比较极端情况

我们本能地愿意采用极端的案例，因为它们很容易记住。比如说，如果我们要讨论全球的不平等问题，我们最容易想到的是在新闻中读到的南苏丹的饥荒，而另一方面，我们也很容易想到一些穷奢极侈的富人。当思考不同的政府系统的时候，我们很容易想起的一个极端是腐败、专制的政府，而另一个极端则是像瑞典这样有着充分的民主和福利系统，并且能够确保公民基本权利的国家。

这些极端对立的案例，很容易使我们产生兴趣，并且很容易诱发我们一分为二的本能。然而这样极端对立的案例，却不能帮助我们理解世界。世界上永远都会有最穷的人和最富的人，世界上也永远都会有最差的国家和最好的国家。但是极端案例的存在，并不能给我们太多信息，而绝大多数案例通常都是处在中间状态，它们的情况是和极端案例完全不同的。

以巴西为例，这个国家几乎是世界上最不平等的国家，最富有的 10% 的人口得到了 41% 的全国总收入。这一点非常差劲，对不对？听起来富人得到了太多的收入。我们马上就会认为精英阶层从整个社会盗取了太多的资源。媒体也会支持这种观点，他们会提供各种超级富豪的照片，他们的游艇，他们的豪宅，还有他们自己养的马。尽管这些富豪占全国人口的比例不到 1‰。

我同意 40% 是一个比较高的数字，然而相对于巴西的历史来说，40% 已经是几十年来最低的数字了。

巴西最富有的10%的人口的总收入份额

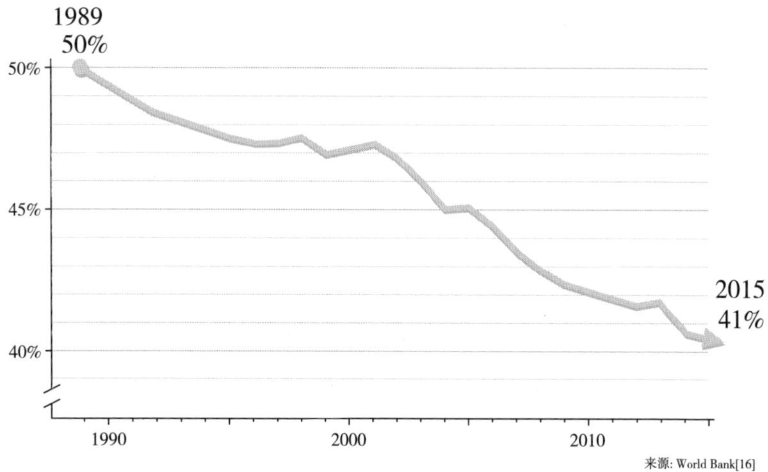

统计数据经常为政治目的而服务，从而以一些比较夸张的形式体现出来。但是统计数据必须帮助我们认识现实，这样它们才有意义。现在让我们看一看巴西的人口，根据四个不同的收入级别，真正的收入分布情况。

2016年巴西不同收入等级的人数分布

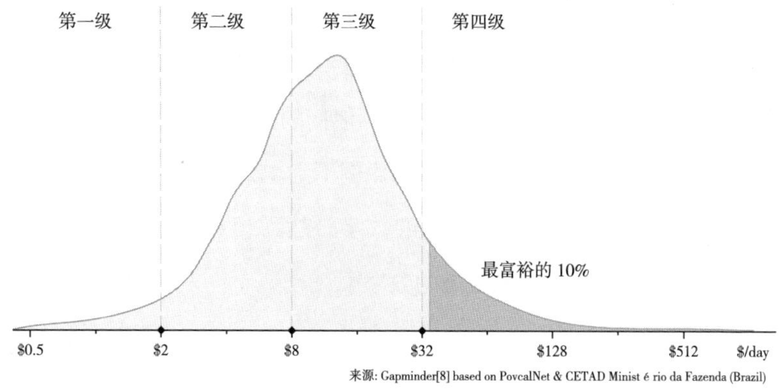

当我们研究收入分布曲线的时候，我们就会发现，绝大多数巴西的人口已经脱离了极度贫困状态，他们的收入水平最密集处分布在第三级。在那里，人们已经买得起摩托车，戴得起眼镜，用得起洗衣机，而且可以在银行有一些积蓄了。事实上，即便在全世界最不平等的国家，人们的收入之间也并不存在一条鸿沟，绝大多数人都生活在中间阶层。

只俯视，不仰视

正如前面我谈到过的，如果你正在读这本书的话，你最大的可能是已经生活在第四级了。即便你生活在一个中等收入国家，类似墨西哥这样的国家，但是你自己一定已经达到了第四级以上的生活水平。而你的生活水平和其他国家生活在第四级的人的生活水平是很相似的，无论那些人是生活在旧金山、斯德哥尔摩、里约热内卢、开普敦还是北京。

在你的国家，所谓的贫穷已经不是真正的极度贫困了，它只是一种相对的贫穷。例如在美国，那些被划在贫困线以下的人，实际上生活在第三级。

所以那些生活在第一、第二、第三级的人经历的痛苦、挣扎和奋斗，对你来说都很可能是非常陌生的。而他们的生活，在你能够接触到的媒体中也是很难看到的。[1]

所以对你而言，要想建立一种实事求是的世界观，最大的挑

[1] 当然，有些生活在第四级的人仍然有家庭成员是生活在第二级或者第三级的，比如说在开罗的郊区，或者印度的卡莱拉地区。

战就是认识到你自己绝大多数的第一手经验是来自第四级以上的生活，而几乎所有的二手经验则经过了大众媒体过滤，大众媒体基本上只会关心那些极端的案例，却并不真正反映现实。

当你生活在第四级的时候，所有生活在第三级、第二级和第一级的人看起来是一样贫穷。贫穷这个词失去了它具体的意义。甚至有些时候，某些生活在第四级的人，看起来也很穷。也许他家里墙上的油漆开始剥落，也许他们开的是二手车。任何一个从高层建筑从上向下俯视的人都很难辨别出接近地面的矮层建筑的真实高度，因为它们看起来都一样矮。基于同样的道理，生活在第四级以上的人，总会把世界分割成两个类别：富有的，也就是像你一样在高层建筑顶上的人；贫穷的，也就是接近地面的人，他们的生活和你的不一样。很自然地，你容易向下俯视，然后说“哦，他们都是穷人”。同样很自然地，你会忽略掉这些人之间生活质量的区别。他们中有些人有汽车，有些人有摩托车，而另外一些人只有自行车；他们中有些人可以穿得起拖鞋，而有些人根本就没有鞋可穿。

因为我曾经走访过生活在不同收入级别的人，我可以负责任地告诉你，那些对你而言都生活在社会底层的，收入级别在第一级、第二级和第三级的人，他们之间生活水平的差距是巨大的。生活在极度贫困状态、收入水平在第一级的人很清楚地知道，他们每天的收入如果从 1 美元增长到 4 美元，他们可以过上比原来好多少的生活，更不用说每天可以挣 16 美元了。只有那些穿不起鞋，只能赤足走遍所有地方的人才会知道，一辆自行车对他们而言能够节省多少时间和体力，对他们获得更好的健康和更高的收入具有多么大的意义。

这种按照收入水平划分四个级别的框架，是用来替代过分情绪化、一分为二的世界观的。它也是建立实事求是的世界观最重要的组成部分。现在你已经明白了这种方法并不是很复杂，对不对？在本书的其余部分，我将继续使用这种四个级别的收入划分方法，去解释几乎所有的社会现象。从电梯的功能，到溺水死亡的人数，到性别划分，到烹饪方法，以及黑犀牛的数量。这种方法将会帮助你更清晰地认识这个世界，做出更正确的判断。

你怎样才能捕捉到自己所有的错误观念呢？数据。你必须依赖数据，并且描述出数据背后所体现出来的现实世界。我衷心感谢联合国教科文组织的数据统计，也真心感谢气泡图以及互联网。但仅有数据是不够的，只有当你拥有简单并且正确的思维方式时，错误的观念才会被替代，而后消失。这就是为什么我们引入以收入水平为依据进行四级划分的方法。

实事求是的方法

要做到实事求是，就要做到当你听到一分为二的说法时，你就能迅速认识到这种说法描述的是一种两极分化的图画，而两极之间存在一道巨大的鸿沟。而在现实中，这道鸿沟往往并不存在，绝大多数人都生活于中间状态。

要想有效地控制我们一分为二的错误本能，我们就要坚持寻找绝大多数。

- **我们要注意只比较平均数的做法。**平均数之外，我们还要注意数据的实际分布。如果两组数据的分布出现了重叠，那么有可能两组之间的鸿沟并不存在。
- **我们要注意只比较极端情况的做法。**在所有的群体、国家或者国民中，总会有极端情况的存在，总会有顶层和底层。而顶层和底层之间的差别，有时候是极端不公平的。即便如此，大多数仍然分布在中间状态，而在中间并不存在鸿沟。
- **我们要注意只俯视不仰视的做法。**记住俯视会带来错觉，一切看起来都一样矮，但是事实并非如此。

CHAPTER 2

第二章

负面思维

我算是在埃及出生

孵化器里的婴儿能告诉你什么是世界

你最同意下面说法中的哪一个？

☐ A.这个世界在变得更好

☐ B.这个世界在变得更坏

☐ C.这个世界没有变得更好，也没有变得更坏

爬出泥潭

我记得当时我突然就头下脚上了，我记得那种黑暗，那种尿的味道，还有我的鼻子和嘴里面都被塞上了污泥而不能呼吸的感觉。我记得我拼命挣扎，想让自己能站立起来，但是却在黏糊糊的烂泥中越陷越深。我记得我拼命地伸出胳膊，很绝望地想抓到一根稻草，然后突然就被拉出了泥潭。我的奶奶把我拉了出去，放在厨房的地上，并且用温水给我轻轻地冲洗。我闻到了肥皂的香味。

那是我 4 岁的时候，不小心掉到了我奶奶房子前面的一条下水沟里面的经历。那条下水沟，由于连夜下雨，并且混合了很多工厂流出来的污泥，被彻底填满了，很难看到它的边缘。我不小心走到了下水沟的边缘，然后头下脚上地栽到了沟里。我的父母当时不在我身边，我的母亲患了肺结核正在住院，而我的父亲每天需要工作 10 小时以上。

在我和奶奶生活在一起的时候，每到周末，我的父亲就会用自行车载着我去医院看妈妈。他把我放在自行车的后座上，然后故意骑车绕很大的圈，骑成八字形来逗我玩儿。到了医院，我就会远远地看

见我妈妈正在阳台上咳嗽。爸爸告诉我，我们不能进入房间里面去看妈妈，否则我们也会被传染的。我只能远远地向妈妈挥手，然后她也向我挥手。我能看到她在对我说些什么，但是她的声音太虚弱了，我听不清楚她说的话。我始终记得，她在努力地冲我微笑。

世界正在变得更坏，是一个重大的误解

这一章介绍的是负面思维的本能。我们对坏事总会比好事更加关注。这种负面思维的本能就是我们重大误解背后的第二个原因。

这个世界正在变坏。我最常听到的就是这句话。我必须承认，在这个世界上，确实有很多坏事在发生。

死于战争的人数在二战以后已经急剧下降了，但是叙利亚战争带来了大量的伤亡，而国际上的恐怖主义也正在抬头。我们会在第四章讨论恐怖主义这个话题。

竭泽而渔和海洋生态的恶化实在是让人担忧。而海洋中的死亡区域以及濒危动物的数量都在增加。

冰川在融化，海平面在下个百年之内很可能会上升一米。而且我们可以非常确信，由于我们排放的温室气体，冰川的融化在短时间内不会停止，即使我们停止向大气层排放更多的温室气体。

人们对房地产投资产生了一种幻想，认为这种投资是毫无风险的，这种幻觉导致了美国房地产市场在 1993 年和 2008 年的两次崩溃。我们的金融系统仍然将会有同样复杂而相似的危机继续发生，也许就在明天。

如果我们想要这个世界有稳定的金融体系、和平以及保护自然资源，那么有一件事就是我们必须做的，那就是国际合作。而国际合作的基础就是我们拥有对这个世界同样的、实事求是的理解。因此，大家对世界真实现状的无知是国际合作的最大障碍。

世界正在发生怎样的变化?

回答“正在变得更坏”的人数比例

总的来说，你认为世界是变好、变坏还是维持不变?

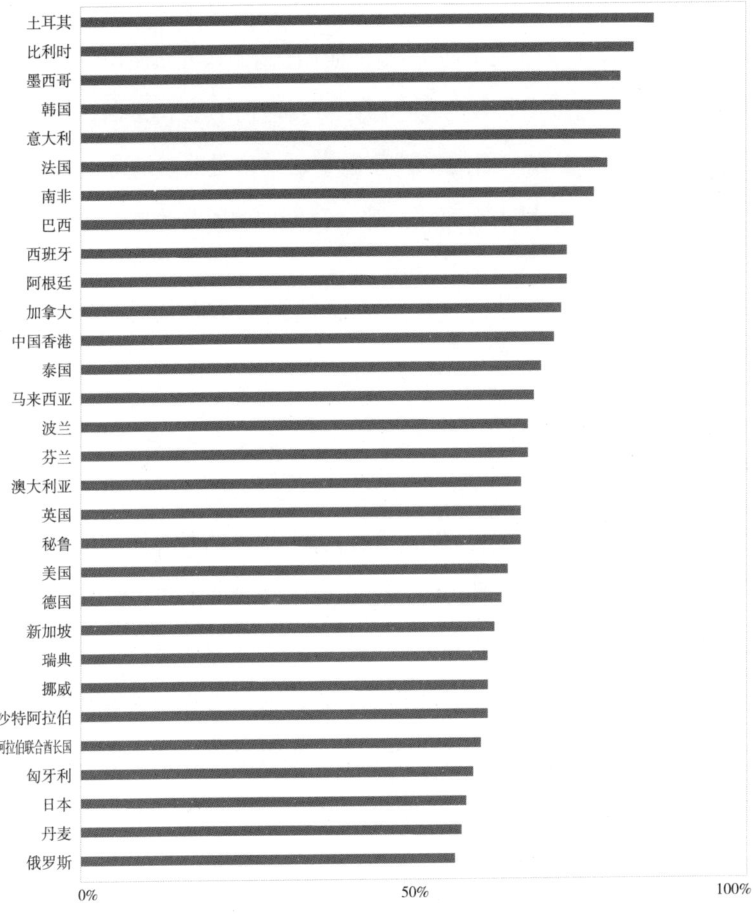

来源: YouGov[1] & Ipsos MORI[1]. See: gapm.io/rbetter

我随时随地都会听到很多负面消息，也许你会想：汉斯，你一定遇到了那些最悲观的人。我决定做个实验来验证一下。2016 年，我向 30 个国家和地区的人问了下面这个问题。题目就是上面说到的这道题：你认为世界是在变好、变坏还是维持不变？

上一页的图显示了大家的答案。

我从来不会百分之百地相信数据，而你也不应该，数据中总有一些不确定性。在这个案例中，我会认为这些数字是大致正确的，但是你不应该基于不到 10% 的差别而做出结论。（顺便说一下，在统计学里面，有一个很好的基本原则：当差别小于 10% 时，不要轻易做任何结论。）在上面的统计数据中，结论是非常清晰的，绝大多数人认为这个世界正在变坏。那么我们如此紧张焦虑，也就是理所当然的了。

统计学是一剂良方

我们总是很容易就可以注意到世界上发生的所有坏事情，而非常难以发现好事情正在发生。数以 10 亿次的进步和提高都得不到报道。请不要误解我的意思，我不是说应该用那些微不足道的正面消息来平衡那些负面消息。我指的是那些改变世界的根本性进步。然而这些进步都是以很缓慢、很分散、聚沙成塔、积少成多的方式发生的，所以并不太具备新闻价值。而这些无声无息发生着的人类的进步，成就了人类的奇迹。

关于世界进步的实际情况鲜为人知，所以我经常被世界各地邀请去做讲座。人们经常说，我的讲座是令人欢欣鼓舞的，也经常有人说我的讲座是让人如释重负的。虽然这些不是我的目的，却是很合理的结果。当人们长时间拥有一种负面的世界观的时候，纯粹的统计数据往往能使他们更清楚地认清事实，从而更加正面地思考问题。因此，能够认识到这个世界比自己想象中要好很多，确实是令人如释重负和欢欣鼓舞的。而我为大家开出的快乐药方是完全免费的，它来自联合国的官方数据。

极度贫困

让我们来看看极度贫困人口的变化趋势。

事实问题3：

在过去的20年里，全世界生活在极度贫困状态下的人口是如何变化的？

□ A.几乎翻倍

□ B.保持不变

□ C.几乎减半

正确答案是C。在过去的20年间，极度贫困的人口比例几乎减半了，但是在我们的在线问卷调查中，几乎在所有的国家，只有少于10%的人能够给出这个正确答案。

记得我们在第一章给出的按照收入水平划分的四个级别吗？在1800年，地球上几乎85%以上的人类都生活在第一级，也就是生活在极度贫困状态中。在全世界范围内，人们普遍缺乏温饱，大多数人每年总要挨饿几次。在英国和它的殖民地，几乎所有的儿童都必须工作才能有饭吃。在英联邦国家，孩子们平均从 10 岁开始工作。那时候，瑞典全国有五分之一的人为了逃避饥荒，跑到了美国，而最终只有 20% 的人回来。你可以想象一下，当闹饥荒的时候，你的亲戚朋友和邻居中有很多人饿死了，你能做些什么呢？你只有逃跑，你会逃到其他的国家。

第一级是所有的人类生活开始的地方，而直到 1966 年，它仍然是世界上多数人口的生存状态。

1800年至今的极度贫困人口比例

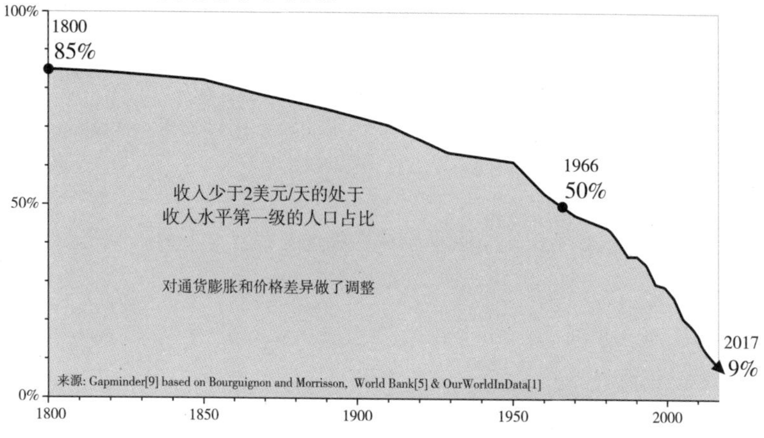

从上面的图中你可以清晰地看到，世界上的极度贫困人口比例，自 1800 年开始，一直是在下降的。而在最近的 20 年间，极度贫困人口的比例下降的速度比历史上以往任何时候都快。仅仅中国一个国家，就有超过 5 亿人口脱离了极度贫困状态。这使得中国的极度贫困人口的比例从 60% 下降到 6%。而这一切只花了 21 年时间。到了今天，中国的极度贫困人口数几乎降到了零。在印度，极度贫困的人口比例从 1981 年的 60% 降到了 2012 年的 22%。这意味着 1.6 亿的人口逃离了第一级。在拉丁美洲，极度贫困人口的比例从 1984 年的 14% 降低到了 2012 年的 4%，这样又有 3000 万人口脱离了极度贫困状态。

20 年前你多大？请闭上你的双眼几秒，然后回忆一下 20 年前的自己，这 20 年间，你自己的世界变化了多少？是很多还是很少？在过去的 20 年间，这个世界变化很大。20 年前，这个世界上 29% 的人口仍然生活在极度贫困状态中，而现在这个数字是 9%。在今天，几乎每一个人都已经脱离了苦海。所有苦难的根源正在被逐步铲除。这难道不值得我们大大地庆祝一番吗？我所说的“我们”指的是全人类。

然而我们却很悲观。我们这些生活在第四级的人，仍然不停地在电视上看到极度贫困的人们，似乎一切都没有改变。而事实上，在不知不觉当中，已经有几十亿人脱离了极度贫困，成了生产者和消费者，他们已经脱离了第一级，迈向了第二级和第三级的生活状态。

预期寿命

事实问题4：

全世界人口的预期寿命现在是多少岁？

☐ A.50 岁

☐ B.60 岁

☐ C.70 岁

想用一个数字来代表所有的死亡原因几乎是不可能的，然而，平均预期寿命这个指标却可以带给我们非常有意义的信息。所有夭折的儿童、自然灾害带来的死亡、难产而死的妇女以及老年人寿命的延长，都体现在这个指标里面。

回到 1800 年那个时代，瑞典还在闹饥荒，大量的人饿死。而英国的孩子们还必须在煤矿里面工作，全世界的平均寿命只有大约 30 岁。这就是当时世界上的现实情况。在所有的儿童里面，有一半以上活不到 15 岁。而剩下的一半，最多也就能活到 50 到 70 岁之间。所以当时的世界平均寿命只有 30 岁。正如在上一章我们提到过的平均数并不代表一切，它并不意味着所有人都只活到 30 岁，人类的平均寿命是有分布规律的。所以每当我们看到一个平均数的时候，我们就应该本能地想到，它的背后代表某一种数据的分布。

今天全世界的平均预期寿命是 72 岁。实际上是 73 岁，比 70 岁还要好一点。下面是我们问卷调查的结果。

事实问题4的结果：回答正确的百分比

全世界人口的预期寿命现在是多少岁？（正确答案：70岁）

国家的民意调查和一些会议、机构

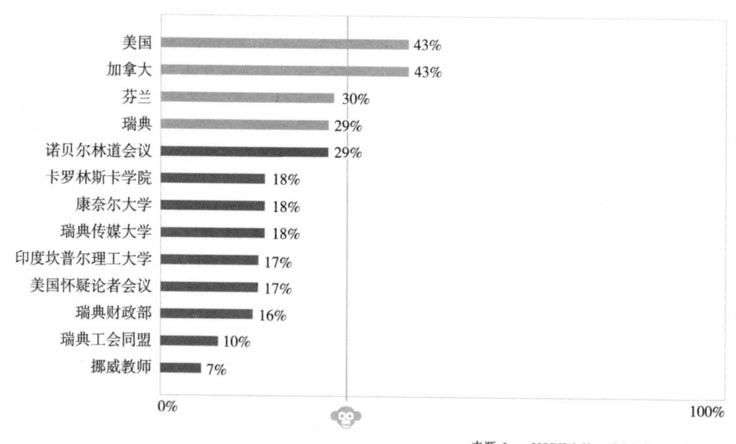

来源：Ipsos MORI[1], Novus[1] & Gapminder[27]

这个结果非常有意思，它体现出受到越多教育的人反而答得越错误。在我们做这个测试的大多数国家，普通民众答得比大猩猩好（详细的测试结果请见附录）。但是在绝大多数受过高等教育的人群中，他们的问卷回答集中在 60 岁。如果我们问的是 1973 年的状况，这个答案将是正确的（那一年埃塞俄比亚发生了大饥荒，饿死了 30 万人）。然而我们的问卷问的是今天的情况，距离 1973 年已经过了四十多年。现在人们的平均寿命已经延长了十年。在人类的历史上，我们一直为了使自己的家人能生存下来而非常努力地奋斗，现在我们终于获得了成功。

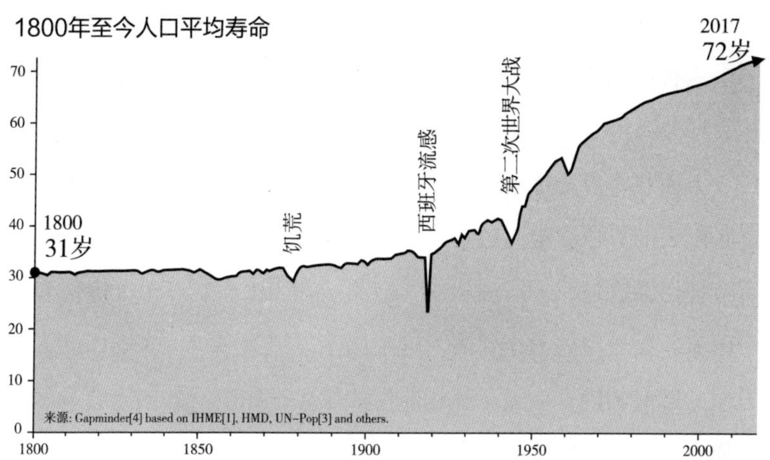

我把上面这张图表给大家看的时候，人们经常问，最近发生的一次人口平均寿命的下降是什么时候？他们通常会指向 1960 年。如果你们不知道人类平均寿命的变化的话，我愿意利用这个机会来纠正“世界正在变坏”的错误观念。

当我们把当今世界的现实放在历史的大背景下去考量的时候，我们就会发现，我们认为世界变得更坏的想法是个错误的观念。我们不应当无视当今世界上仍然在发生的各种悲剧，但是回顾历史，我们也应该清晰地认识到，这个世界正在变得越来越透明，困难的地区也越来越容易得到帮助。

我出生在埃及

我的祖国瑞典，现在处于第四级的收入阶段，是世界上最富有和最健康的国家之一（当我说瑞典处于第四级收入阶段的意思是说，瑞典人均收入已经进入了第四级，这并不意味着瑞典的每一个人都生活在第四级的收入阶段，平均数并不能隐藏背后的实际数据分布），但瑞典并不是一直都如此富裕和健康。

下面我将要给你看一张我最喜欢的图表。在这本书的最后，有这张图表的彩色版本。这是一张世界健康和财富的地图。在前面的章节你已经看过我们所展示的气泡图。在图上，每一个气泡代表一个国家，而气泡的大小代表了这个国家人口的多少。在下面这张图里面，越穷的国家会显示在越靠左的位置，而越富的国家会显示在越靠右的位置，健康水平越高的国家，会显示在越靠上的位置，而相对应的健康水平越差的国家，会显示在越低的位置。

请注意，在这张图上，我们无法把所有的国家清晰分为两组，这个世界并不是一分为二的。所有的国家都分布在整张图上，从左下角最穷和最不健康的国家，一直到右上角最富和最健康的国家。而大多数国家是分布在中间的。

下面这张图是非常令人兴奋的。

一系列气泡移动的轨迹显示了瑞典这个国家的健康和财富状

况自从 1800 年以来的进步。这是多么巨大的进步啊！我也把瑞典历史上的重要年份标注了出来，跟在 2017 年有相当水平的国家相对应。

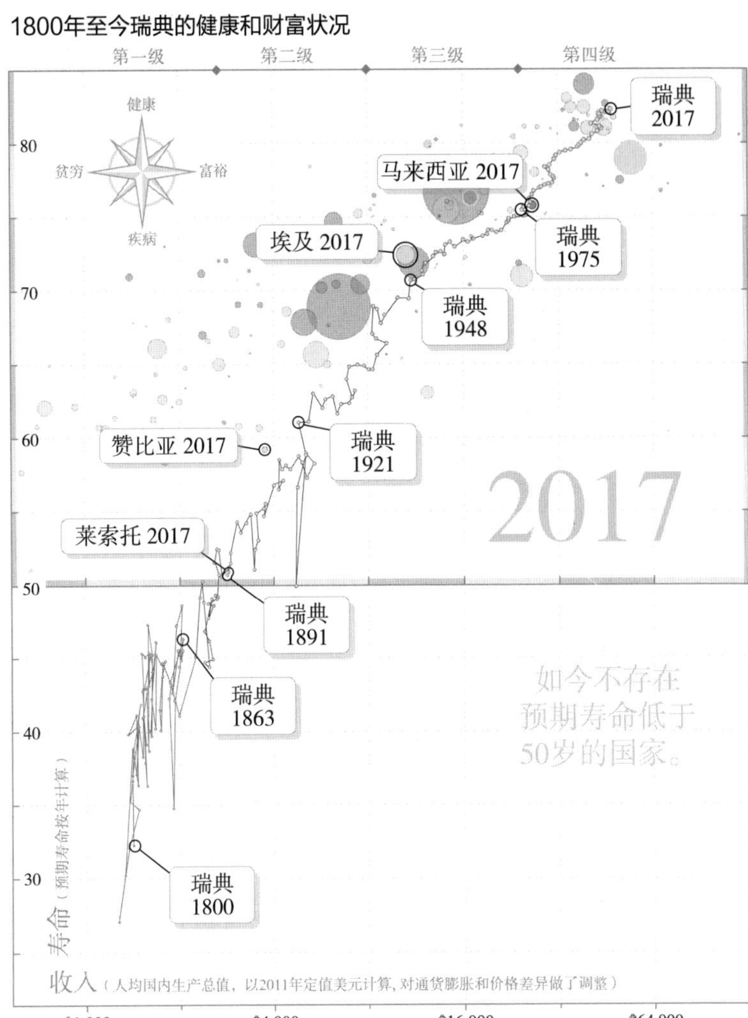

1948 年是一个重要的年份，那一年，第二次世界大战已经结束几年了，而在那一年，瑞典在冬奥会获得了奖牌榜的冠军，那也是我出生的年份。1948 年瑞典的财富和健康水平，就相当于今天的埃及。也就是说，是属于收入水平的第三级。在 20 世纪 50 年代，瑞典的生活条件和今天埃及或其他收入水平第三级国家的生活条件相似。在这样的生活水平里，开放的下水道仍然随处可见，仍然时不时会有儿童在家门口附近的水塘里淹死。生活在第三级的人们，仍然要非常辛苦地工作，不能照顾他们的孩子。而政府也还没有立法，在水塘周围建立篱笆。

在我的一生中，瑞典一直在进步。从 20 世纪 50 年代到 60 年代，瑞典的进步就相当于从今天的埃及达到了今天的马来西亚的水平。到了 1975 年，当安娜和欧拉出生的时候，瑞典，正如今天的马来西亚一样，已经开始进入第四级的收入水平了。

那么让我们往回看一下历史，当我的母亲出生的时候，那是 1921 年，瑞典的生活水平就像今天的赞比亚一样，那是在收入水平的第二级。

我的祖母是巴索托族人。她出生于 1891 年，而在那时，瑞典的生活水平就像今天非洲东南部的莱索托一样。那是介于第一级和第二级之间的一种生活水平，几乎是生活在极度贫困状态。终其一生，我的祖母都要靠双手来洗全家九口人所有的衣物。随着我的祖母年龄的增长，她亲眼目睹了瑞典进步的奇迹。她自己的生活水平，以及整个瑞典国家的平均生活水平，都进入了第三级。在她的晚年，她的家里边已经有了自来水管，并且在地下室装了厕所。和她童年完全没有自来水可用比较起来，这简直是一种奢侈的生活。

我的四位祖父母都可以认识一些字，并且识数，但是他们中没有一位能受到足够多的教育来阅读。他们不会给我读儿童读物，也不会写信。他们中没有人受到过四年以上的学校教育。瑞典，在我祖父母的那个时代，还没有达到第二级，也就是当今印度的平均文化水平。

我的曾祖母出生于 1863 年，那个时候瑞典的平均收入水平，就像今天的阿富汗一样，处在第一级。绝大多数人生活在极度贫困状态。我的曾祖母总会告诉她的女儿，也就是我的外祖母，冬天房屋里的泥地板是多么冷。但是在今天，即使生活在第一级收入水平的人也会比 1863 年的瑞典人寿命更长。这是因为一些基本的现代化设施已经惠及了每一个人，并且显著地提高了他们的生存质量。例如他们有塑料袋可以装东西，有塑料桶可以装水，也有肥皂可以杀除细菌。他们的大多数孩子都得到了疫苗接种。今天生活在第一级的人平均可以比 1800 年生活在第一级的瑞典人多活 30 年。所以即便是对于同样生活在第一级的人而言，生活质量也比 1800 年提高了很多。

尽管我不知道你生活在哪个国家，但我相信你们自己的国家也都经历了这种令人震惊的进步。我可以自信地告诉你这一点，是因为在过去的 200 年间，所有国家的人均寿命都显著提高了。事实上，几乎所有的国家都经历了全方位的进步。[1]

[1] 你可以在www.gapminder.org/tools上找到你需要的数据，来追踪你自己的国家或者任何其他国家在过去200年间所产生的进步。

32 项其他重要的进步

在你的脑海中，这个世界仍然在变得更坏吗？如果是这样的话，请看下面我将要展示的关于其他 32 个重要方面的进步。

对于其中的每一项，我都可以像前面描述人们在极度贫困和人均寿命问题上取得的进步一样，做出详细的说明。而对于其中的很多项，我都可以向你展示人们普遍存在悲观的认识，并且严重偏离了事实。（其中也有一些项，我们并没有做问卷调查，所以我并不知道人们的认识有没有更悲观、有没有偏离事实。）

限于篇幅，我不能对这 32 项里边的所有内容，都给出充分的解释和说明，所以下面我将只展示图表。让我们先从 16 项坏的指标开始，它们要么已经彻底消失了，要么已经在逐步消失的过程中。

另外让我们再来看 16 项正在增长的好的指标。

仅仅向窗外扫视两眼，是不会发现这种全球化的进步的。这种进步，发生在你视力所及之外的地方。但是如果你足够细心，总能够发现这种进步的蛛丝马迹。侧耳倾听，你是否能听到有孩子在练习吉他或者钢琴？很显然，这个孩子并没有溺水，而是在享受音乐带来的欢乐和自由。

16件坏事的趋势在下降

合法奴役
强制性劳动是合法的或者由国家实施的国家数量

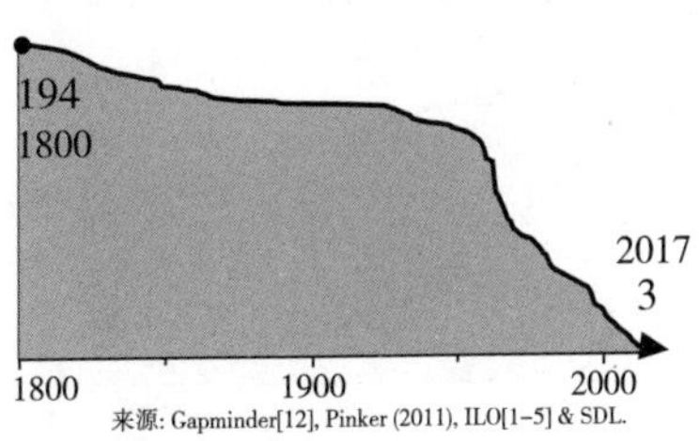

来源: Gapminder[12], Pinker (2011), ILO[1-5] & SDL.

漏油
油轮漏油（千吨）

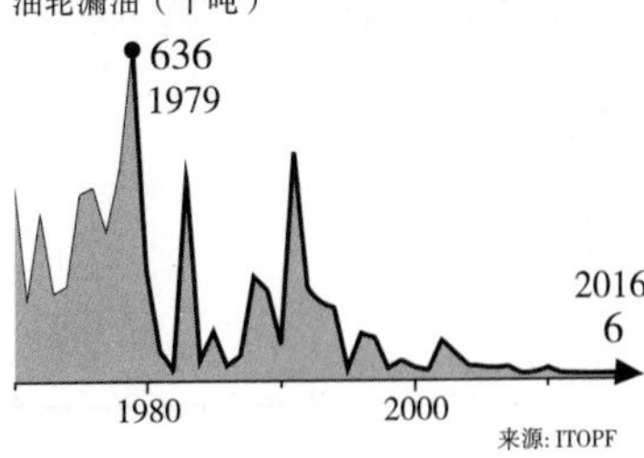

来源: ITOPF

昂贵的太阳能板
光伏组件的平均价格（美元/Wp）

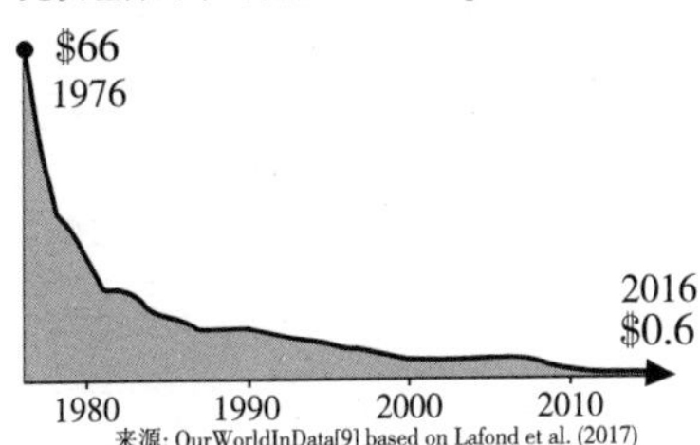

来源: OurWorldInData[9] based on Lafond et al. (2017)

艾滋病毒感染
每百万人中新的艾滋病感染者数量

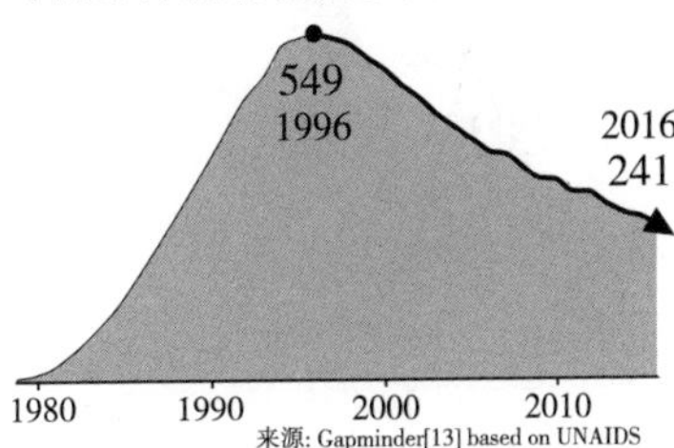

来源: Gapminder[13] based on UNAIDS

儿童死亡率
在5岁之前死亡的比例

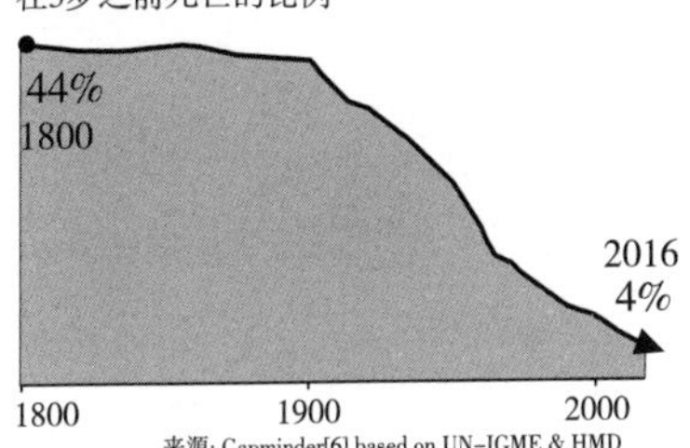

来源: Gapminder[6] based on UN-IGME & HMD

战争死亡
每10万人中死于战争的人数

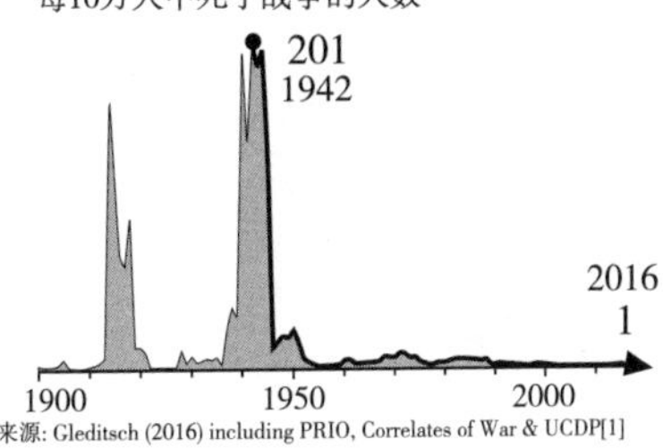

来源: Gleditsch (2016) including PRIO, Correlates of War & UCDP[1]

死刑
有死刑的国家

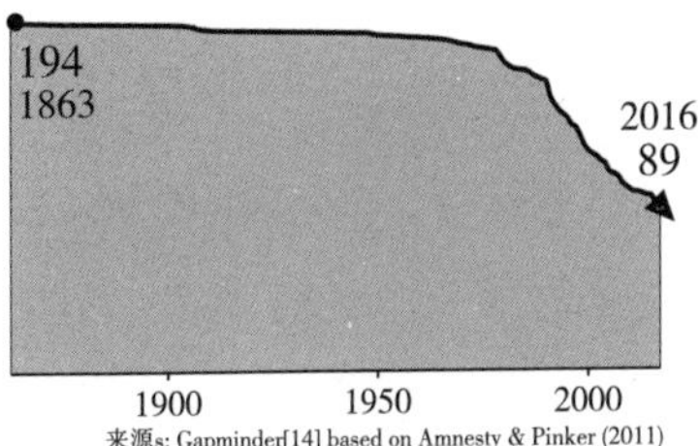

来源s: Gapminder[14] based on Amnesty & Pinker (2011)

含铅汽油
允许使用含铅汽油的国家数量

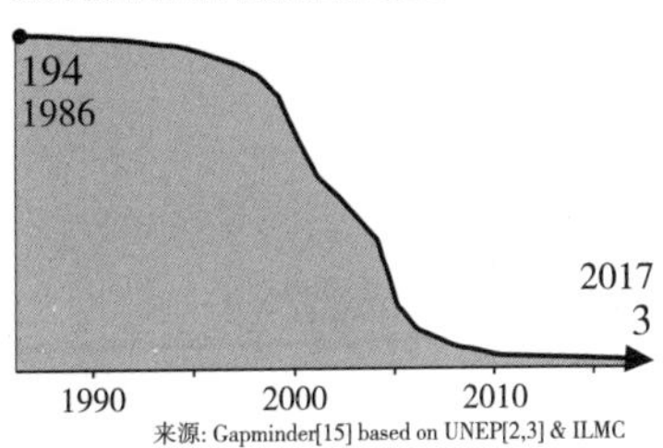

来源: Gapminder[15] based on UNEP[2,3] & ILMC

死于飞机失事

每10亿乘客里程的死亡人数（5年平均）

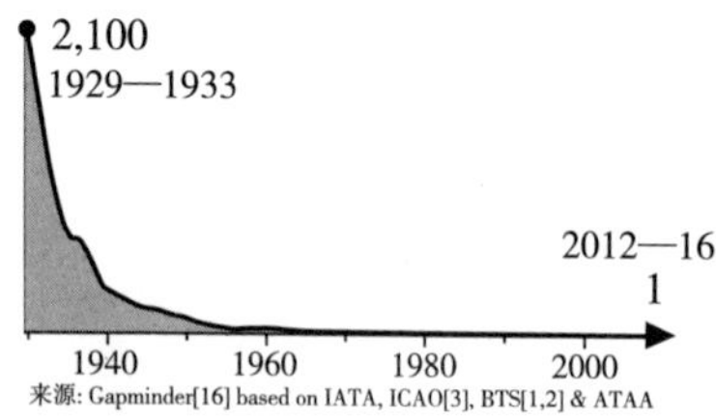

来源: Gapminder[16] based on IATA, ICAO[3], BTS[1,2] & ATAA

自然灾害死亡

1000 死者/年（10年平均）

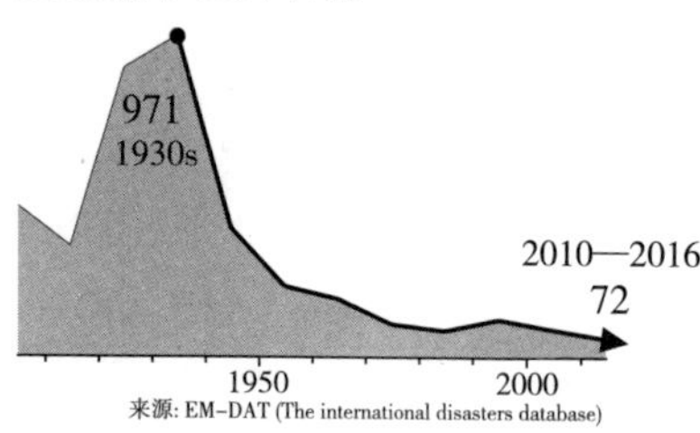

来源: EM-DAT (The international disasters database)

天花

存在天花的国家

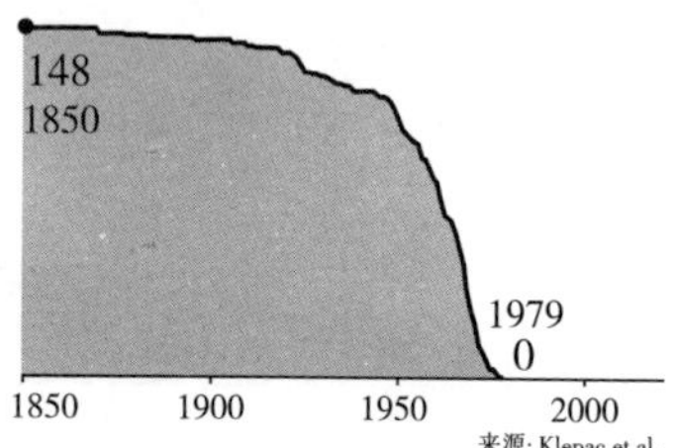

来源: Klepac et al.

臭氧消耗

臭氧层物质消耗量（千吨）

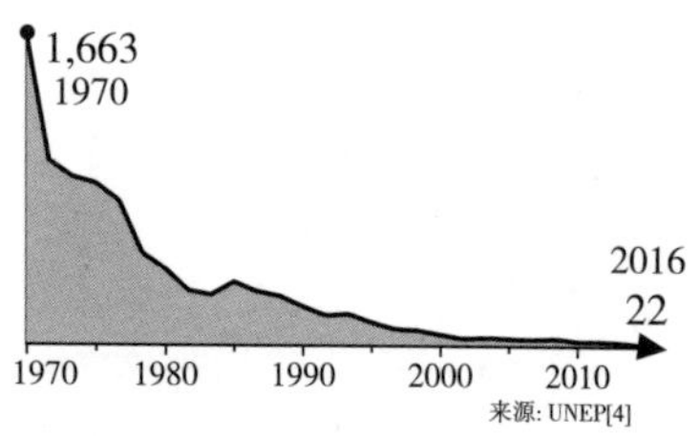

来源: UNEP[4]

童工

在恶劣条件下全职工作的5~14岁儿童的比例

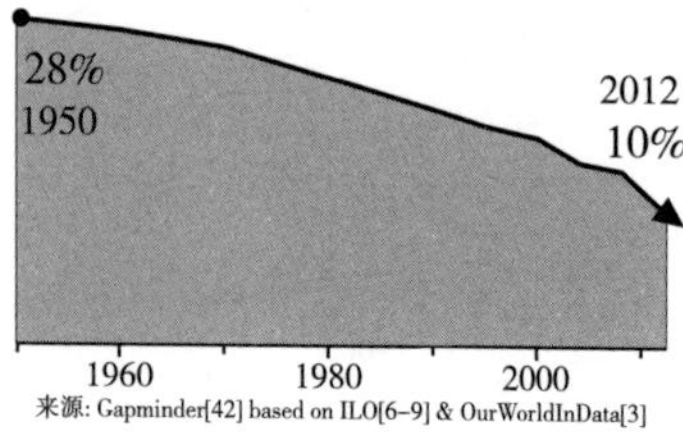

来源: Gapminder[42] based on ILO[6–9] & OurWorldInData[3]

核武器

核弹头（千枚）

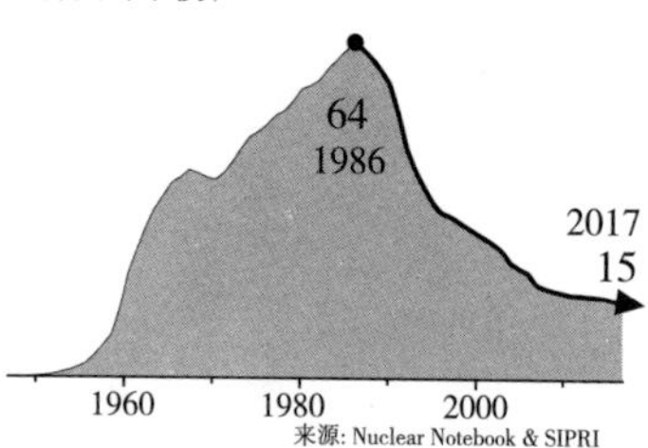

来源: Nuclear Notebook & SIPRI

烟尘污染

人均排放的Kg SO_2颗粒

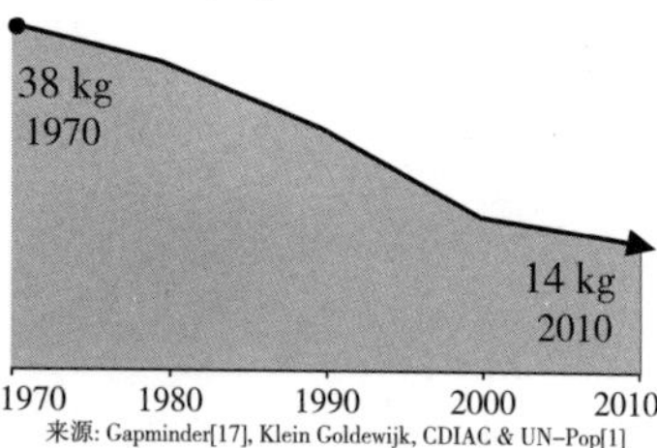

来源: Gapminder[17], Klein Goldewijk, CDIAC & UN-Pop[1]

饥饿

营养不良者的比例

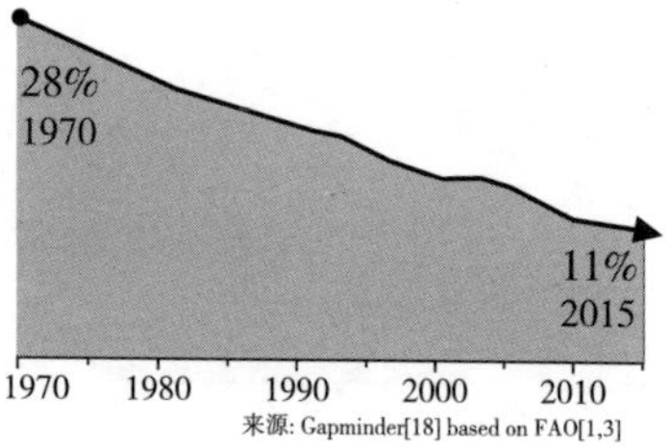

来源: Gapminder[18] based on FAO[1,3]

16件好事的趋势在上升

新电影

每年新上映的电影数

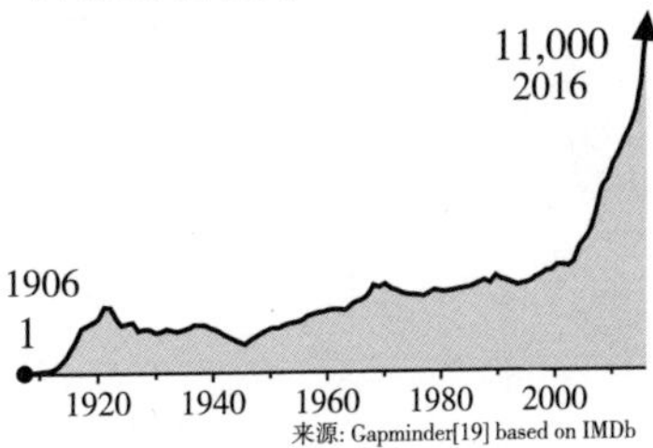

女性投票权

女性和男性有平等投票权的国家

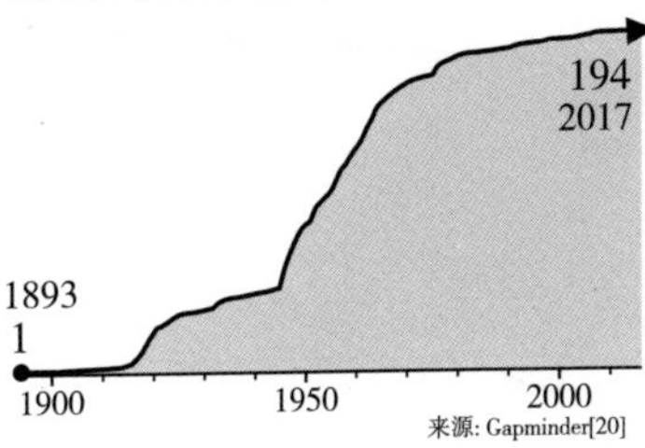

科学

每年发表的论文数

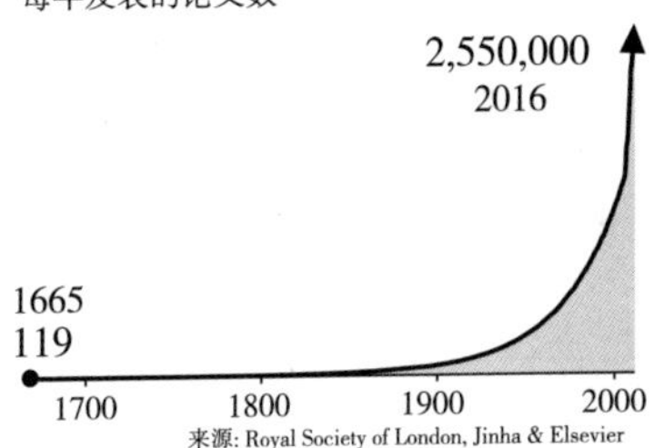

识字

具有基本读写能力的成人（15岁以上）的比例

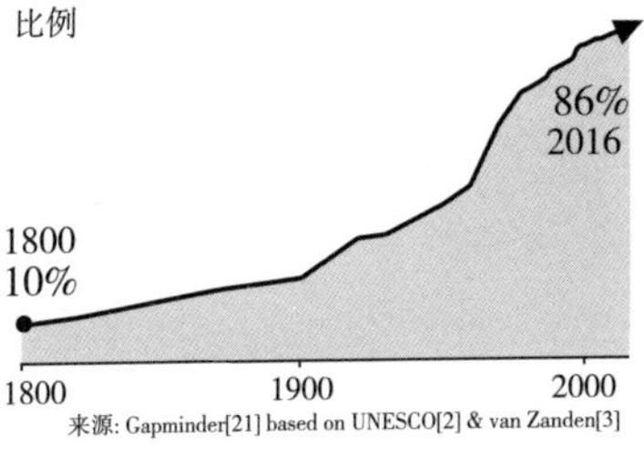

环境保护

成为国家公园和其他保护区的地表面积比例

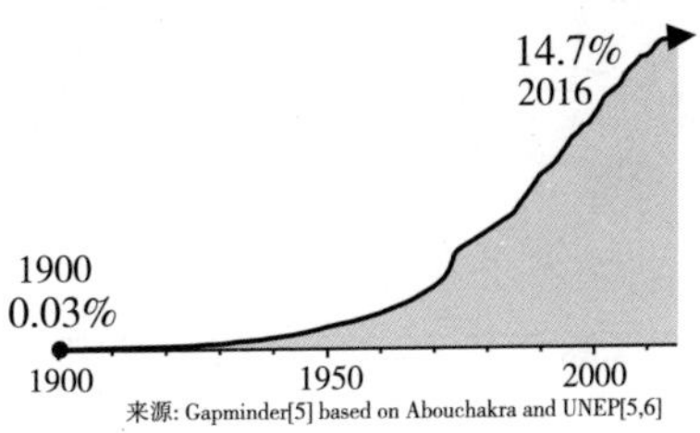

新音乐

每年新发行的音乐数

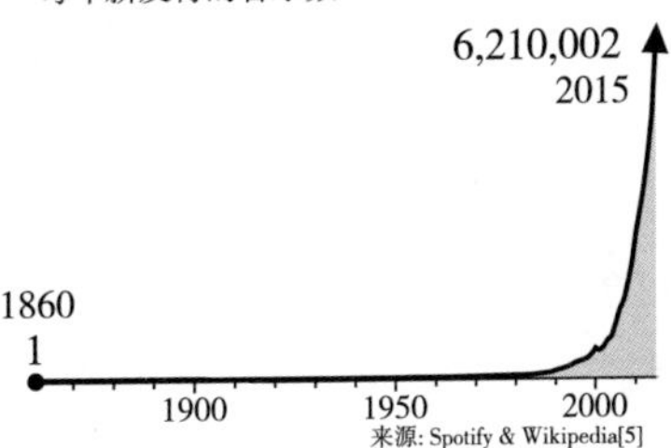

收成

谷物产量（1000千克每公顷）

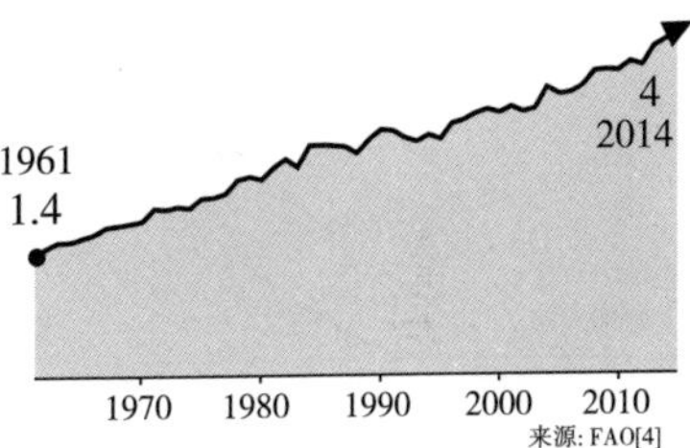

民主

生活在民主国家的人口比例

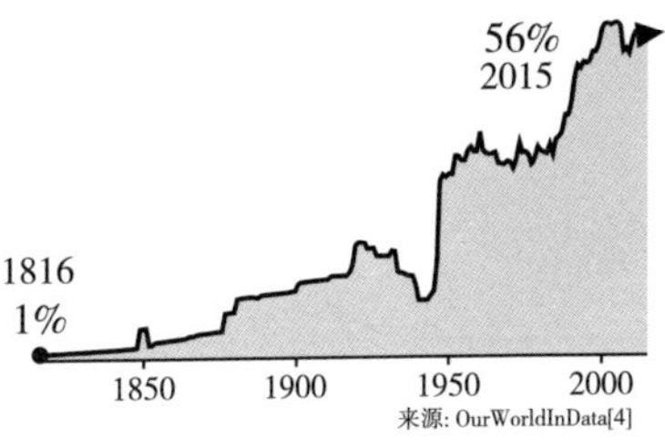

癌症儿童存活率

20岁之前被诊断为癌症并受到最优治疗的儿童5年存活率

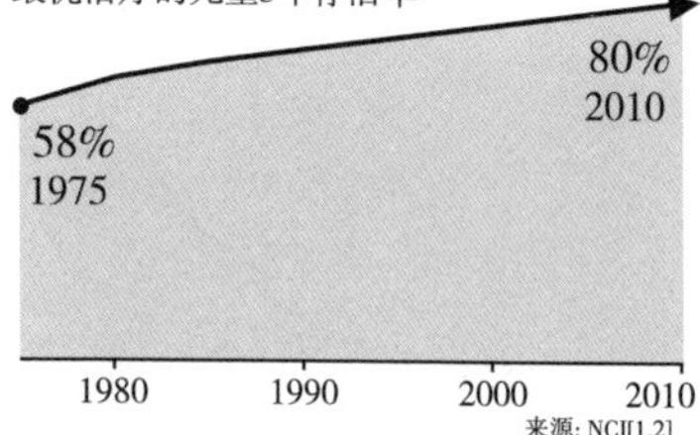

女童上学率

学龄女童上学比例

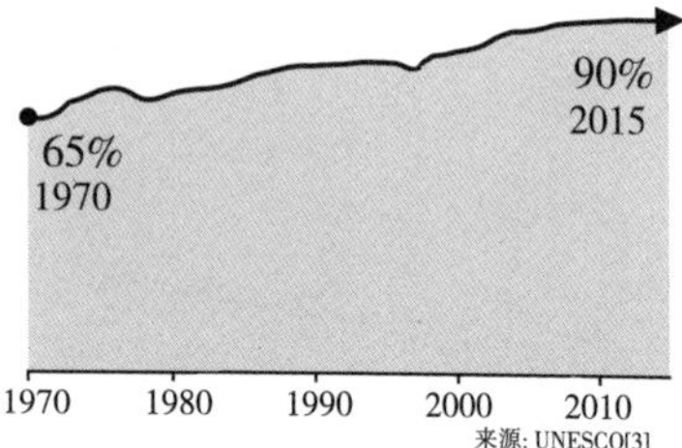

监测物种

被列举的濒危物种数

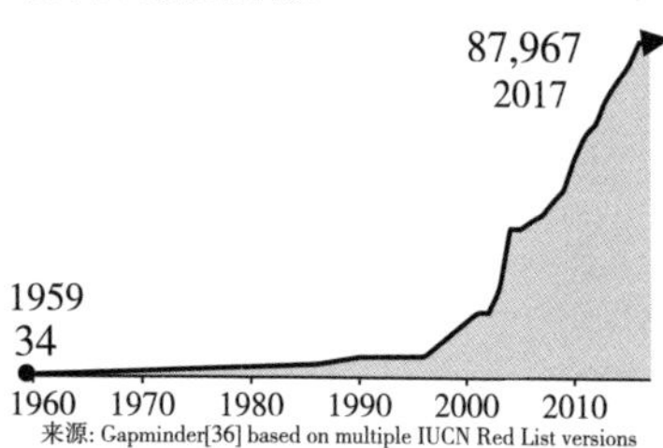

通电地区

可以用电的人口比例

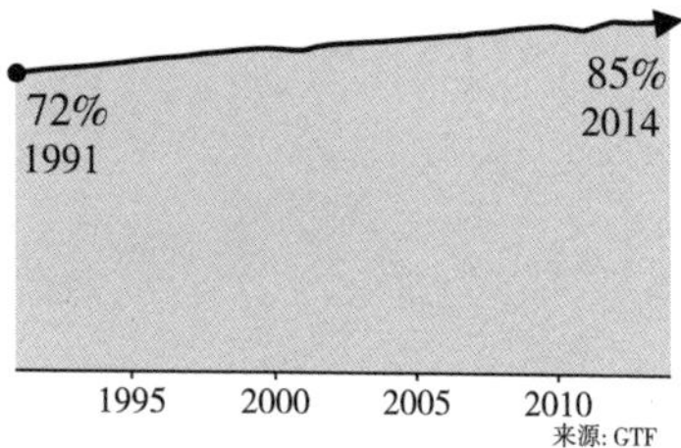

移动电话

拥有移动电话的人口比例

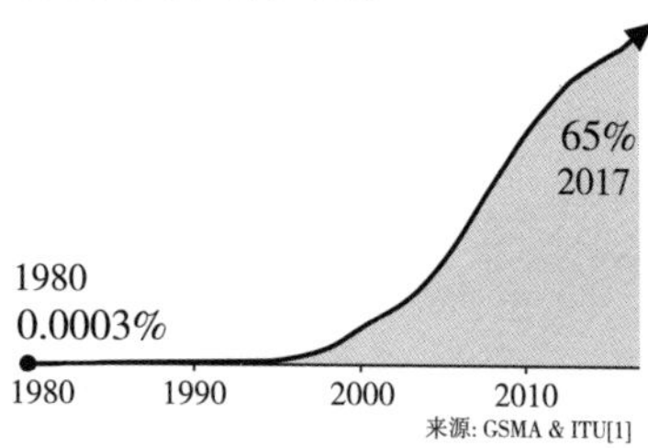

用水

具有安全水源的人口比例

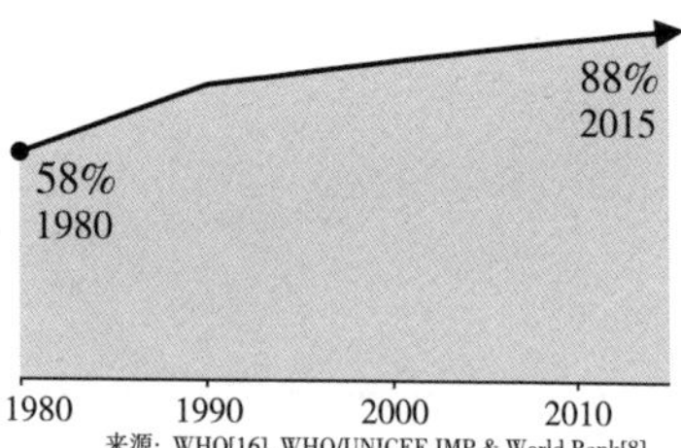

互联网

使用互联网的人口比例

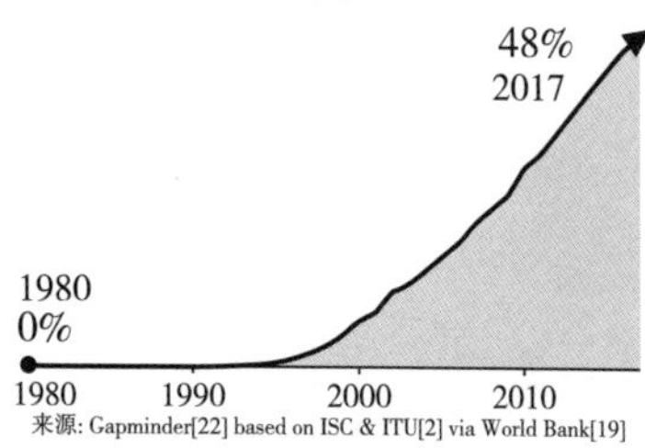

免疫接种

至少接种过一种疫苗的1岁幼儿的比例

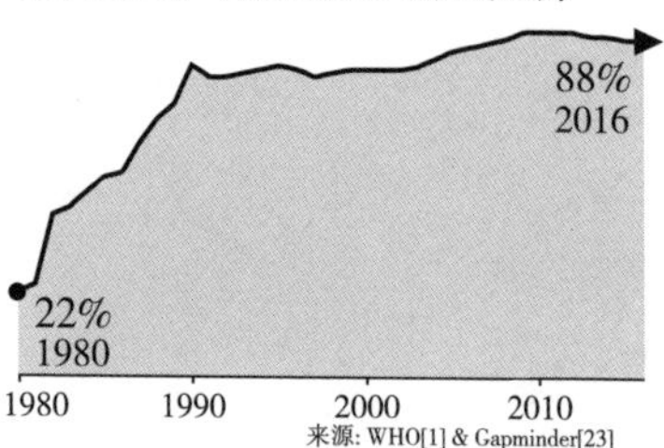

进入更高收入阶层的目的并不仅仅是得到更多的钱，延长寿命的目标也不仅仅是获得更多的时间，我们的终极目标是获得自由。以我为例，我喜欢马戏表演，喜欢和我的孙子们一起打电脑游戏，也喜欢看电视。文化和自由是国家发展的目标，它们很难被量化衡量，但拥有吉他的人口的比例是一个很好的参考指标。而这个指标也已经提升了很多。请看一下图中展示出来的拥有吉他的人数的迅速上升，谁还能说这个世界是在变得更坏呢?

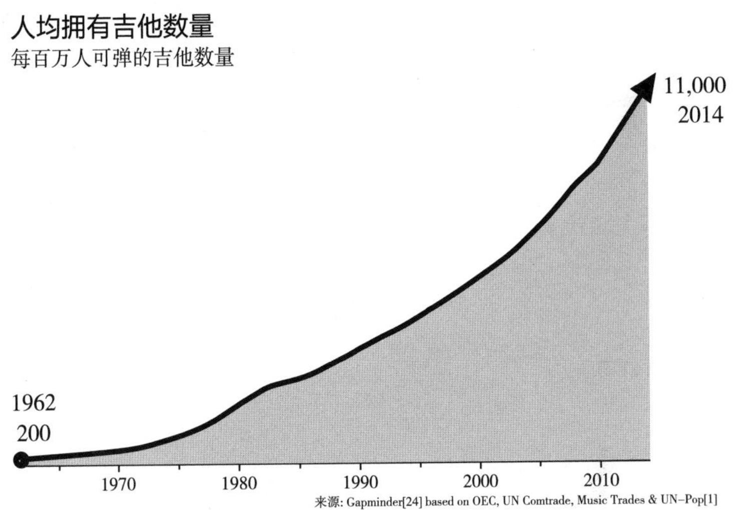

负面思维的本能

之所以大多数人会认为这个世界正在变得更坏，很大程度上是因为我们的负面思维的本能。我们总是更容易注意到坏的事情，而不是好的事情。这种负面思维的本能体现在三个方面：第一，我们对过去错误的记忆；第二，媒体和社会活动家对于负面新闻的选择性报道；第三，我们总是觉得，只要有坏的事情发生，就不应该认为世界是在变好。

"警告：你记忆里的事物总是比实际情况更坏"

几个世纪以来，我们都会听到老人们在说，他们年轻的时候生活有多好；他们会强调，现在的事情已经不像当年那样美好了。而事实往往并非如此，很多事情在以前都是更差，而不是更好。但是人们往往很容易忘记以前事物究竟是什么样子的。

在西欧和北美，只有那些非常老的人，才经历过第二次世界大战和大萧条，只有他们才对仅仅几个世纪之前发生的饥饿和贫穷有一些切身的体验。但是，即便对中国和印度这样的几代人之前全国绝大多数人还生活在极度贫困状态的国家而言，人们今天骑着电动车，住着体面的房子，穿着干净的衣服，已经不记得几代人之前的贫穷了。

在 1970 年，有一位著名的瑞典作家兼记者拉斯伯格写了一篇非常著名的关于印度农村生活的报告。25 年后，当他再回到他写报告的那个村庄的时候，他清晰地看到，生活条件有了很大的改善。他在 1970 年拍的那些照片里面还有土地板的房屋、泥做的墙和半裸的儿童。照片里那些村民的眼中看不到自尊，而这些村民对外面的世界也几乎一无所知。照片中的他们和今天的他们有着鲜明的对比。今天在整齐的水泥房屋里，儿童穿戴整齐，充满自信心和好奇心的村民们看着电视。拉斯伯格给村民们看 1970 年他拍的照片时，他们不相信这些照片就是在他们旁边拍摄的。他们说不是的，不是在这里拍的，你一定是搞错了，我们从来没有那么穷过。像大多数人一样，他们生活在当下，只关心自己眼前的问题，比如说自己的孩子看了太多无聊的肥皂剧，或者自己没有足够的钱去买辆摩托车。

除了自身的生活记忆，有时候我们会刻意回避过去的野蛮和不幸。这些野蛮和不幸的过去，可以在古代的墓地里面发现。那些墓地里面有很多儿童的骸骨。有的死于饥饿，或者可怕的疾病，但是也有很多儿童的骸骨上有伤害的痕迹，这说明他们是被残忍地杀害的。而在今天的墓地里面，很少能发现儿童的坟墓了。

选择性报道

我们几乎每天都被无休止的负面新闻淹没：战争饥荒、自然灾害、政治错误、腐败、预算削减、疾病、大规模的失业、恐怖主义行动。如果记者去报道正常降落的飞机或者正常收成的庄稼，他很快就会失业的。循序渐进的进步对数百万人产生了巨大的影响，但它们很难作为新闻登上头条。

由于媒体自由和更先进的科学技术，我们现在可以比以前听到更多关于各种灾难的消息。几个世纪之前，当欧洲人在美洲屠杀印第安人的时候，当时这无法成为世界范围内的新闻。在过去，如果生态系统遭到破坏，或者某类物种濒临灭绝的时候，根本不会有人注意到，也不会有人关心。正如我们在其他方面取得的巨大进步一样，我们在监测人间苦难上取得了提升，这些增加的报道本身就是人类进步的标志。但是它们却给人们留下了截然相反的印象。

与此同时，社会活动家和说客们非常有技巧地把人类发展进程中的每一点都描绘成世界的末日，通过夸大的预测来恐吓人们，而无视整体的趋势是在进步的。例如在美国，整体的暴力犯罪率是下降的，然而，每当有一起犯罪事件发生，就会有很多报道，这就给了大多数人一种印象，似乎暴力犯罪在变得更多。

大多数人一直认为犯罪率会上升

“美国的犯罪率比一年前高还是比一年前低”的民意调查

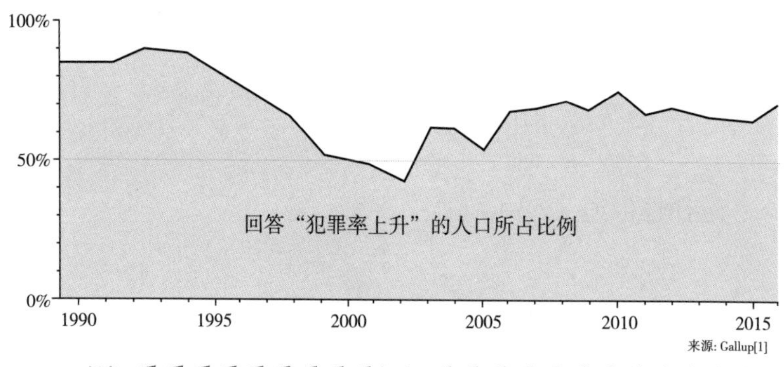

想象:

现实:

美国报道的犯罪（百万件）

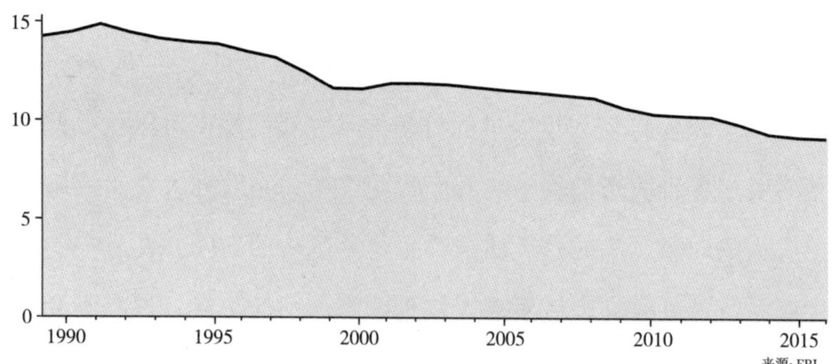

难怪我们会得到这个世界在变坏的错觉。现在新闻在持续告诉我们世界各地发生的坏的事情。我们心中的这种末日情结，再加上

我们通常不能够正确地回忆起过去，不记得一年前、10 年前或 50 年前，实际情况比现在更坏，结果就使得我们产生了一种这个世界越变越坏的错觉。而这种错觉给很多人带来了巨大的焦虑，也使得很多人失去了希望。

感性而非理性

这里还有其他的原因，比如说，当人们表达这个世界正在变得更坏的时候，他们真的在做理性的思考吗？我的猜测是，他们没有，他们只是感性地做出这样的回答。如果在我向你展示了这么多事实和数据之后，你仍然不相信这个世界在变得更好，我猜测这一定是因为你知道还有很多巨大的问题仍然没有得到解决。我猜测，你认为我告诉你这个世界在变得更好，其实是想告诉你，所有的事情都是很好的，你不应该去关注那些问题，或者假装这些问题不存在。这让你感到很荒谬和焦虑。

我同意，并不是所有的事情都在变好，我们仍然在担心很多问题。只要仍然有飞机在坠毁，仍然有儿童在意外死亡，仍然有濒危物种，仍然有气候变暖，仍然有大男子主义，仍然有疯狂的独裁者，仍然有有毒的废品，仍然有正直的新闻记者被关进监狱，或者仍然有女孩仅仅因为她们的性别而不能上学，只要这些可怕的事情仍然存在，我们就不能放松。

但是如果我们无视我们已经取得的巨大的进步的话，这仍然是荒谬而令人焦虑的。人们通常称我为乐观主义者，因为我总是让他们看到他们从来不知道的巨大进步。但这种说法让我很生气，我不愿意被称为一个乐观主义者，因为那使我显得很天真。我是可能主义者，这个词是我自己造出来的。这意味着不抱有无缘由的希望，也不抱有无缘由的恐惧，更持续地对抗过分情绪化的世界观。作为一个可能主义者，我看到了现实的进步，而这些，使我对未来更大的进步充满了希望。这不是乐观，这只是对事实的真相有清晰和合理的理解。这需要建立一种建设性的、实用的世界观。

当人们错误地相信我们没有获得什么进步的时候，他们将会做出错误的结论，我们现在做的一切都不起作用，而且会因此对实际有效的措施也丧失信心。我遇到了太多这样的人，他们告诉我他们对人性彻底失去了希望；或者他们走向另外一个极端，成为激进分子，支持一些破坏生产力的极端手段，而无视现在我们采用的解决问题的方法本来就是很有效的。

比如说女孩的教育。让女孩接受教育已经被证明是一个非常成功的行动。当女孩接受了教育，很多美妙的事情就会在这个社会发生。我们的劳动力变得多元化，我们也可以做更好的决策，解决更多的问题。受过教育的女人会决定要更少的孩子，更多的孩子生存了下来。她们会投入更多的精力和时间到每一个孩子的教育上去，这是一个正向的循环。

贫穷的父母不能负担所有孩子的学费，他们通常会优先选择让男孩上学。但是自从 1970 年以来，我们已经取得了巨大的进步。不分宗教、文化背景和国家，现在几乎所有的父母都有能力让家里所有的孩子都上学。现在女孩上学的比例几乎追上了男孩。对于女孩而言，90% 的适龄儿童上了学，而对于男孩这个数字是 92%，几乎没有区别。

然而除了小学，到了中学和高等教育阶段，在收入水平停留在第一级的国家，男女比例的差别就显现了出来。但是我们仍然没有理由否认，我们已经获得了进步。我从来不觉得为已经取得的进步欢呼和继续努力奋斗来争取更大的进步之间有任何的矛盾。我是一个可能主义者，而我们已经获得的进步充分地证明了，我们完全有能力让所有的女孩、所有的男孩都能够上学。我们当然应该继续努力来实现这一目标。如果我们被愚蠢的错觉搞得失去了希望，我们就永远不能达到这一目标。负面思维以及它所带来的无知，带给我们的最大恶果就是它会使人失去希望。

如何控制负面思维的本能

当所有人都在大喊事情正在变糟时，我们如何才能认识到事情实际是在变好？

坏的和更好的

解决的办法并不是我们要多看一些正面的新闻来对冲负面新闻带来的影响，因为那将会带来另一种自我欺骗的、自我安慰的、误导性的偏见。那就好像你放了很多糖企图来抵消盐的咸味，是根本没用的。那样做只会让一些事情看起来好一些，但事实上这种方法却是更不健康的。

对我而言，真正的解决方案就是说服我自己，同时在脑海中保留两套思维方式。

似乎当我们听到人们说事情在变得更好的时候，我们总是认为他们的意思是不要着急，放轻松，甚至是“这不值得你关注”。但其实当我在说事情在变得更好的时候，我根本不是要告诉人们不要着急、放轻松。而且我也绝不是想建议人们回避现实世界中的一些可怕的问题。我想告诉人们的是，事情有可能同时是好的，也是坏的。

你可以把世界看作一个生活在孵化器里的婴儿。这个婴儿的健康状态极差，所以我们需要时刻监测他的呼吸心率以及其他的重要指标，来随时观察他的健康状态究竟是变好了还是变坏了。一个星期之后，他的健康状况大大好转了。从各方面指标来看，他的境况都已经好转了，但是他仍然必须待在孵化器里面，因为他的健康仍然不够好。那么我们是不是可以说，这个婴儿的健康状况已经进步了呢？是的，绝对可以那么说。是不是我们可以说他的健康状况仍然不好呢？是的，当然可以。那么当我们说一件事情在变得更好，是不是在暗示所有的事情都很好，我们可以放轻松，并且不需要担心呢？不，绝对不是。那么，难道我们非要在不好和变得更好之间进行二选一吗？绝对不是。事情，可以是不好的，但同时也在变得更好。不好和更好可以是同时存在的。

这才是我们思考这个世界的正确方式。

对坏消息有思想准备

另外一种可以帮助我们控制负面思维的方法就是对坏消息有思想准备。

请记住媒体和社会活动家们都依赖夸张的事情来吸引你的注意。请记住负面的故事比中性的或者正面的故事更有戏剧性。请记住，要在一个长期持续进步的大背景下，吹毛求疵地找出一个短暂的低谷，并基于此讲述一个危机的故事，是一件很简单的事。请记住，现在我们生活在一个广泛连接并且透明的世界中，关于不幸事件的报道比以往任何时候都多得多。

当你听说一些可怕的事情的时候，请先冷静下来，并问自己，如果现在有同样大的正面进步发生了，它会得到这样的报道吗？即便世界上发生了上百种大规模的进步，我会听说吗？我会听说关于儿童没有溺水而亡的事情吗？当我看看窗外，或看着新闻，我看看慈善团体的报告，我能够看到关于儿童溺水数量的减少，或者儿童死于肿瘤数量的减少吗？请记住，正面的改变虽然更普遍，但是通常很少被报道，你需要自己去发现。（而如果你看统计数据的话，你会很容易发现这些进步。）

只要注意到这些，你和你的孩子就不会在看新闻的时候被误导，从而对这个世界产生悲观的看法。

不要过分美化历史

如果我们刻意地去给历史披上美丽的外衣，我们和我们的孩子就错过了历史的真相。关于历史的恐怖事实，也许很吓人，但它却是一种非常好的资源。它可以帮助我们珍惜我们今天所拥有的一切，并且能够给我们希望。我们会相信未来的人类，正如我们的祖先一样，他们能够克服困难，走出低谷，向着和平、富有以及不断解决各种问题的方向前进。

我想要感谢社会

65 年前，当我在瑞典郊区的一个充满了粪便的下水沟里面挣扎的时候，我无法想象，我将是我的家族里面第一个能够上大学的人。我也无法想象，我会成为一个全球健康学教授，并且去达沃斯给世界上的专家们讲课，告诉他们，他们对世界真相的了解还比不上大猩猩。

当然 65 年前，我也对世界的潮流一无所知。我必须不断地学习，如果一个人想研究不同的致死原因，以及它们在历史上的演变的话，唯一的办法就是追踪每一个死亡案例，以及他的致死原因，并且把它们记录下来，然后把所有的数据放在一起来汇总统计。这将是一件很花费时间的事情。在世界上只有一个数据库可以提供这样的详细信息，它叫作全球死亡分析。当我在很多年前进入这个数据库进行研究的时候，我才发现我小时候的濒死体验并不是个案。对于生活在第三级收入水平的人来说，这是一种很典型的儿童死亡事故。

我所知道的只是我陷入了泥潭中，我的祖母跑过来，把我救了出来，而瑞典的整个社会则给了我更大的帮助。

在我的一生中，瑞典从收入水平的第三级跨入了第四级。一种针对肿瘤的治疗方法被发明了出来，我的母亲得救了。她可以免费地从公共图书馆借到图书，并且读给我听。我成为我家庭中的第一个受过超过 5 年以上教育的人，并且最终进入了大学，这也是免费的。我获得了我的博士学位，这也是免费的。当然，事实上，是纳税人替我们支付了这笔钱。纳税人甚至补贴了避孕药物，使得我和我的妻子在大学学习期间，不必因为怀孕生子而耽误我们的学业。在我 30 岁那年，我已经是两个孩子的父亲了，那年我第一次被诊断出了癌症。而我得到了最好的治疗，这又是免费的。我能够成为幸存者和成功者，都依赖于其他人的帮助。这一切都要感谢我的家庭、免费教育和免费医疗。是这一切使得我能够从下水道里面爬出来，并一路走到世界经济论坛。这一切绝不是我凭借一已之力就能获得的成就。

今天瑞典已经进入了收入水平的第四级，只有 3‰的儿童在 5 岁前死亡，而溺水只占了全部儿童死亡原因中的 1%。水塘边的篱笆、托儿所、救生衣、游泳课程以及救生员，这一切都要花钱。随着国家变得越来越富裕，儿童溺水而亡的案例已经几乎消失了。这就是我所说的进步。这样的进步正在世界各地发生。很多国家的进步速度都远远超过了瑞典曾经的进步速度。

实事求是的方法

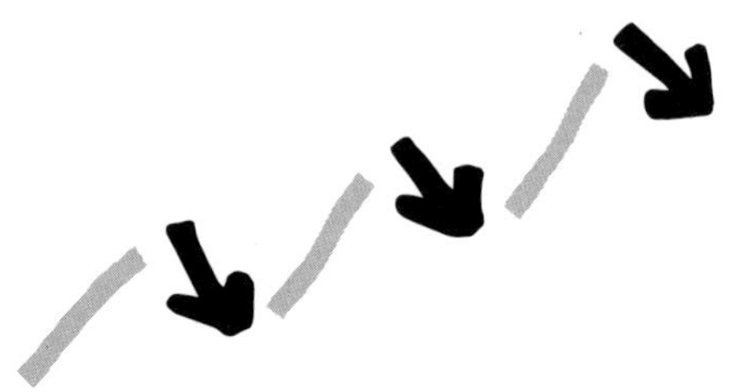

要做到实事求是，我们就要做到在听到负面消息时能够认识到我们原本就更容易获得负面新闻，而很难听到关于事情在进步的消息。这种现实情况，使得我们系统性地对世界产生了负面的印象，从而产生了焦虑。

要想控制我们的负面情绪，我们就要做到对坏消息要有思想准备。

- **更好和不好。**我们要学会区分状态和趋势，要认识到事情可以同时是不好的，但也是在变得更好的。
- **好消息不是新闻。**好消息是很少得到报道的，因此我们总是听到坏消息。所以当你听到坏消息的时候，可以问一下自己是否我们没有听到好的消息。
- **循序渐进的进步不是新闻。**当一件事情在持续变好，但当中产生了一些小的低谷的时候，通常你只会注意到低谷，而不是整体的趋势。

- **更多的坏消息并不意味着更多的坏事情。**我们能够听到更多的坏消息，有时仅仅是因为我们对坏事情的关注度和监控能力提高了，并不意味着这个世界在变得更坏。
- **警惕过分美化的历史。**人们经常会刻意地美化自己的历史，而国家也经常会刻意地美化自己的历史。

CHAPTER 3

—— 第三章 ——

直线思维

存活率高，人口反而变少
交通事故就像龋齿
为什么我的孙子和世界人口一样

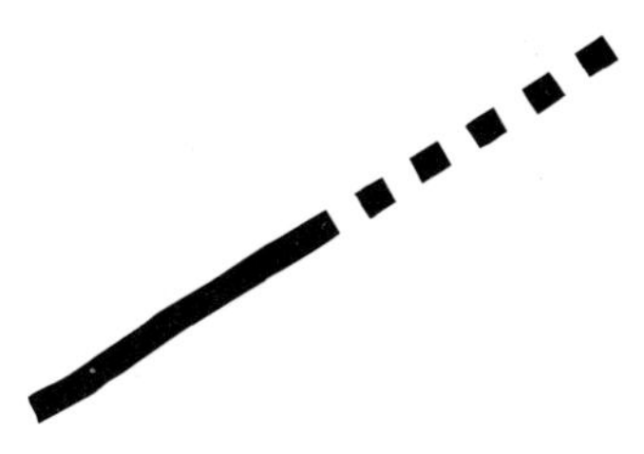

我所见过最可怕的图表

统计数据有时候是非常可怕的。2014 年 9 月 23 日，我正坐在我斯德哥尔摩的办公室里，这时候我看到了一张曲线图，它让我感到毛骨悚然。

自从当年 8 月以来，我就一直在关心西部非洲暴发的埃博拉病毒。和其他人一样，我看到了从利比里亚的首都蒙罗维亚发回的报道，上面有很多死于埃博拉病毒的人的可怕照片。但是由于我本职工作的原因，我经常会听到各种致命疾病暴发的消息，我很自然地认为，埃博拉病毒就像其他的疾病一样，会很快得到控制。但是当时我看到的国际卫生组织的研究报告中的曲线图却彻底震惊了我，在极度的恐惧中，我开始了行动。

研究人员收集了自从埃博拉病毒暴发以来的所有数据，并且用这些数据来推测直到 10 月末的每天的新暴发案例数量。这是我第一次见到每天新增案例不是按照直线增长（1、2、3、4、5），而是翻倍增长（1、2、4、8、16）。平均来讲，每一个感染埃博拉病毒的患者在去世前会感染两个人。这就导致了每天的感染人数每三周就会翻倍。这张曲线图显示出，如果每个患者都持续传染两个人的话，很快埃博拉病毒的感染将会变成非常大规模的传染病。翻倍增长是一种非常可怕的速度。

当我还在学校的时候，我第一次领教了翻倍增长的威力。在印度神话中有一个名叫奎师那的人向国王要了一些米，只不过这些米要按照下面的规则排列在国际象棋的 64 格棋盘里。第一格一粒米，第二格两粒米，第三格四粒米，第四格八粒米，按照这样的连续翻倍规则，一直持续下去，直到 64 格全部装满。到最后，他将得到 18,446,744,073,709,551,615 粒米。这么多的米，足够把整个印度用一层 1 米厚的米盖住。任何连续翻倍增长的东西，最终的增长都会远远比我们预测的快。所以我知道西部非洲的情况将很快会变得令人绝望。利比里亚正面临着一场比刚刚结束的可怕的国内战争恐怖很多倍的巨大灾难，而这场灾难，将不可避免地向全世界各地蔓延。和疟疾不同，埃博拉病毒可以在各种气候条件下传播，并且可以通过飞机上还没有表现出任何感染症状的乘客来跨越国界和海洋。而目前对这种病毒还没有有效的治疗手段。

在我的办公室里，我立即改变了我的工作计划，开始研究这些数据并制作视频教材来解释情况的紧急性。我直接取消了 10 月 20 日往后未来三个月的所有安排，跳上一班飞机，飞往利比里亚。我希望在非洲撒哈拉地区研究传染病的长达 20 年的经验能派上用场。我在利比里亚待了三个月，一生中第一次错过了和家人共度圣诞节和新年。

就像世界上其他人一样，我对埃博拉病毒的严重程度以及紧急程度反应得太慢了。我假设新增案例的增长会是直线性的，然而事实上，它却是一条翻倍增长的曲线。我刚刚弄明白这点就采取了行动，但是我真的希望我能够早一点弄明白这一点。

认为世界上的人口会持续增长，这是一个巨大的误解

在当今世界上，可持续发展这个主题充斥着世界各地的会议。关于可持续发展的一个重要参数就是人口数量。地球上能够生存的人口数量应该存在一个上限，对吗？所以当我在各种会议上对我的观众进行测试的时候，我都会问他们关于人口数量的问题。我认为他们都应该知道关于世界人口增长的一些基本事实。但是我错了。

在这一章，我们要讨论的是第三项错误本能：直线思维的本能。人们认为，这个世界上的人口是会一直保持增长的，这是第三个，也是最后一个人类的重大误解。请注意这个词："一直保持"。这个词就是误解的根源。

事实上，世界上的人口确实在增长，而且增长得很快，在下一个 10 年内，世界上大约会增加 10 亿的人口。这是事实，这并不是误解。但世界人口并不是"一直保持"增长的。"一直保持"这个词会暗示我们，如果我们不采取什么措施的话，人口将会持续增长。这个词也暗示我们，必须做点大动作才能够阻止人口的持续增长。这就是误解所在。我们都有一种直线思维的本能，这种本能使得我们假设，所有的事情都是按照直线的规律来发展的。也正是这种错误的本能，使得我和当时世界上其他的人没有能够对埃博拉病毒更早地采取行动。

作为一名老师，我很少会有觉得无话可说的时候。但是当我有一次在挪威（我并不是刻意地对挪威人特别挑剔，我相信如果是在芬兰做这个测试的话，结果可能也会类似）参加一个教师论坛，并

且向听众们提出以下问题的时候，我第一次觉得无话可说了。当时在座的许多老师都在教授关于全球人口发展趋势的课程。当现场测试的结果在屏幕上投放出来的时候，我真的不知道说什么才好。我当时在想，是不是这个投票统计的设备出了故障？

事实问题5：

今天全世界有20亿儿童，他们的年龄从0到15岁，那么根据联合国的预测数据，到2100年，全世界会有多少儿童？

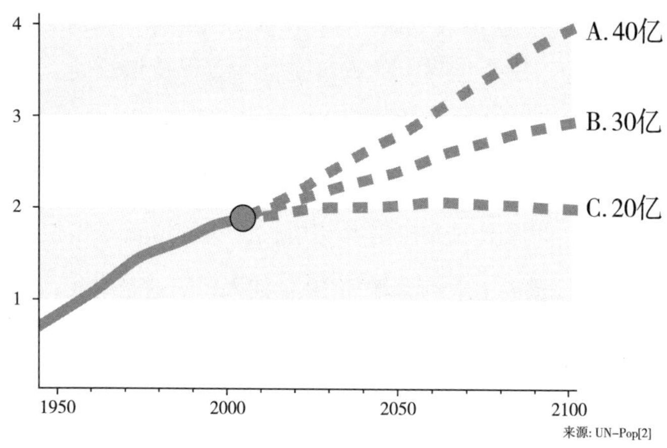

在提出问题之前，我告诉在座的教师们，图表上显示的三条线，其中只有一条是真正的联合国预测的曲线，另外两条是我编造出来的。

大猩猩们再一次用随机选择的方法，答对了33%。而挪威的教师呢，仅仅9%的人答对了。我被震惊了。这么重要的一群人，竟然得到如此差的分数？他们怎么教育我们的孩子呢？

我真的希望我们的投票设备出了故障，但是事实并非如此。在美国、英国、瑞典、德国、法国、澳大利亚等国家，85% 以上的人都选择了错误的答案。详细统计结果请见附录。

世界经济论坛的专家们，他们回答的结果怎么样？他们的答案比普通民众要好很多，达到了 26%，几乎接近了大猩猩的水平。

在教师论坛之后，我开始冷静地思考这个问题。未来的儿童人数是关于全球人口预测的最重要指标。所以它是可持续发展问题的核心。如果我们连这个指标都弄错的话，我们基于此推导出来的一切结论都有可能是错误的。然而，几乎所有受过高等教育且极富影响力的人，都不知道我们的人口专家们关于这一指标做出的完全一致的预测。所有的统计数据以及预测，都是可以在联合国网站上免费得到的。然而可以免费获取的数据，本身并不能自动地转化为人们的认知。联合国的预测曲线是答案 C，在底部的那一条水平线。联合国预测，到 2100 年，世界上将会有 20 亿的儿童，和今天的儿童数量是一样的，他们预测儿童的数量到那时将没有增长。我们马上会回来继续讨论这一点。

直线思维本能

下图显示了自从公元前 8000 年，人们刚刚发明农业以来的世界人口变化。

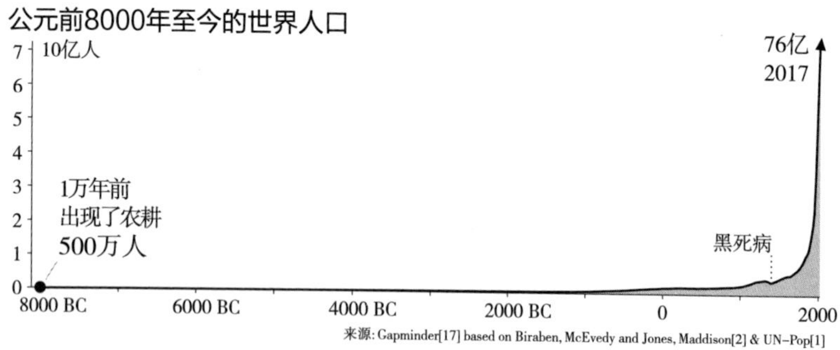

在那个时候，全世界的总人口只有大约 500 万，主要分布在海岸线和河流旁边。那时世界人口的总数比今天我们任何一个大城市的人口数量还要少，无论是伦敦、曼谷，还是里约热内卢。

在随后的一万年间，世界人口数量只经历了缓慢的增长。直到 1800 年，世界人口数量才达到了 10 亿。但随后世界人口数量开始了加速增长，在后面的 130 年间增长了 10 亿，然后在下一个 100 年间增长了 50 亿。当你看到人口如此急剧增长的时候，你当然会觉得焦虑，因为你知道世界上的资源是有限的。你很自然地假设世界人口会“一直保持”增长，而且增长的速度很快。

如果你看到有一块石头朝你飞过来，你基本上可以判断它是否能击中你。你不需要数据，不需要图表，也不需要计算表。你的眼睛和大脑可以计算出抛物线的延长线，并且采取躲避动作。我们可以很容易地想象这种自动的视觉预测能力能帮助我们的祖先从恶劣的环境中生存下来。这种能力在今天仍然在帮助我们生存。比如我们在开车的时候就会持续计算和预测周围的车辆在下几秒会出现在什么位置。

但是在现代生活中，我们的直线思维的本能并不总是一个可靠的工具。

当你观察一幅曲线图的时候，你会很自然地想象出曲线的末端按照一条直线自然延长。比如说下图中的人口增长曲线，人们看到它的时候，会很自然地在头脑中按照下面虚线的部分自然延长，以此假设未来的人口增长。按照这种假设方法，我们当然会感到焦虑。

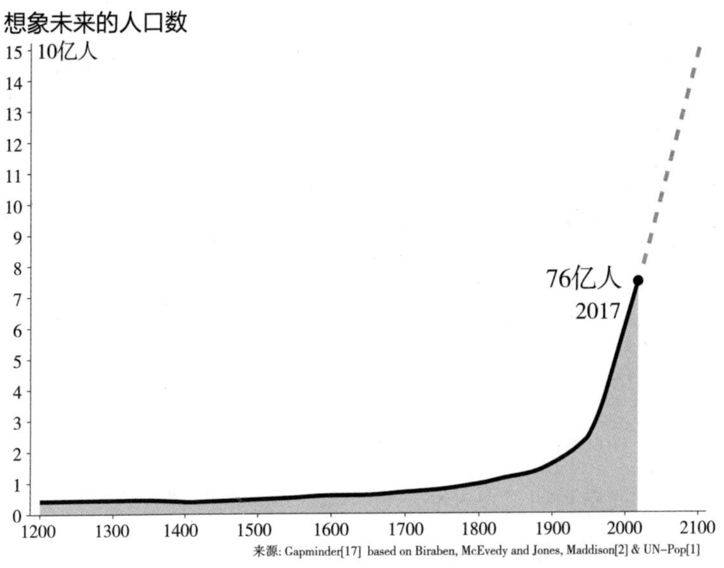

但是现在我可以给你另外一个你自己都非常熟悉的例子。我最小的孙子米诺出生时只有 0.49 米高。等他 6 个月的时候，他长到了 0.67 米。他长得快得吓人不是吗？我现在画出了一条他的身高增长曲线图，并且用虚线画出了我们会自然假设出的未来增长速度。这看起来是不是很吓人？

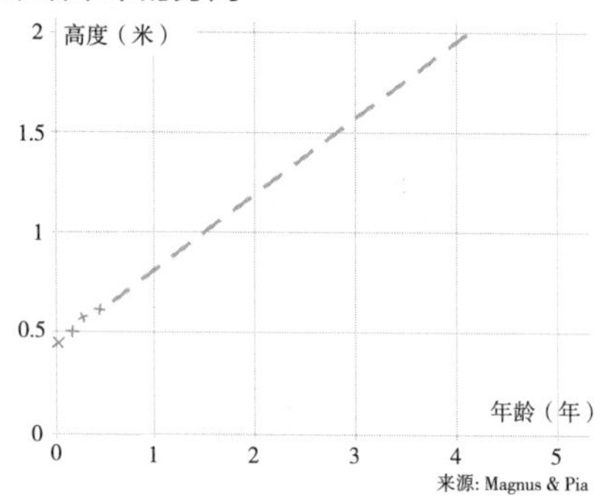

如果米诺按照这个曲线“一直保持”长高，等他三岁的时候，他就会有 1.52 米高。在他 10 岁的时候，他就会达到 4 米。那然后怎么样呢？我们就会很紧张地想，这种情况不可以再继续了，我们必须采取行动。米诺的父母必须重建他们的房屋，或者去找正确的药物来阻止米诺持续长高。

在这个案例里面，直线思维的本能很显然是错误的。为什么这个错误如此明显呢？因为我们对“长高”有第一手经验。我们知道，米诺的增长曲线不可能一直持续。我们也从来没遇到过 4 米高的人。所以我们很清楚，假设一个人会按照直线的增长曲线来长高是很荒谬的。但是当我们对另外一件事情不够熟悉的时候，我们将很容易假设它是按照直线发展的，而忘了考虑这种假设很可能是愚蠢的。

联合国的人口专家们对于人口增长有第一手的经验，这是他们的本职工作。下面的曲线图就是他们预测的人口增长曲线。

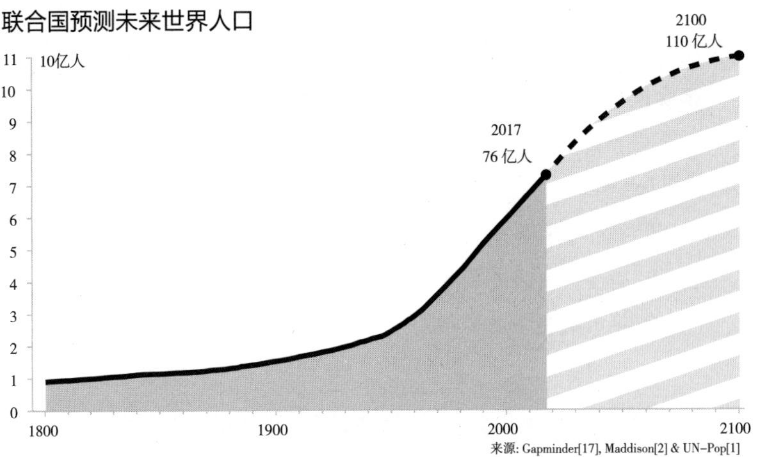

今天的世界人口有 76 亿，而且还在快速增长。然而人口增长的速度已经开始放缓，联合国的专家们非常确定地预测，在未来的几十年间，人口增长的速度将持续放缓。他们认为人口增长曲线将进一步变平坦，并且在本世纪末人口数量将会达到 100 亿到 120 亿。

人口曲线的形状

要想理解人口曲线的形状，我们首先需要理解人口的增长究竟是从哪里来的。

为什么人口在增长

事实问题6：

联合国预测，到 2100 年，世界人口将增加 40 亿，那么请问主要原因是什么？

☐ A. 将会有更多的儿童（15 岁以下）

☐ B. 将会有更多的成年人（15 到 74 岁）

☐ C. 将会有更多的老年人（75 岁以上）

关于这个问题，我会直接给你答案，正确的答案是 B。专家们相信人口将持续增长，其主要原因是未来会有更多的成年人，而不是更多的儿童或老年人。下图就是我刚刚展示过的人口增长曲线，只是现在我们把儿童和成年人区分开。

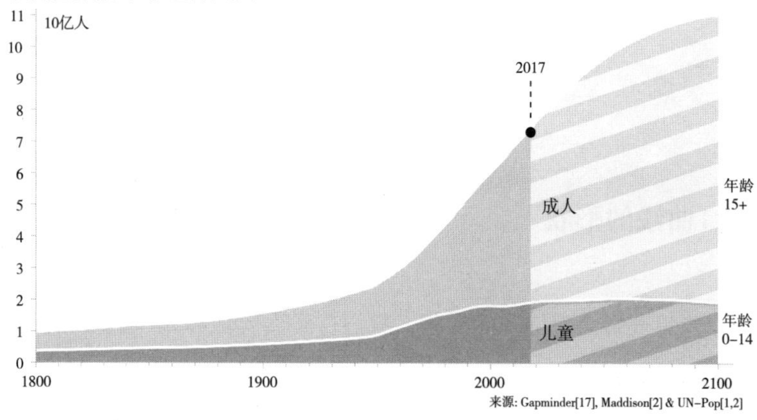

未来儿童的数量将几乎没有增长，这一点我们已经从本章的第一个事实问题中得到了解。现在请仔细看，上图中代表儿童人口的

曲线，你能看出来它是什么时候开始变平的吗？你是不是注意到它已经开始变平了？联合国的专家并不是在预测未来儿童的数量将会停止增长，事实上现在儿童的数量已经停止增长了。而这将会导致总人口数量停止快速增长。我们每一个人都需要知道这究竟是为什么。

请注意下图将是本书中最令人吃惊的一张图。这张图展示了平均每一位妇女的生育数量在过去的几十年间持续下降。这产生了不可思议的改变世界的效果。

在 1948 年，当我出生的时候，平均每位妇女的生育数量是 5 个孩子。但是到 1965 年之后，这个数字快速下降。在过去的 50 年间，这个数字大幅度下降到了现在的世界平均水平，平均每位妇女生育 2.5 个孩子。

1800年至今平均每位女性生育婴儿数

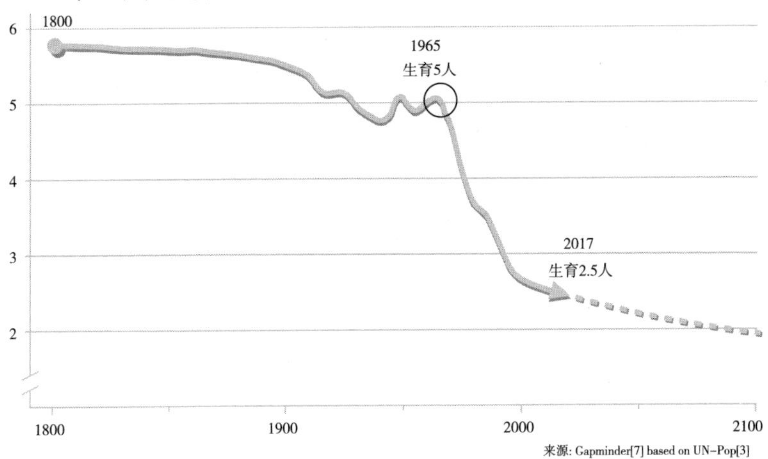

来源: Gapminder[7] based on UN-Pop[3]

这一显著改变是与其他一些重大的进步同时发生的。在几十亿人口脱离贫困的过程中，他们决定生育更少的孩子。他们不需要那么多孩子来作为儿童劳动力在家庭农场工作，他们也不再需要生那么多孩子来对冲儿童夭折的风险。父母们都得到了教育，希望养育更少的孩子，但是让他们得到更好的教育。事实上我们要感谢现代避孕手段的存在，它使得父母们可以在不牺牲性生活的前提下，生育更少的孩子。

随着更多的人脱离贫困，更多的妇女得到良好的教育，更多的人可以获得避孕手段并得到相关的性教育，我们可以预测平均每位妇女的生育数量将会进一步降低。我们无需再采取激烈手段，如此下去即可。具体的降低速度是不可能准确预测的。因为它取决于上述其他因素变化的速度。但是无论如何，每年全世界新出生人口的数量已经停止增长了。这意味着人口快速增长的时代很快就会结束，儿童的数量现在正处在峰值。

但是如果儿童的数量已经停止了增长，那么新增的 40 亿成年人是从哪儿来的？难道是从外太空吗？

为什么人口停止增长

请看下图，它展示了世界人口按照不同年龄组分组的增长情况。

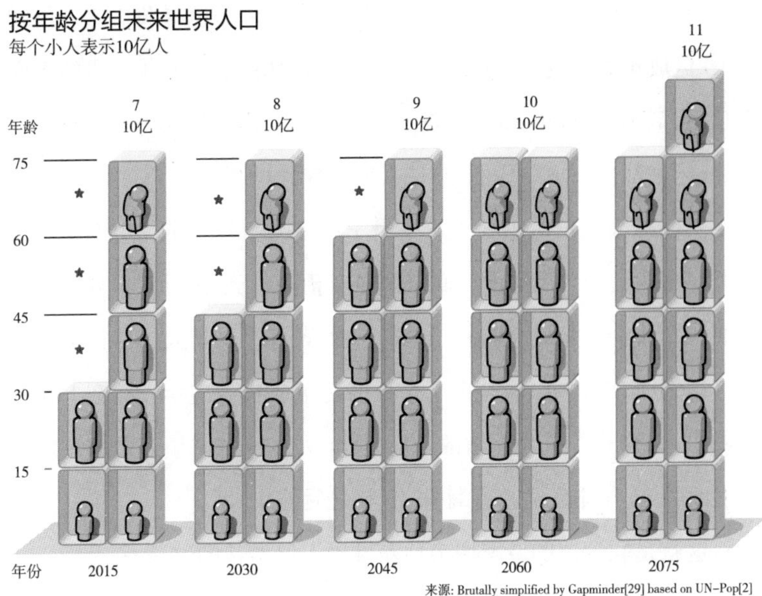

这张图显示了，2015 年世上 70 亿人口的年龄分布，其中 20 亿人口是 0 到 15 岁的儿童，20 亿人口是在 15 到 30 岁之间，同时，在 30 到 45 岁、45 到 60 岁和 60 到 75 岁的区间分别有 10 亿人口。

到了下一个 15 年，也就是 2030 年的时候，就会有新的 20 亿 0 到 15 岁的儿童。而今天的 20 亿 0 到 15 岁的儿童，那时将变成 15 到 30 岁。今天的 20 亿 15 到 30 岁的人们，那时将变成 30 到 45 岁。由于今天我们只有 10 亿 30 到 45 岁之间的人口，尽管我们的儿童出生数量没有增长，在 15 年后，我们仍然会多出来 10 亿的成年人。

这 10 亿的成年人并不是从新生的儿童中转变来的，而是从现今的儿童和年轻人中转变过来的。

在下面三个 15 年的阶段中，这种模式将不断地重复。到 2045

年，会有 20 亿人从 30 到 45 岁变成 45 到 60 岁，这样我们就会再增加 10 亿成年人。到 2060 年，将会有 20 亿 45 到 60 岁年龄段的人变成 60 到 75 岁。这将再次增加 10 亿成年人。但是从那时起，每一代的 20 亿人都会被下一代的 20 亿人所取代，增长停止了。

所以未来人口的增长并不是由于更多的新生儿童，也不是因为人类寿命的延长（事实上，联合国专家预测，到 2100 年世界的平均预期寿命将会再增长 11 岁，这将会增加 10 亿老年人，使得全世界人口达到 110 亿），而是由于今天的儿童成长为成年人，在上面的图表中，“填充”成为新增的 30 亿成年人。这种“填充效应”就会在下面的 45 年中发生，并且在 45 年之后停止。

这就是联合国的专家用来预测世界人口增长的方法。

（上面的预测图表有些简单粗暴，因为事实上有很多人是在 75 岁之前就去世了，也有很多父母是在 30 岁之后才生儿育女。但是即便考虑到这些特殊情况，对整体的结论仍然没有大的影响。）

人与自然的平衡

当人口长期保持稳定、人口增长曲线平直的时候，我们就可以知道每一代的父母数量和上一代的父母数量是差不多的。我们看到在 1800 年之前的几千年间，人口曲线都是平的。你有没有听到人们有这种说法：过去的人们与自然处于一种平衡关系。

是的，这是一种平衡，但是让我们摘下过分美化历史的有色眼镜。在 1800 年之前，平均每一位妇女会生育 6 个孩子。那么我们应该预测人口的数量持续增长才对。然而人口的数量却是保持稳定的。

你还记得前面我们提到的墓地中的儿童的骸骨吗？平均来讲，4/6 的儿童都在他们生育下一代之前死亡，这样每 6 个人中就只剩下两个人来生儿育女，传宗接代。这就是平衡。但这不是人类与自然和平共处的那种平衡，而是与大自然“共死”。事实就是如此残酷。

今天人类已经达到了一个新的平衡状态。父母的数量不再增长，但是这种平衡状态是和旧的平衡状态截然不同的。现在新的平衡状态是好的状态，通常父母会有两个孩子，而这两个孩子中没有人夭折。在人类历史上，我们第一次真正与自然和平共处。

从 1900 年到 2000 年，世界人口从 15 亿增长到 60 亿。这是因为人类在经历从第一个平衡态向第二个平衡态的过渡期。在这个过渡期里面，平均而言每一对父母都会成功地把两个以上的孩子养育成人，并且他们会生儿育女。

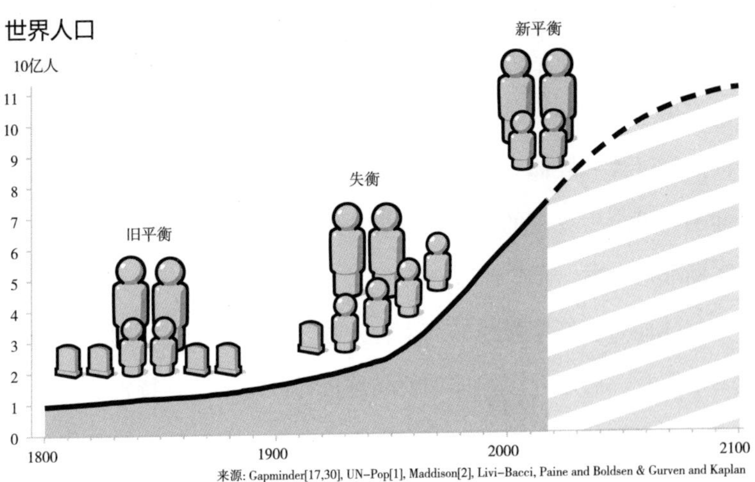

这一段不平衡的时期造成了低龄人口（0~15 岁，15~30 岁）的数量超过了其他年龄段，这是后来的“填充效应”的根源。但是我

们已经达到了新的平衡：每一代人养育的儿童数量不再增长了。如果生活在极度贫困状态下的人口数量持续下降，性教育和避孕措施持续普及的话，世界人口数量还会高速增长一段时间，直到完成新的“填充效应”为止。

等等，“他们”仍然生育很多孩子

甚至在我把这些图表给大家看过之后，人们仍然会在我的演讲结束之后，跑过来问我：你给我们看的图表不可能是真的，因为你知道吗，在非洲和拉丁美洲的人仍然有很多孩子，还有那些有宗教信仰的人拒绝避孕，也有很多孩子。

有经验的记者总会在他们的报道中刻意挑选那些很夸张的极端案例。在大众媒体中，我们有时会看到有非常虔诚的宗教信仰的人，无论他们的生活方式是现代的还是传统的，他们都会很骄傲地向我们展示他们的大家庭，并以此作为他宗教信仰的一个证明。像这样的纪录片和媒体报道，会给我们一种印象，使我们觉得有宗教信仰的人就会生更多的孩子，有更大的家庭。但是媒体报道中的这些案例都是个案，而非普遍现象。

整体而言，在宗教信仰和生育人数之间没有任何的相关性。这本书通篇我都会来介绍媒体如何刻意选择极端案例，特别是在第七章，我将会解释宗教信仰和家庭人数的关系。但是现在让我们看看唯一和家庭人数相关的指标，那就是极端的贫困。

为什么儿童生存率越高则人均生育数越少

如果我们把生活在收入水平第二级、第三级和第四级的所有父母全都加在一起，无论他们有没有宗教信仰，他们每个家庭平均也只有不到两个孩子。我不是开玩笑，这个统计数据包含了伊朗、墨西哥、印度、埃及、孟加拉国、巴西、土耳其、印度尼西亚、斯里兰卡等国家。

但是在世界上最贫穷的10%的人群中，平均每个家庭有5个孩子，而且有一半的家庭都会有一个不到5岁的儿童夭折。这个数字实在是太惊人了。然而这样的数据仍然已经比旧时代的儿童死亡率要低得多。

按收入分类的平均家庭规模，2017年

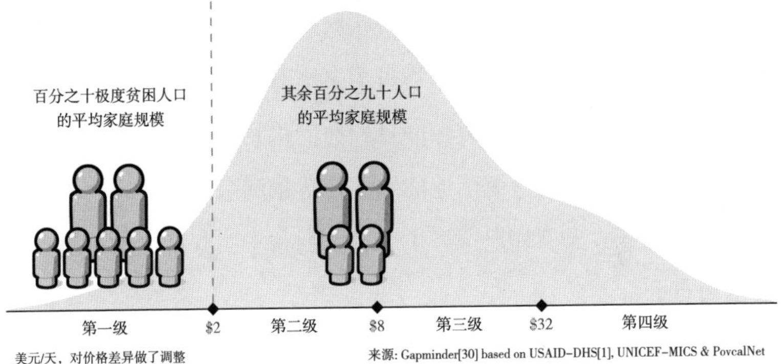

当人们听说世界人口在增长的时候，他们会本能地想到如果他们不采取什么显著行动的话，世界人口将会一直增长下去。人们会本能地把世界人口的增长曲线一直延长下去，假设它是直线增长的。但是请记住，我们不需要采取任何措施，就像我的孙子米诺的身高自然就停止了增长。

比尔·盖茨和他的夫人梅琳达共同发起了一个慈善基金。他们已经在全世界各地投入了几十亿美元，投资于基础医疗设施和基础教育，从而把大量的儿童从极度贫困状态中拯救出来。但是总会有一些怀着美好善意的人去劝阻他们。这些人说，如果你持续拯救贫困儿童，这个世界上将会有越来越多的人口，地球将不堪重负。

我也经常听到类似的言论，这些人通常都怀着很美好的愿望，并且希望能够使地球不被越来越多的人口所毁灭。他们的说法听起来是有道理的。如果越来越多的儿童存活下来，这个世界的人口将“一直持续”增长，对吗？不对，这是彻头彻尾的错误！

生活在极度贫困状态中的父母们，为什么要生更多的孩子呢？原因我在前面已经介绍过了。他们需要儿童来充当劳动力，他们也希望能够生更多的孩子以应对儿童夭折的风险。恰恰是那些最贫穷、儿童死亡率最高的国家，每个家庭才有更多的孩子，比如索马里、乍得、马里和尼日尔，平均每个家庭有 5 到 8 个孩子。一旦人们不再需要儿童作为劳动力，一旦妇女们得到了更好的教育并且人们获得了避孕的手段，无论他们的文化背景和宗教信仰有怎样的不同，他们都会毫无例外地选择生育更少的孩子，并且让孩子得到更好的教育。

“拯救贫困儿童会使得世界人口一直持续增长”这种说法看似正确，实则是错误的。恰恰是生活在极度贫困状态中的人们才使得世界人口持续增长。他们中的每一代人都持续生育更多的孩子。控制人口增长的最有效手段，就是把人们从极度贫困状态中拯救出来，使他们得到更好的生活，包括基本的教育和避孕手段。一旦脱离了极度贫困状态，世界上的父母毫无例外都选择了生育更少的孩子。这种转变在全世界范围内都在发生，而且毫无例外地，都伴随着儿童死亡率的下降。

说到这里，我们可以得出一个重要的结论：我们要做的最重要的事情就是把人们从极度贫困状态中拯救出来。在当今世界上还有很多人在遭受苦难，我不认为应该为现在还未出生的未来的人而牺牲今天人们的利益。但是当我们讨论儿童死亡率的问题的时候，我们不需要在未来和现在之间、在理智和良心之间做出选择。因为本质是一样的，只要我们降低儿童的死亡率，我们就能使全人类受益，使今天和未来的人们全都受益。

两大公共卫生的奇迹

1972 年，当孟加拉国刚刚独立的时候，每个家庭平均有 7 个孩子，而人们的平均预期寿命只有 52 岁。而在今天的孟加拉国，平均每个妇女只生育两个孩子，人口的预期寿命达到了 73 岁。仅仅花了 40 年时间，孟加拉国人民就脱离了悲惨的境遇，过上了体面的生活，从收入水平的第一级进入了第二级。这个奇迹是公共卫生领域和儿童死亡率两方面的巨大进步带来的。儿童生存率已经从 1972 年的 80% 提高到了现在的 97%。现在人们完全不需要生育更多的孩子来防止家里的儿童意外死亡了。

在 1960 年的埃及，在尼罗河流域，超过 30% 的儿童活不到五岁。那时尼罗河三角洲的儿童们的生活非常悲惨，不得不面对很多危险的疾病和饥荒。然后奇迹发生了，埃及政府建设了阿斯旺大坝，把电接入了人们的家中，提高了教育水平，建立了公共卫生系统，消除了疟疾，并且保证了饮用水的安全。今天埃及的儿童死亡率只有2.3%，比1960年的英国和法国的儿童死亡率还要低。

如何控制直线思维

控制直线思维本能的最佳方式，就是每当我们看到一条直线的时候，我们就应当想到事物的演变有多种方式，不一定是按照直线发展的。下面我给大家举出一些例子，大家可以看到生活的很多方面都随着收入水平的变化而变化。

直线

虽然真正按照直线变化的事物比我们想象中的少得多，但确实有一些事物是遵循直线变化的规律的。下图是一张简化过的世界健康变化图表，我们以前看过气泡图，现在我们把这些气泡用一条直线连接起来，我们会发现有一些气泡在直线的上方，也有一些气泡在直线的下方，但整体看来这些气泡都是围绕在直线两边的。

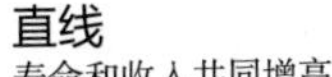

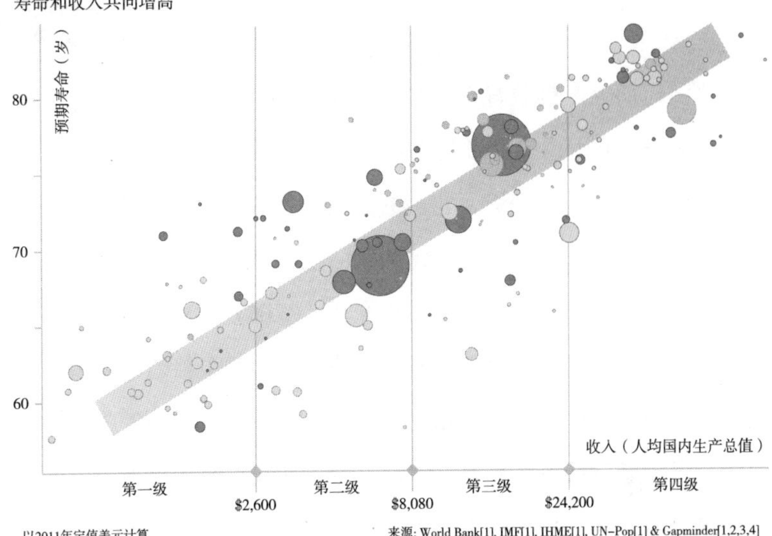

从这张图上我们可以清晰地看到人们的收入水平和健康程度是线性相关的。从图表上我们无法判断这两者之间的因果关系，也许是因为健康的人能够创造更多的财富，也有可能是因为更富裕的人可以得到更好的健康条件。我个人认为这两种判断都是正确的。从这张图我们可以确切地说，越富裕的人，健康水平越高。

我们也可以画出另外一些图表来证明教育水平、结婚年龄和娱乐活动都和收入是线性相关的。

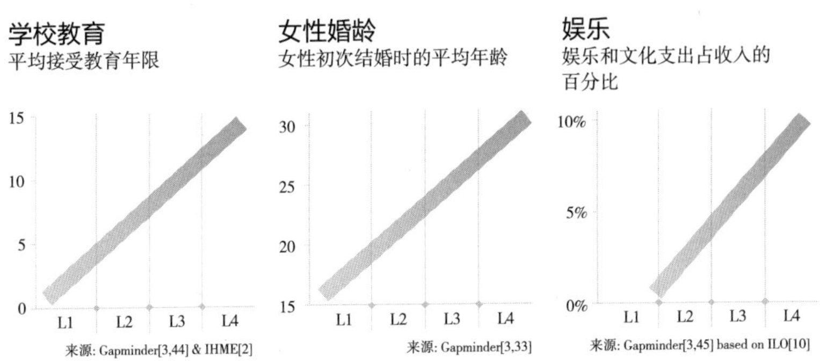

S形曲线

当我们研究基础教育水平和疫苗注射水平与收入水平的相关性时，我们发现它们遵循S形曲线规律。

在收入级别的第一级，它们的曲线是又低又平的。但当人们的收入水平进入第二级的时候，这两条曲线急剧上升。这是因为在收入水平的第二级，国家有能力负担全民的基础教育和疫苗注射。这就像我们一旦能够负担得起的时候，我们就会购买移动电话和电冰箱。国家也是如此，一旦国家财政能够负担基础教育和疫苗注射的时候，这一切就会迅速普及。然后这两条曲线在收入水平的第三和第四级迅速变得平坦，因为几乎每一个人都已经被覆盖到了。这两条曲线因此就达到了极限，保持平坦。

记住S形的曲线，这有助于帮助你提高对这个世界的认识。在收入水平的第二级，几乎所有人的基本生活都可以得到满足。

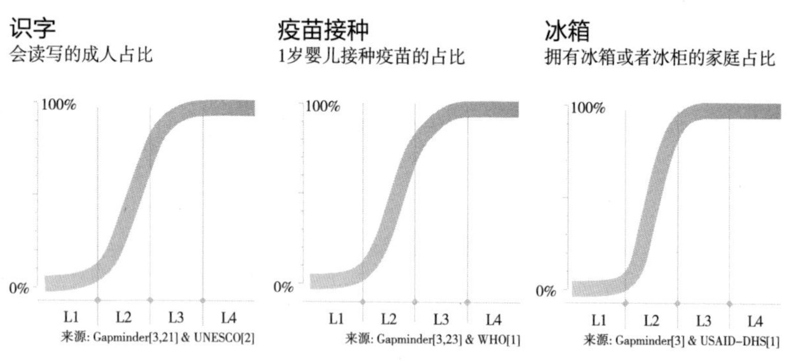

滑梯曲线

妇女人均生育数量的曲线看起来就像一个滑梯一样。它一开始是平坦的，然后当人们的生活水平有了一定的提高之后，这条曲线就迅速下降，随后又变得平坦并稳定在人均两个孩子的水平。

让我们暂时离开关于收入水平的讨论，看一看疫苗注射成本的变化曲线。在小学的数学课上，我们教我们的孩子学习乘法，题目通常是这样的：如果注射一支疫苗需要 10 美元，那么为 100 万人注射疫苗需要花多少钱？联合国教科文组织当然知道如何计算，但是他们不接受这种直线的算法。他们和一些大型的制药厂达成了协议，通过大量的采购，大幅度降低了平均采购价格。但是一旦你谈判得到了最低价格，这个价格就无法继续降低了，所以这也是一个滑梯曲线的例子。

滑梯曲线

本图中的点表示国家或者我们收集数据的地方。我们将一个国家内的数据按收入分成5组，每组占人口的20%。本图显示的是2017年的数据。

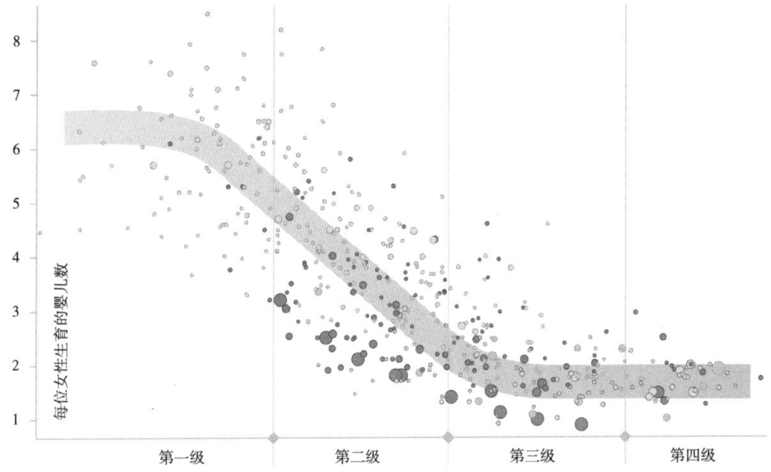

来源：Gapminder[3,47] based on GDL[1], USAID–DHS[1], UNICEF–MICS & OurWorldInData[10]

驼峰曲线

假如你在种植西红柿，你会发现你给它浇水，它就会成长。但是你为什么不开着水龙头对着西红柿一直浇水，让它不停地生长呢？因为你知道这样是不行的，西红柿对水的需求是固定的。水太少，西红柿会死；水太多，西红柿同样会死。西红柿的产量在过于干燥或过于湿润的环境中都会很低，而只有在中间最合适的状态才可以获得最高产量。

同样的道理，有一些现象在收入水平第一级和第四级的国家发生概率很低，而在中等收入国家发生的概率非常高。

例如牙齿的健康水平。当人们从收入水平的第一级进入第二级和第三级的时候，人们的牙齿健康水平显著变差了。而当人们的收入水平进入第四级的时候，牙齿健康水平又得到了显著的提升。这是因为当人们进入收入水平第二级的时候，人们可以买得起甜食却负担不了看牙医的费用，而政府也不可能优先投资普及关于牙齿健康的教育。这种状况会持续到收入水平进入了第三级才会改变。所以牙齿健康状况不好，对于收入水平处于第四级的人来说，代表着相对贫穷，而对于收入水平处于第一级的人来说，则恰恰相反，代表着相对富有。

机动车事故的数量也遵循类似的驼峰曲线。收入水平在第一级的国家，很少有机动车，所以它们也很少发生机动车的事故。对于收入水平在第二级和第三级的国家而言，最穷的人还在步行，其他人开始拥有摩托车和面包车，但是道路状况、交通管理和交通教育仍然停留在很低的水平，所以机动车事故数量达到了顶峰。而当收入水平进入第四级之后，各方面的条件都得到了改善，因此机动车事故数量也迅速下降。溺水死亡的儿童占全部死亡儿童的比例也遵循同样的规律。

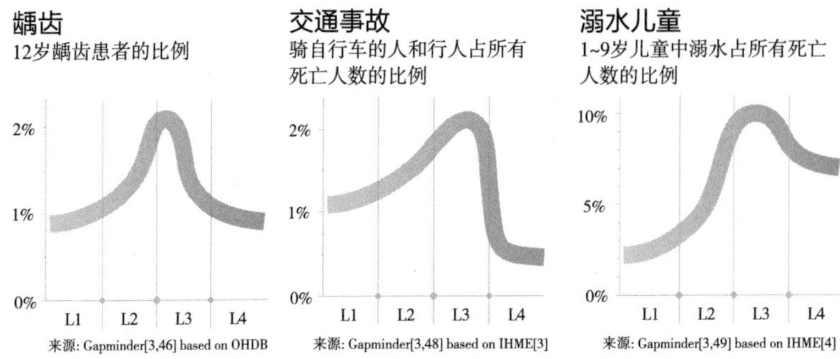

和西红柿类似，人类的生活也需要水。但是如果一个人一下喝掉 6 升水，他也会死。糖、脂肪和药品的摄入量也遵循同样的规律。几乎所有的生活必需品，当你摄入过量的时候，都会带来致命的后果。

倍增曲线

最后让我们来看看倍增曲线。埃博拉病毒的倍增曲线在自然界是非常常见的一种模式。比如说人体中的某一种细菌数量，可以在短短几个小时内得到爆炸性的增长，因为它每 12 小时就翻倍一次。

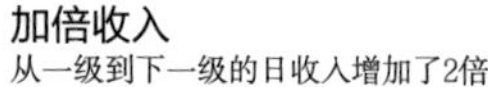

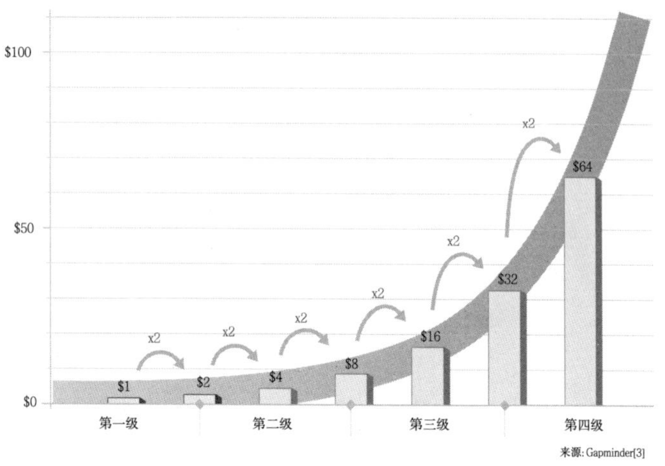

来源: Gapminder[3]

不幸的是人们的收入水平并不会快速翻倍。但是即使你的收入每年只增长 2%，35 年之后，你的收入将翻倍。从那时起，如果你保持 2% 的收入增长，在另一个 35 年之后，你的收入将再次翻倍。如果你能够活 200 年的话，你的收入将翻倍六次。这恰恰是我们在瑞典的收入水平气泡图中看到的情况。这也是大多数国家从收入水平第一级进步到第四级所经历的事。

我刻意按照收入的翻倍增长来划分四个不同的收入水平，是因为收入增长就遵循了这样的规律。对于不同收入水平的人来说，额外的一美元收入带来的影响是完全不一样的。对于第一级的人来说，每天多挣一美元就可以买到更多的水桶，给人们的生活带来巨大的好处。但是对于收入水平在第四级的人来说，他们每天平均可以挣 64 美元，多挣一美元并不能影响什么，但是如果每天能够多挣 64 美元，他就有能力建个游泳池或者买度假小屋，这同样对生活水平有巨大的影响。这个世界是极度不公平的，但是对于绝大多数人来说，收入水平翻倍都会带来生活水平的巨大提升。这就是我用翻倍曲线来划分人类收入水平的原因。

顺便说一句，地震级别的划分也是遵循了同样的道理。

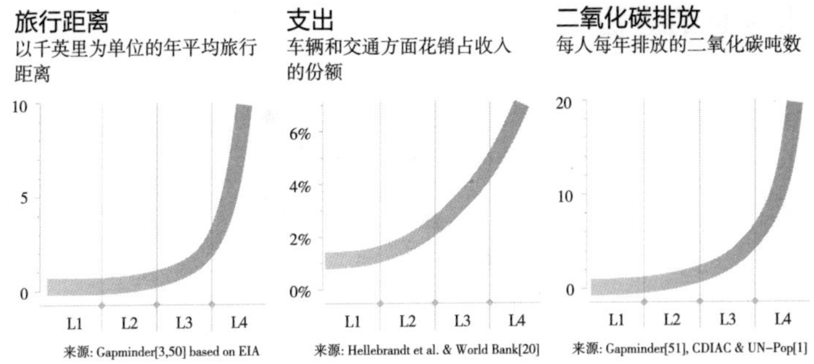

你看到了多少种不同的曲线

前面我们看到了不同的曲线形状，而很多曲线在不同部分的形状是不一样的。在收入水平第四级的生活中，曲线的形状很可能和第一级、第二级、第三级的形状是不一样的。一段直线，有可能是直线的一部分，或是S形曲线的一部分，也可能是驼峰曲线的一部分，又或是倍增曲线的一部分。如果我们只有两个数据点，我们很可能只能得到一条直线，但是当我们有三个以上的数据点的时候，我们就可以判断它究竟是一条直线还是倍增曲线的一部分。

要想了解一个事物的变化规律，我们就需要了解它的变化曲线的形状。如果只看到一部分曲线，然后根据猜测把这条曲线无限延长，那么我们很可能就会得到错误的结论，而我们设计的相应解决方案也很可能是错误的。我当年对于埃博拉病毒发展规律的预测一开始就犯了这样的错误。那些认为世界人口将会“一直持续”增长的人，也在犯同样的错误。

实事求是的方法

要做到实事求是，就需要认识到我们不能假设事物总是按照直线发展的，并且我们要记得，直线发展的事物在现实中是很少见的。

要想控制直线思维的本能，我们就需要记住，自然界有很多不同的曲线形状。

- **不要做直线假设。**有很多事物的发展并不遵循直线规律，而是遵循S形曲线、滑梯曲线、驼峰曲线或者倍增曲线的规律。没有一个孩子是按照直线的规律长高的，而且也没有父母会认为孩子的身高会无限增长。

CHAPTER 4

—— 第四章 ——

恐惧本能

怎样才能藏起来四千万架飞机

我怎样获得诺贝尔和平奖

血流遍地

1975 年 10 月 7 日，我在医院里工作，正在忙着给一个患者的手臂打石膏。这时一位助理护士冲了进来，慌慌张张地告诉我，有一架飞机坠毁了，受伤的飞行员正在被直升机运过来的路上。那一天是我作为急诊室的助理医师工作的第五天，我工作的单位在瑞典的一座海边的小县城。正值午餐时间，所有的资深医师都已经下楼吃午餐了，只有我和助理护士在疯狂地寻找灾害处理指导手册。这时候我听见了窗外直升机降落的声音，我必须和助理护士独立面对这个事件了。

几秒以后，担架车被推了进来，上面躺着一个穿着深绿色连体服和迷彩色救生衣的男人。他的胳膊和腿都在痉挛。这是一种癫痫症状，我心中想道。我们开始帮助他脱掉外衣。救生衣很容易脱下来，但他的连体服却是个问题。这看起来就像太空服一样，从头到脚都是被拉链拉上的，但是我怎么也找不到拉链的开口部分，所以没有办法帮他脱下连体服。穿着这样制服的人，应该是个军队的飞行员。我突然发现地板上流了很多血，我大喊道："他在流血！"我知道这么大量的失血，会使人在几秒之内就死亡的。但是由于我没办法帮他脱下连体服，我找不到伤口究竟在哪里。我抓起了一把止血钳，大声地对护士吼道："四袋 O 型血，马上！"

我转过头来，对患者大喊道："你哪里受伤了？"他模糊不清地回答了几句话。我听不清他说的是什么，但听起来好像是俄语。

我盯着患者的眼睛，用俄语对他说："冷静，同志，这里是瑞典的医院。"

我一辈子也忘不了他听到我的这句话之后，脸上出现的恐惧表情。他惊慌失措地对我说着什么，我看到他的眼中充满了恐惧。我猜想他一定是个苏联的空军飞行员，在瑞典的领空被击落了。这意味着苏联在进攻我们。第三次世界大战爆发了！我瞬间被无边的恐惧吞没了。

幸运的是，在这个时候，护士长伯吉塔吃完午饭回来了。她一把从我手中夺下止血钳，对我小声说："不要把连体服弄坏了，这可是空军的专业制服，价格超过了一万瑞典法郎。"她稍微停顿了一下，继续对我说，"请不要踩在救生衣上，你踩到了救生颜料，所以把红色的颜料洒满了地板。"

伯吉塔回过头来，很镇定地帮患者脱下了他的连体服，并且用几条毯子把他盖了起来。同时她用瑞典语对他说："你在冰冷的海水里面泡了 23 分钟，所以你在发抖和抽筋，这也是为什么我们听不懂你说的话。"听到了护士长的话，这位在例行飞行任务中坠机的瑞典空军飞行员向我笑了笑。

几年之后，我联系了这位飞行员，当他告诉我他完全不记得进入急诊室的那一天的前几分钟发生了什么的时候，我感觉如释重负。但是对我，这一次的经历永生难忘。我会永远记得我彻头彻尾的误判。所有的判断都错了。不是苏联飞行员，而是瑞典飞行员；不是战争，而是和平；不是癫痫，而是抽筋；不是血流满地，而是救生颜料。然而所有的误判我当时都深信不疑。

当我们陷入恐惧的时候，我们就无法看到现实。那时我只是一个年轻的医生，面对我的第一例急诊案例，我一直怀有对第三次世界大战的恐惧。当我还是个孩子的时候，我就经常会做关于第三次世界大战的噩梦。有时我会从噩梦中醒来，跑到我父母的床边。每次我的父亲都只能重复我们的应急计划来安慰我：我们会用自行车拉上我们的帐篷，跑到森林中躲起来，森林里面有很多蓝莓，我们可以吃蓝莓，不会被饿死。毫无经验的我在面对第一次急诊案例的时候，我的头脑中迅速地产生了最坏情况的场景。在这种情况下我不会看到我应该看到的东西，相反，我看到了我最害怕的东西。理性思考永远是困难的，尤其当我们恐惧的时候。当我们的思想被恐惧填满的时候，我们的大脑就没有空间来思索事实了。

注意力的过滤机制

我们没有人有足够的脑容量来处理全部的外部信息。问题在于我们究竟接受了哪些信息？这些信息是如何被筛选出来的？我们忽略了什么信息？我们总是倾向于接受一些夸张的信息。

我们可以想象在外部世界和我们的大脑之间，有一张护盾，或者一种注意力过滤器。这种过滤器可以保护我们免受外界噪声的干扰。如果没有它的保护，我们的大脑会接受太多的信息，很快就会超出它的负载能力，使我们丧失思考功能。然后让我们想象这个过滤器上面有十个洞，对应十种本能，一分为二、负面思维、直线思维等等。绝大多数信息都不能通过这个过滤器，但是这十个洞会允许那些符合我们十种基本本能的信息通过，而忽略掉那些不符合这些本能的信息。

所有的媒体才不会浪费时间去编造那些不符合我们基本本能的故事。

下面就是一些我想象出来的媒体标题，这些标题永远不会成为报纸头条，因为它们不可能通过我们的大脑过滤器。“疟疾发病率继续缓慢下降。”“气象学家在昨天准确地预测了今天伦敦的天气。”而有一些标题则会持续通过我们的大脑过滤器，并获得我们的注意：地震、战争、难民、疾病、火灾、洪水、鲨鱼袭击、恐怖袭击。这些非正常事件比日常的正常事件更具备新闻价值。但是持续看到非正常事件的报道将使我们的脑海中形成一幅错误的景象。如果不是极度小心的话，我们很容易会把非正常的情况看成正常，并认为这就是世界的真实情况。

当今社会的信息发达程度是史无前例的，我们可以获取关于社会发展的方方面面的数据。然而，由于我们情绪化的思维本能，以及媒体必须利用我们的情绪化本能来捕获我们的注意力，我们一直拥有一种过度情绪化的世界观。在所有情绪化的本能中，恐惧本能最能影响媒体对于传递给大众的新闻的选择。

恐惧本能

当我们用问卷调查人们最恐惧的东西的时候，位于前四名的答案几乎是一致的：蛇、蜘蛛、位于高处和被困于狭窄的空间。然后才是一些其他的东西，比如针、苍蝇、老鼠、陌生人、狗、拥挤的人群、血、黑暗、火、溺水等等。

这些恐惧感都是在人类进化过程中根植于我们脑海深处的。对人身伤害、受困和中毒的恐惧，对我们祖先的生存非常有帮助。在当今社会，对这些危险的恐惧会触发我们的恐惧本能，而你很容易从每天的新闻报道中发现能够激发我们恐惧本能的类似故事：

- 人身伤害：人，动物，尖锐的物体或者自然环境带来的暴力破坏。
- 受困：陷入困境，失去控制或失去自由。
- 传染：被不可见的物质感染或者毒害。

这些恐惧本能，对于生活在收入水平第一级和第二级的人仍然是有帮助的。例如，对蛇的恐惧。哪怕是看到一条井绳，也要赶快逃开。无论如何都不要被蛇咬到，因为旁边是没有医院的，就算有医院，你也付不起医药费。

一位乡村医生的心愿

1996 年，我和一些瑞典学生一起来到坦桑尼亚一个偏远的村庄，去访问一个农村里的乡村医生。我希望我的这些生活在收入水平第四级的医学院学生能够亲眼见到生活在收入水平第一级的真正的医疗工作者，而不是从书本上读到关于他们的故事。这位乡村医生没有受过正规的教育。当他讲述他的日常工作的时候，学生们吃惊得下巴都快掉下来了。这位乡村医生经常来往于几个村庄之间，帮助那里的妇女接生。没有干净的水，没有任何医疗设备，也没有电，接生只能在完全的黑暗中、在泥地上完成。

有一位学生问道："你自己有孩子吗？""是的，我有。"她很自豪地回答道，"我有两个男孩和两个女孩。""那你的孩子以后会像你一样做乡村医生吗？"她笑得前仰后合说："我的女儿吗？像我一样工作？不，绝不可能，他们都有很好的工作。他们都在达累斯萨拉姆工作。"这位乡村医生的孩子们已经逃离了收入水平第一级。

另外一个学生问道："如果你可以选择一件装备，来使你的工作变得更容易的话，你会选择什么呢？""我想要一个手电筒。"她回答道，"我从一个村庄到另外一个村庄的路上，即使有月亮出来，也实在是太黑了，我看不到草丛里的蛇。"

但是对于当今生活在收入水平第三级到第四级的人们来说，他们已经不太从事体力劳动，而真实的危险也大大减少了。这种恐惧本能给人们带来的危害反而多于好处。对于第四级的人们而言，恐惧本能带来了害处。比如有一小部分人，大约有 3% 的处于第四级的人遭受着恐惧症的困扰。对于绝大多数并没有患恐惧症的我们，恐惧本能仍然扭曲了我们的世界观，从而对我们造成了伤害。

媒体绝不会放弃利用我们恐惧本能的机会，因为这是一种最容易获取我们注意力的方法。而最大的新闻往往是那些能够同时激发我们多种恐惧本能的故事。比如绑架或者飞机坠毁，都会同时激发我们对物理伤害的恐惧和对受困的恐惧。在地震发生后，受困于倒塌的房屋中的受害者，既遭到了人身伤害又经历了受困，他们就会比一般的地震遇难者得到更多的关注。等多重恐惧本能被同时激发的时候，这个事件就会变得非常引人注目。

然而这里出现了一个悖论：当现实世界变得前所未有的和平和安全的时候，我们看到的却是铺天盖地的关于各种危险的报道。

恐惧本能，曾经帮助我们的祖先幸存下来，而今天则帮助那些记者保住饭碗。这并不是记者的错，我们也无法寄希望于他们能够主动改变。是我们这些消费者头脑中的信息过滤机制导致了他们的行为。

如果我们注意头条新闻背后的事实的话，我们就可以揭穿当今世界的五个最大的谎言。

自然灾害

尼泊尔是仅有的几个仍然处在收入水平第一级的亚洲国家。2015 年，它遭受了一次地震。地震的死亡率在收入水平第一级的国家总是比较高的，这是因为它们的建筑水平很差，交通基础设施也很差，并且医疗设施不足。这次地震在尼泊尔导致了 9000 人死亡。

事实问题7：

在过去的100年间，死于自然灾害的人数是如何变化的？

☐ A. 几乎翻倍

☐ B. 保持不变

☐ C. 几乎减半

这个数字包括了所有死于洪水、地震、暴风、干旱、火灾、极端气候或者自然灾害导致的流离失所的人数。只有10%的人选择了正确的答案。即便在回答准确率最高的国家，芬兰、挪威、瑞典和日本，正确率也只有16%。动物园的大猩猩们从不看新闻，靠瞎蒙乱猜也能做对33%。事实上，死于自然灾害的人数下降了远远不止一半。今天这个数字仅仅是100年前的25%。与此同时，世界人口增长了50亿。所以如果我们看单位人口的自然灾害死亡数的话，这一比例几乎接近于零，只有100年前的6%。

当今社会死于自然灾害的人数急剧减少并不是因为自然环境改变了，而是因为绝大多数人今天并不生活在极度贫困状态下。在不同收入水平的国家都会有自然灾害发生，但是灾害带来的实际伤害却非常不同。收入水平高的国家就会采取更多的预防措施。下图展示了在过去的25年间，对于不同收入水平的国家，自然灾害带来的平均死亡人数。

而且，由于更好的教育、更廉价的自然灾害防护措施以及国际合作，即便在收入水平处在第一级的国家，自然灾害带来的死亡人数也大幅度下降了。具体情况请见下图（我们选择25年这个区间是因为自然灾害并不是平均分布在每一年里面的。即便这样，也会有极端案例发生。2003年欧洲发生的持续高温，使得收入水平在第四级的国家因自然灾害而死亡的人数增长了 5 倍）。

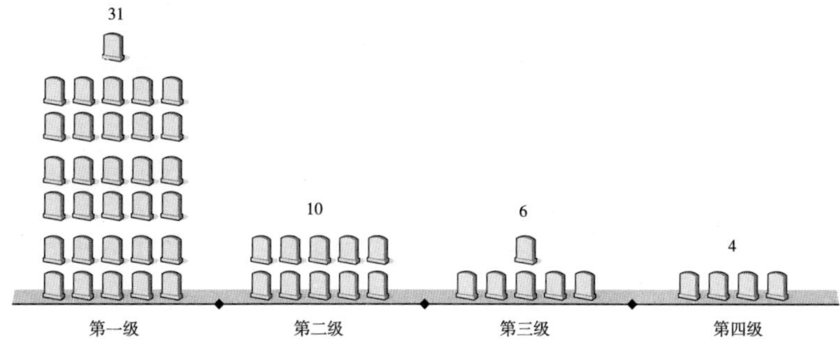

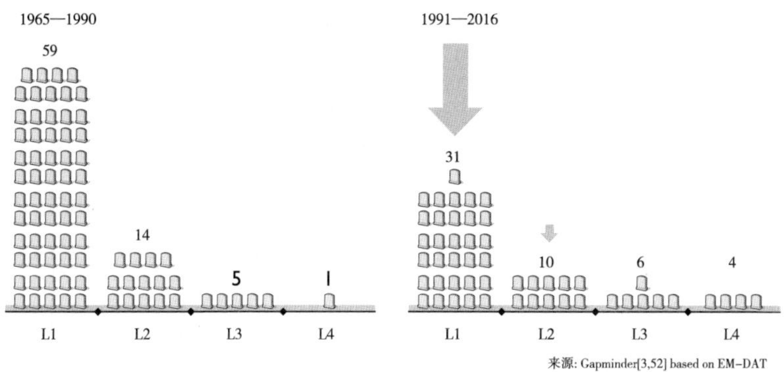

回到 1942 年的孟加拉国，它的收入水平处于第一级，几乎所有的公民都是没有受过任何教育的农民。他们连续两年遭遇了恐怖的洪水、干旱和龙卷风灾害。没有国际组织参与援救。200 万人死亡。今天孟加拉国的收入水平达到了第二级。几乎所有的儿童都可以上学，并学到当看到三面红黑相间的旗帜的时候，就意味着每个人都必须跑到避难中心去。今天孟加拉国政府已经在全国的河流三角洲地带安装了数字监控系统，在网站上实时公布洪水监控数据。仅仅 15 年前，全世界没有一个国家有如此先进的洪水监控系统。2015 年，当龙卷风袭击孟加拉国的时候，这套系统起到了非常大的预警作用，还得到了世界粮食组织空运 113 吨饼干给被疏散的 3 万个家庭的帮助。

同样在 2015 年，发生在尼泊尔的可怕的地震通过生动的图像传遍了世界各地。救援组织和直升机迅速到位。虽然数千人死于这次灾害，但是人道主义援助仍然帮助这个处于收入水平第一级的国家最大可能地减少了死亡人数。

联合国的救援网站现在成为一个全球灾害的统一协调中心，这是以前的灾害遇难者们做梦都无法想象的。而这些救援费用是由生活在收入水平第四级的人们支付的。我们应当为此自豪。我们人类终于找到了对抗自然灾害的办法。因自然灾害而产生的死亡人数大幅度降低，这是被大多数人忽视的人类历史上的一项重大成功。

不幸的是，那些生活在收入水平第四级并为联合国救援网站付费的人，并不知道他们已经给世界带来了如此巨大的成功。我们的调查显示，91% 的人并不知道！这是因为在他们国家，媒体在持续对各种自然灾害进行报道，就好像现在是世界上最坏的时代一样。而自然灾害死亡人数图表上这条长长的下降曲线，对他们来说不具备新闻价值。

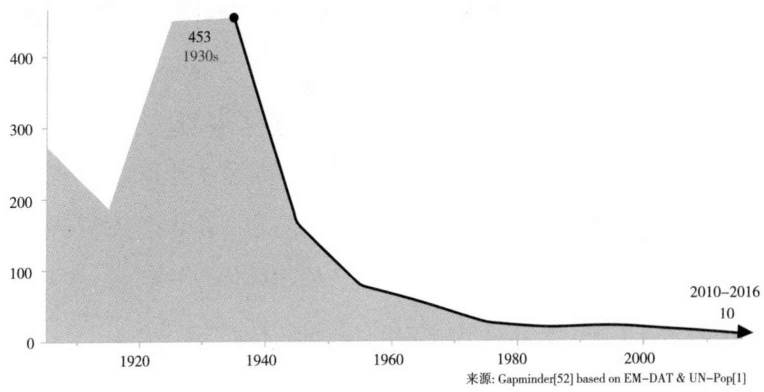

下次当你再看到媒体报道中那些困在倒塌楼房里面的遇难者的照片的时候，你会想起这条长长的下降曲线吗？当记者们对着镜头说“这个世界正在变得更加危险”的时候，你会提出反对吗？你会在看到那些头戴鲜艳颜色头盔的救援队员的时候想起“他们的父母都是文盲，但是他们却都可以按照国际通用的救援准则来工作，这个世界正在变得更好”吗？

当记者们做出一脸悲伤的样子说“在当今这样的时代……”的时候，你会微笑着想起他说的这个时代恰恰是一方有难，八方支援的时代；恰恰是很多素昧平生的人果断伸出援手，派出他们最先进的直升机的时代吗？你会觉得基于现实，人们应该坚信人类在未来将会防止更多自然灾害吗？

我认为不会的。我自己也做不到。因为当摄像机开始转动，拍到那些从废墟中拖出来的遇难儿童的尸体的时候，我的大脑就被恐惧和悲伤彻底占据了。在那一刻，没有任何曲线图可以影响我的感情，也没有任何事实能够使我感到安慰。在那个时候，如果谁说这个世界正在变得更好，他将被认为不尊重这些遇难者。这是不道德的。在这种时刻，我们必须忘记宏观的趋势，并且竭尽所能去提供帮助。

必须等到危机过去之后，再思考事实和宏观趋势。那时我们必须重新建立实事求是的世界观，我们必须冷静下来并且对数字进行分析，从而能够在未来更好地利用我们的资源，防止更多的伤害。我们不能被恐惧驱使着采取行动。由于有国际协作的存在，我们最恐惧的那些危险，往往是不能对我们造成多大伤害的。

在 2015 年中有大约 10 天的时间，全世界都在关注尼泊尔传来的图像，在那里有 9000 人死于地震。在这同样的 10 天里边，被污染的饮用水导致的腹泻使得全世界 8400 名儿童死亡。但是没有媒体会报道这些儿童虚弱地躺在他们哭泣的父母的怀抱中的样子。也没有威风的直升机从天而降，直升机解决不了这样的问题。解决这个问题的办法仅仅是几条塑料管、一个水泵、一些肥皂和一套排水系统。这一切比直升机要便宜得多。

4000 万架次看不见的飞机

2016 年全年总计有 4000 万架次的商用飞机平安降落。仅有 10 架坠毁。然而坠毁的那 0.025‰的事件恰恰是记者们急于报道的。飞机安全降落是没有新闻价值的。请想象一下：

“从悉尼飞往新加坡的 BA0016 航班平安降落，这是今天的新闻。”

2016 年是航空史上排名第二安全的一年，这同样也没有新闻价值。

下图显示了在过去 70 年间死于空难的人数。飞行安全性提高 32100 倍。

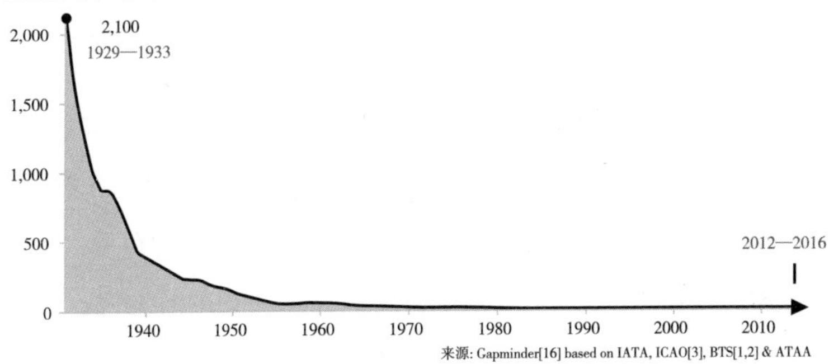

回到 1930 年，飞行是极其危险的，乘客们通常会被各种事故吓跑。全世界的飞行管理局都明白商业飞行的价值，但是他们也理解，要想让人们敢于坐飞机飞行，必须让飞行变得更安全。1944 年，他们在芝加哥开了大会，一致同意一些航空安全飞行的通用准则，并且签署了一个非常重要的航空飞行协议。其中规定了所有航空公司必须用统一的格式进行事故报道，并且这些信息要公开分享。这样所有人都可以从事故中吸取教训，并改善飞行安全。

从那时起，按照全世界统一的标准，每一起空难事故都会被调查、被报道，风险因素都会被系统性地分析，安全流程也得到改善。多么伟大呀！我认为芝加哥会议是人类历史上最伟大的全球合作之一。当有着共同恐惧的时候，我们会看到人们可以如此亲密无间地一起合作。

恐惧本能是如此强大，它既能够使全世界的人们跨国合作，也能够使每年 4000 万架次的安全飞行从我们的视野中消失，也可以从电视镜头里抹杀每年从痢疾中拯救 33 万儿童的功绩。

战争和冲突

我生于 1948 年，在这一年，使 6500 万人死亡的第二次世界大战刚刚结束了三年。没有人敢说第三次世界大战不会到来。然而我们等到的却是和平，是人类历史上强权之间最长时间的和平。

今天暴力冲突以及死于暴力冲突的人数处于历史的最低点。我们生活的这个时代是人类历史上最长的和平时代。然而当你看电视新闻的时候，你会看到各种吓人的图像，使你觉得很难相信我们生存在一个最和平的时代。

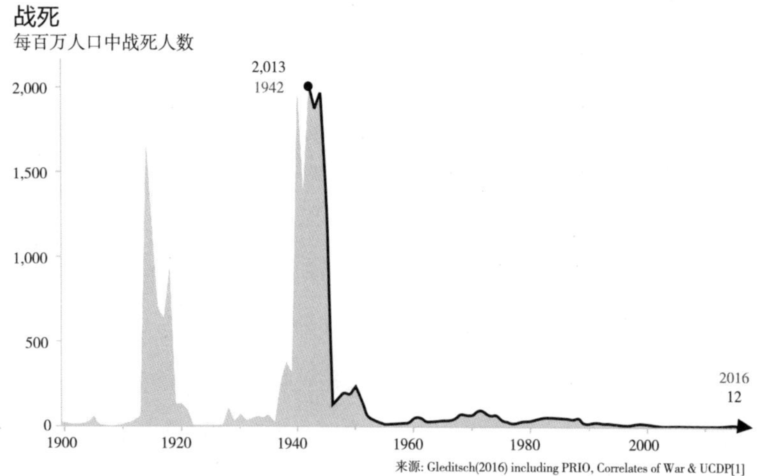

来源: Gleditsch(2016) including PRIO, Correlates of War & UCDP[1]

我不想说战争的恐惧是微不足道的，我也不想低估终结现有冲突的重要性。请记住，事情可以是不好但同时是在变好的。这个世界曾经是极度野蛮的，而今天，大多数人不再是野蛮的了。但是在叙利亚这样的国家，这些趋势并不能让人感到安慰，那里仍然存在着野蛮。

叙利亚战争很可能会变成 1998 年以来死亡人数最大的一场冲突。我们仍然不知道确切的死亡人数，也不知道冲突是否会扩大。但是如果这场冲突带来了上万人的死亡的话，仍然比发生在 1990 年的最大规模的战争导致的死亡人数少；如果这场冲突导致了 20 万人死亡的话，仍然比发生在 1980 年的最大规模的战争导致的死亡人数少。对于那些身处在战争的水深火热中的人来说，这一点没有任何意义，但是对于不处在战争状态的其他人来说，我们可以认识到战争导致的死亡人数在逐年减少，这一点是很有意义的。

世界变得更加和平，有更少暴力，这一总的趋势是最伟大的进步。正是过去几十年中的全世界的和平使得其他的进步成为可能。如果我们想达成其他的高尚目标，比如关于可持续发展的国际合作，那么我们必须珍惜今天得来不易的和平。

污染

在 20 世纪 50 年代以及随后的 30 年间，核战争和第三次世界大战的威胁是非常真实的。我们都知道广岛的受害者的惨状，我们也经常看到两个超级大国在炫耀它们的核武器，就像在健身房炫耀肌肉的健身者一样。1985 年，诺贝尔和平奖委员会认为削减核武器的行为是世界和平最主要的因素。他们决定授予我这个诺贝尔和平奖。当然不是直接给我的，而是给 IPPNW 这个防止核战争的组织。我作为这个组织的成员之一，感到非常自豪。

在 1986 年，世界上有 64000 枚核弹头，今天只有 15000 枚。恐惧本能可以帮助我们防止很多可怕的事情发生，但另一方面，恐惧本能会超出我们的控制，扭曲我们的风险评估，导致可怕的后果。

2011 年，在海平面下一万多米处，靠近日本海岸线的太平洋海床上，发生了地壳褶皱运动引起的大地震。这场地震使得日本本岛向东移动了 2.4 米，并且造成了一场巨大的海啸。这场海啸导致 18000 人死亡。这场海啸掀起的巨浪比福岛核电站的防波堤还要高。福岛被水淹没，全世界也充斥着指责福岛核电站可能有核污染的报道。

人们拼命逃离福岛，但有超过 1600 人死亡。他们的死亡并非由于核辐射。1600 人中没有一个人死于他们拼命想逃脱的核辐射。这 1600 人死亡都是由于他们拼命试图逃脱。他们中主要都是死于精神过度紧张引起的精神疾病或者心脏病的老年人。他们并没有死于辐射，而是死于对辐射的恐惧。（甚至在人类历史上最严重的核泄漏事件，也就是 1986 年的切尔诺贝利核电站泄漏事件中，当所有人都预测会有巨大的核辐射死亡率的时候，世界健康组织的调查员发现这种预测是无法证实的，甚至生活在切尔诺贝利核污染地区的人们也是如此。）

在 20 世纪 40 年代，有一种很伟大的化学品被发明了出来，它可以杀死绝大多数害虫。农民们觉得欢欣鼓舞。与疟疾作斗争的人们也非常开心。人们在各种场合下使用 DDT，而对它的副作用一无所知。DDT 的发明人获得了诺贝尔奖。

在 20 世纪 50 年代的美国，早期环境保护运动才开始关注 DDT 在食物链中的积累效应，甚至鸟类和鱼类也不能幸免于难。伟大的科普作家瑞秋·卡森在她著名的畅销书《寂静的春天》中报道，在她生活的地区，鸟蛋的壳变得越来越薄了。当我们得知人类可以传播一些不可见的物质去杀虫的时候，当我们得知权威专家们都无视这种做法对人类和其他动物形成的更广泛的影响的时候，这景象实在是令人震惊。

对于监管不力和公司不负责任的行为的恐惧被点燃了，从此全球的环境保护运动开始兴起。我们要感谢这些环境保护运动，以及后续发生的更多关于污染的丑闻，包括原油泄漏、杀虫剂致残、核泄漏等，让今天的我们拥有了非常严格的关于化学品使用的安全保护措施（当然不及我们在航空领域做得那样好）。DDT 在很多国家被禁止使用，而很多援助机构也不再使用这一产品。

但是，请允许我说但是，作为一种副作用，人们对化学品污染的恐惧简直形成了一种恐惧症。这可以被称作化学恐惧症。

这意味着对儿童疫苗注射、原子能利用以及 DDT 等问题的研究，人们仍然很难做到实事求是。大家总是会记起，原来我们是那么缺乏监管，而这种负面的记忆总会带来恐惧和不信任。这种情绪将会阻止我们看到数据背后的事实。那么还是让我来用数据说话吧。

我举一个错误的批判性思维带来毁灭性结果的例子吧。有些受过高等教育的父母不肯让他们的孩子注射疫苗。而这些疫苗是可以保护他们的孩子不受很多种致命疾病的传染的。我喜欢批判性思维，我也尊敬那些怀疑主义者，但是无论批判性思维还是怀疑，都应该建立在事实证据的基础上。因此如果你怀疑麻疹疫苗注射，我希望你能够做两件事：第一，希望你了解当孩子死于麻疹的时候是什么样子。大多数得过麻疹的孩子都能够康复，但是总有1‰到2‰的孩子是不能康复的。第二，请扪心自问，自己需要知道什么样的证据才能够改变看法呢？如果你的答案是，无论什么证据也不能使自己改变看法，那么你就知道你现在不是在动用理性思维。那么如果你会非理性地怀疑一切的话，下次做手术的时候请告诉你的医生不用去洗手了。

上千老年人在逃离一场核事故的时候死亡了，而他们无一死于核污染。DDT 是有害的，但是我却找不到任何说明 DDT 曾经直接致死的案例。在 1940 年，我们并没有对 DDT 的危害做任何的详细研究。在 2002 年，世界疾控中心做了研究并发表了一篇长达 497 页的关于 DDT、DDE 和 DDD 的毒性的报告。在 2006 年，世界卫生组织也结束了对 DDT 的调查，并且把它归类为轻微有害物质。也就是说，DDT 在很多情况下，其实是功大于过的。

我们应当谨慎地使用 DDT，因为它有优点，也有缺点。但是在蚊蝇成群的难民营里，DDT 往往是能够拯救生命的最快也最便宜的方法。美国人、欧洲人，还有那些被恐惧驱使的政治家，他们拒绝接受世界疾控中心和世界卫生组织的研究报告，也不打算讨论使用 DDT 的可能。这就意味着很多需要公众支持的援助组织将无法使用这种明明很有效的方法来挽救生命。

有些时候恐惧和死亡率带来了监管方面的进步，但是有些时候，比如说福岛核电站事件和 DDT 这种对不可见物质的恐惧，反而给我们造成了伤害。

在世界上的很多地方，自然环境正在恶化。但是正如地震比痢疾得到更多的媒体报道和关注一样，化学物质的污染比一些更有害的环境恶化，比如逐渐死亡的海床和过度捕鱼，得到了更多的关注。

人类的化学恐惧症还意味着，几乎每隔 6 个月就会有一篇新的科学发现来探讨我们常规食物中的某种微量化学物质可能是对人有害的。而事实上，要达到致死剂量，你必须连续三年每天吃两卡车同样的食物。你总会看到一些受过良好教育的人拿着红酒，一脸严肃地讨论这种风险。人们对这种物质产生恐惧感，似乎只是由于它是化学物品。

最后让我们来讨论一下在西方人们近几年来最大的恐惧是什么。

恐怖主义

如果有一类人能够最彻底地理解恐惧本能的威力的话，那么这类人一定不是记者，而是恐怖主义者。他们的名字就代表了一切。恐惧就是他们的目标。他们的成功就依赖于人们对各种事物的恐惧，人身伤害、失去自由、中毒或者被污染。

本书第二章关于负面思维的内容里面，恐怖主义绝对可以作为一个例外。这方面的情况确实是在变坏。那么我们是不是应该为此感到十分害怕呢？首先，在 2016 年，恐怖主义导致的死亡只占全世界死亡原因的万分之五。其次，它取决于你生活的国家。

美国马里兰大学的一群学者对1970年以来的恐怖主义事件做了详细的统计。他们的统计结果可以在全球恐怖主义数据库里面免费得到，这个数据库包含了17万条恐怖主义事件的详细信息。从这些信息里面你可以看到，在2007年到2016年这10年间，恐怖主义事件总共导致了全世界159000人的死亡。这个数字比10年前增长了三倍。就像埃博拉病毒一样，当一个数字在翻倍或者成三倍地增长的时候，我们当然会感到焦虑，并且希望能够弄明白它的真正含义。

研究恐怖主义活动数据

在本书的这部分内容中，所有的趋势都终结于2016年，因为全球恐怖主义数据库的数据只提供到2016年。这是因为研究者们非常仔细地分析了很多的数据来源，并且把其中的谣言和假信息剔除掉了。这些工作导致了数据的延迟。这是一种非常科学的研究方法和态度，但是我却不太同意这种方法。正如我们讨论过埃博拉病毒一样，如果我们在研究一件非常重要且令人担忧的事情的话，我们难道不是最需要及时的数据而不是完美的数据才能够及时采取行动吗？否则我们怎么能知道恐怖主义活动是在增多还是在减少呢？

维基百科包含了关于最近全世界发生的恐怖主义袭击的文章。很多志愿者非常快捷地进行更新，几乎在第一条新闻被报道出来之后的几分钟之内就可以在上面看到。我非常喜欢维基百科，如果信息来源是可靠的话，我们不需要等很久就可以看到趋势。为了验证数据的可靠性，我们比较了 2015 年维基百科的数据和全球恐怖主义数据库的数据。如果重合度接近百分之百，我们就有理由推测 2016 年和 2017 年维基百科的数据也是非常完整的。

结果我们却发现维基百科在不经意间制造了一种扭曲的世界观，而且这是一种从西方人视角产生的系统性的扭曲。准确地说是 78%，维基百科资料中的死亡人数少了 78%。几乎所有发生在西方国家的恐怖主义袭击导致的死亡都被记录了下来，但是在世界其他国家发生的恐怖主义袭击导致的死亡，只有 25% 被记录了下来。

无论我多么喜欢维基百科，我们仍然需要严肃的科学研究者来维护可靠的数据。而他们需要更多的资源和支持才能够更快地更新数据。

然而，虽然恐怖主义事件在世界范围内都在增多，在收入水平第四级的国家，这个数字却在降低。从 2007 年到 2016 年的 10 年间，在收入水平第四级的国家，总共有 1439 人在恐怖主义袭击事件中死亡。在那之前的 10 年，这个数字是 4358 人。这包括了历史上最大规模的恐怖袭击事件，发生在 2001 年的“9・11”事件，在那次恐怖袭击中，共计 2996 人死亡。如果我们剔除“9・11”事件的影响，我们会发现，在两个 10 年之内，在收入水平第四级的国家，死于恐怖袭击的人数并没有增加。而同一时期在收入水平第一、第二和第三级的国家，恐怖袭击导致的死亡人数都有巨大的增加。这些增加主要来源于五个国家：伊拉克（几乎占了增加数的一半）、阿富汗、尼日利亚、巴基斯坦和叙利亚。

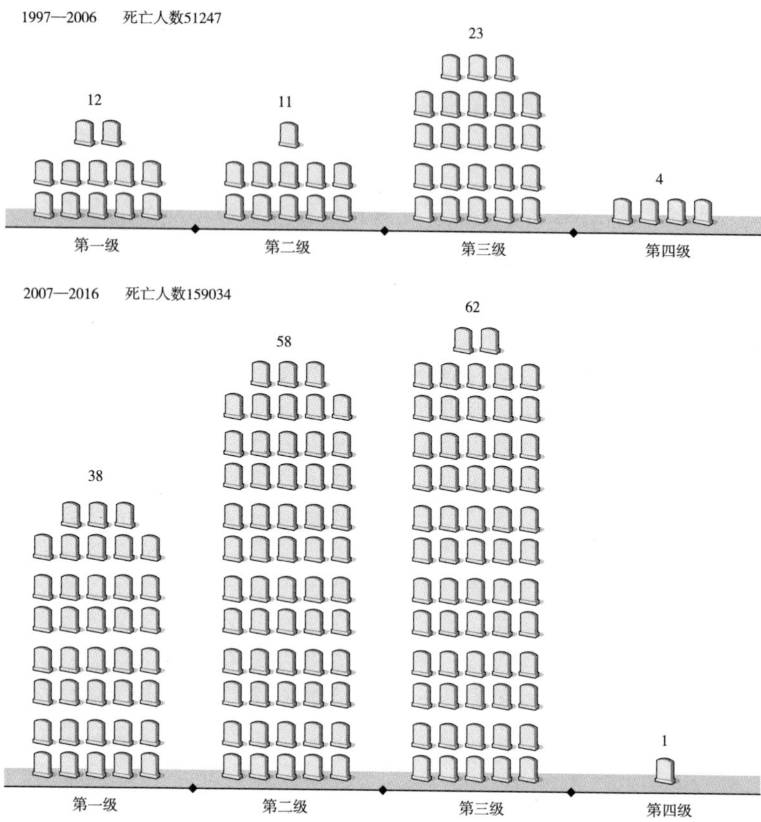

2007 年到 2016 年之间，在世界上最富裕的收入水平第四级的国家中恐怖袭击导致的死亡人数占全球恐怖袭击死亡人数的 0.9%。这个数字在一个世纪以来持续下降。2001 年以来，就从来没有任何恐怖分子可以通过劫持商业客机来杀害任何人。在收入水平第四级的国家，恐怖袭击导致的死亡是所有致死原因中最不重要的一个。过去的 20 年间，美国共有 3172 人死于恐怖袭击，平均每年 159

人。在这同样的时间段内，酗酒导致了 140 万人死亡，也就是平均每年 69000 人。但是这个比较并不十分科学，因为在酗酒的案例中，很多情况下，酗酒者本身就是受害者。如果要做个更科学的比较的话，最好选择那些受害者本身不是酗酒者的案例。比如交通事故或者谋杀。我们根据非常保守的估计，在美国每年会有 7500 人死于酒精引起的事故或谋杀。在美国，你的亲戚朋友死于酗酒的可能性会比死于恐怖袭击的可能性高 50 倍。

但是在收入水平第四级的国家，恐怖袭击事件会被媒体铺天盖地地报道，而酗酒导致的死亡事件则几乎得不到报道。而且在所有的机场，很严格的安检措施往往给人一种不安全的感觉。

在“9·11”袭击发生后的一周后，盖洛普的统计表明，51% 的美国公众会担心自己的家人在恐怖袭击中受害。14 年后，这个数据仍然保持一样——51%。今天的人们对恐怖袭击的恐惧程度正如在“9·11”发生一周之后的人们一样。

恐惧vs.危险：对真正危险的事情感到恐惧

在正常的情况下，恐惧本能对我们人类是有用的。但是恐惧本能往往对于我们理解这个世界起到反面作用。它误导我们的注意力去关注那些我们最害怕的事情，而不是那些真正危险的事情。

本章介绍了一些可怕的事件：自然灾害（1‰的致死原因）、飞机坠毁（1/10 万的致死原因）、谋杀（7‰的致死原因）、核泄漏（0% 致死原因）和恐怖主义（5‱ 的致死原因）。所有这些无一能够构成百分之一的致死原因，然而它们却得到了媒体的大量关注。当然我们应当致力于减少这些死亡的案例。但是我们也必须清醒地认识到，恐惧本能在多大程度上扭曲了我们的关注点。要想理解真正的生命威胁所在，并且有效地保护我们的家人，我们应该克制自己的恐惧本能，并实实在在地分析死亡原因。

因为恐惧和危险是两个不同概念。可怕的事情，仅仅给了我们一种危险的感觉，但是另外一些真正危险的事情则会威胁我们的生命。过度关注可怕的而不是危险的事情，就意味着我们把自己宝贵的注意力放在了错误的方向。恐惧曾经使得我在本应该给飞行员治疗低温综合征的时候误以为第三次世界大战爆发了，也使得人们在本应当关注正在荒漠化的海床和数百万人死于痢疾的时候，却去关注地震、飞机坠毁以及化学物质污染。我希望我的恐惧能够集中在今天真正的威胁上，而不是我们在进化过程中形成的本能。

实事求是的方法

要做到实事求是，就是当我们感到恐惧的时候，我们能够认识到我们害怕的事情不一定是真正危险的。我们对于暴力、受困以及污染的天然恐惧，会使我们习惯性地过度高估这些风险。

要想控制我们的恐惧本能，我们需要计算真实的风险。

- **可怕的世界：恐惧 vs. 现实。**我们感受到的世界，比真实的世界更可怕，这是因为我们注意到的信息都是被媒体精心选择过滤过的，而媒体刻意选择那些吓人的信息来吸引我们的注意力。
- **风险 = 危险程度 × 发生的可能性。**你面临的真实风险，并不取决于它看起来多么吓人，而在于两个因素：危险的程度和发生的概率。
- **在采取行动之前，先让自己冷静下来。**当你在恐惧中的时候，你会看到一个完全不同的世界。所以不要在恐惧中做决定。

CHAPTER 5

第五章

规模错觉

重新使用你已经拥有的两个神奇工具
合理看待战争纪念碑和熊攻击人事件

看不见的死亡

在 20 世纪 80 年代早期，我在莫桑比克做医生工作。那时候我必须做一些非常艰难的算数工作，艰难是因为我所计算的是儿童的死亡数。具体来讲，我统计我们纳卡拉医院内的儿童死亡数和我所服务的整个区域的儿童死亡数，并把两个数据进行对比。

在那个年代，莫桑比克是全世界最穷的国家。当我到达纳卡拉的时候，我是那个人口 30 万的地区唯一的医生。在第二年有第二个医生加入了。这样的人口数量如果放在瑞典，就需要有至少 100 名医生来服务。每天早晨我在去上班的路上都会对自己说，今天我必须做 50 个医生的工作。

我们每年都会接收上千名重病的儿童，平均每天三人。我永远都不会忘记，我们每天都在努力拯救这些儿童的生命。他们通常都患有非常严重的疾病，比如痢疾、肺炎和疟疾。而他们通常同时患有贫血症和营养不良症，使得病情更加复杂。无论我们多么努力，总会有 5% 的儿童死掉。几乎每周都会有一个儿童死亡，而我相信，如果我们有更好的资源和更充足的人手的话，我们应该能够救活他们。

我们的医疗手段非常有限，我们只有生理盐水和肌肉注射。我们没法给患者打点滴。因为护士们没受过这方面的训练，他们也没有足够的时间去做打点滴的服务。我们只有极少数的氧气瓶，我们也没有能力输血。这就是极度贫困国家的医疗状况。

某一个周末，我的一个朋友来看我。他也是瑞典人，在一家320千米外的条件稍好一点的医院工作。那是一个星期六的下午，我必须紧急赶去医院，他就和我一起去了。我们一到达医院，就见到了一位双眼中充满了恐惧的妇女。她的怀里抱着一个由于严重腹泻已经变得非常虚弱的婴儿。他现在连吃奶的力气都没有了。我马上安排给这个孩子嘴里插了根管子，让他口服补盐液。我的朋友看到了这一切，非常焦急和愤怒地把我拉到了一边，他认为我采取这样简单的处理方式是不够的，他认为我只是图省事，想要快点回家去吃晚饭。他认为应该立即对这个儿童进行静脉注射。

对于他的不理解，我也非常愤怒。“在现有的条件下，这就是我们的标准治疗。”我解释道，“如果要给孩子做静脉注射的话，至少会花掉我们半小时的时间，而且护士也不知道应该怎么做，他很可能会把事情搞砸。你说得对，我确实需要回家吃晚饭，否则的话，我的家庭和我自己都没有办法在这儿撑过一个月。”

我的朋友不接受我的说法，他决定留在医院，花费了好几个小时，努力想给这个孩子做静脉注射。

当晚和我一起回家的路上，我的朋友继续和我辩论。他说：“你必须对每一个患者都做到全力以赴。”

“不。”我说道，“我不认为我应当把我所有的时间精力都仅仅花费在来到医院的患者身上。如果我能提高整个社区的医疗服务水平，我就可以挽救更多孩子的生命。我要为整个社区的孩子的死亡负责，而不仅仅是这些来到医院、死在我眼前的孩子。”

正如大多数医生和大多数社会公众一样，我的朋友不同意这一点。他说：“你的责任就是全力以赴救助来到医院的患者，而你所说的能够在医院以外救助更多的孩子，这只是你一种子虚乌有的猜测。”我觉得身心俱疲，就不再和他辩论，直接去睡觉了。但是第二天我做了一些统计。

我和我的太太阿格尼塔一起对数据进行了统计。那一年总共有 946 个孩子被送进了医院，他们几乎都是 5 岁以下的儿童，其中 52 个孩子死亡，占总数的 5%。我们需要把这个数据和整个社区的儿童死亡率进行对比。

整个莫桑比克的儿童死亡率是 26%，这一点在纳卡拉也是一样的。儿童死亡率是用当年死亡儿童数量除以当年出生儿童的数量来得出的。

所以如果我们知道这个区域当年的儿童出生数，我们就可以用这个儿童死亡率来推测出每年死亡的儿童数量。最新的数据表明，在纳卡拉市区，每年的儿童出生数是 3000 人。对于整个纳卡拉区域而言，出生数量应该是这个数字的 5 倍，也就是 15000 人。26% 的儿童死亡率意味着当年有 3900 名儿童死亡。而这 3900 名儿童中，仅有 52 名儿童是在医院内死亡的。我所看到的死亡人数仅仅是我工作范围的 1.3%。

现在我的猜测得到了数据上的支持。在医院里给这些重病的儿童输液治疗，只能拯救一小部分儿童的生命。而另一方面，如果我们能够改善社区的医疗条件，使得痢疾、肺炎和疟疾不再成为威胁儿童生命的重大疾病的时候，我们可以拯救的儿童就会多得多。我真心认为在绝大多数人口还没有获得基本医疗条件的时候，在 98.7% 的死亡儿童都死在医院之外的时候，把有限的资源和精力过度地投入在医院是一种不道德的行为。

所以我们集中精力去培训乡村健康工作者，这样才能让尽可能多的孩子得到疫苗注射，也能使那些刚刚患病的孩子在第一时间就在附近的乡村诊所得到最及时的治疗。

这就是在极度贫困生活状态下的残酷的统计数字。也许人们会觉得我无视眼前个别病危的儿童而去关注我看不见的几百个垂死的儿童，是一种不人道的行为。

而这时我总会想起我原来的导师罗素女士的话。她曾经在刚果和坦桑尼亚作为教会护士工作过很多年。她总是说："在极度贫困状态下，你不可能也不应该把事情做得完美。如果你这么做，你就是在从其他更需要这些资源的地方窃取资源。"

当我们过度地把精力集中在可见的局部而忽略了不可见的整体的时候，我们就会错误地把资源投入一小部分问题上面，从而只能拯救一小部分人的生命。这一原则适用于所有资源紧缺的情况。面对拯救生命的问题，我们很难来讨论资源的分配，因为这样会让人觉得我们冷酷无情。但只要资源是有限的，我们就需要开动大脑，找到使得我们的资源得到最有效利用的方式。这才是真正的同情心。

本章会用大量的数据来讨论儿童死亡的问题，因为这是我最最关心的。我知道一边统计死亡儿童的数量，一边研究最经济有效的方法，这似乎听起来是冷酷无情的。但是只要你仔细地思考一下，你就会同意，研究出最经济有效的方法，从而能够拯救最多的儿童生命，这才是最有良心的做法。

正如我希望大家能够看到统计数据后面的具体故事一样，我也希望你们能够发现具体故事背后的统计数据。没有数据，我们很难理解这个世界，但仅有数据也是不够的。

规模错觉

人们总是容易注意局部而忽略整体。这是我们的本能之一。我们总是会注意到一个单一的数字而误判它的重要性。正如在纳卡拉的医院中发生的一样，我们总是对单一事件或者看得见的受害者的重要性产生误判。这两者是规模错觉的最重要的两个方面。

媒体也常常会迎合我们这种规模错觉的本能。记者们往往会夸大单一事件、事实或数字的重要性。记者们也非常清楚地知道人们很难无视受到伤害的个体。

规模错觉的两个方面和负面思维的本能结合在一起，使得我们系统性地低估了这个世界发生的进步。在我们关于世界人口分布的问题中，人们普遍会回答，世界上只有 20% 的人口的基本生活需要得到了满足。而事实上，这个数字非常接近 80%，甚至 90%。多少儿童得到了疫苗注射呢？88%。多少人可以使用电呢？85%。多少适龄的女孩能够上小学呢？90%。媒体和慈善组织总是习惯于宣传一些看起来很大的数字，并且给我们看一些受苦难的人的照片，使得我们在印象中系统性地低估了真正的比例和世界上发生的进步。

与此同时，我们系统性地高估了其他的一些比例，比如我们国家的移民比例、反对同性恋的人数比例。至少在美国和欧洲，我们对这两个数据的认识是比现实夸大的。

这种规模错觉会使我们把有限的注意力和资源集中到看得见

的受害者和个体事件上。今天我们有非常充足的数据使我们可以在全球范围内做数据对比，正如我原来在纳卡拉做的数据对比一样。结论也是相同的，在收入水平第一级和第二级的国家，并不是医院和医生的数量决定了儿童生存率的高低，尽管医院和医生的数量更容易统计，而政治家们更喜欢去参加医院落成典礼。几乎所有儿童生存率的提升都是通过医院之外普及性的、预防性的医疗措施实现的，都是那些乡村护士、乡村医生和受到教育的父母带来的。尤其是受教育的母亲们。数据表明，在全世界范围内，几乎一半以上的儿童生存率的提高是来自母亲获得了读书和写字的能力。今天更多的儿童能够生存下来，是因为预防性的措施使他们更少得病。受过培训的乡村医生可以给怀孕的母亲们照顾和接生。乡村护士们帮助他们做好免疫工作。父母们可以让儿童吃得饱、穿得暖。周围的人有良好的洗手的卫生习惯。母亲们可以读得懂药瓶上的使用说明。所以当你要投资来提高收入水平在第一级和第二级的人们的健康水平的话，你应该把你有限的资金投入小学、护士教育和疫苗注射上面，而不是急于建造宏伟的医院。

如何控制规模错觉

为了避免只看局部、不见整体的问题，你只需要关注两点：对比和比例。你说什么？你已经会了吗？那好，让我们开始使用这两种方法，并把这变成自己的习惯吧。让我来介绍一下，具体应该怎么做。

数字对比

要想避免对事物重要性的误判，最重要的事就是不要只看单一数字。永远不要认为单个数字本身就有很大的意义。当你看到一个数字的时候，你应该马上想到用它和其他的数字做对比。

尤其对那些看起来很大的数字，我们总会很自然地认为，这么大的数字怎么会不重要呢？但是我们一定要记住做对比。

420万死亡婴儿

去年，全世界有 420 万婴儿死亡。

这是联合国教科文组织公布的最新一岁以下儿童的死亡数字。我们经常在媒体上或者社会活动组织的宣传中看到这样单一且充满感情色彩的数字。我们在感情上本能地会对这一数字做出反应。

谁能想象 420 万死亡的婴儿呢？这太可怕了。尤其是当我们知道他们中的大多数都是死于可以预防的疾病的时候。谁能说 420 万不是一个巨大的数字呢？但是你可能错了。这恰恰就是我要引用这个数字的原因，因为这并不是一个巨大的数字，这是一个很小的数字。

我们很容易联想到每一个夭折的婴儿背后都有一对伤心的父母，他们等不到自己的孩子对他们笑、学会走路，和他们一起玩耍，反而要将他们亲手埋葬。这个数字足以让我们哭泣很久。但是我们的眼泪能够帮助他们吗？不能。所以我们应当理智地思考。

2016 年，全世界的婴儿死亡人数是 420 万。一年前这个数字是

440 万。两年前这个数字是 450 万。在 1950 年，这个数字是 1440 万，比现在多了一千多万的死亡婴儿。突然这个恐怖的数字看起来小多了。事实上，这个数字目前是处在世界历史上的最低点。

当然，我会非常希望这个数字可以变得更低，可以下降得更快。但是要想找到最佳的解决方法，要想知道如何最有效地分配资源，我们必须冷静地分析哪些方法是有效的，而哪些不是。结论是显而易见的，我们预防了越来越多的婴儿死亡。如果不做数字对比的话，我们可能永远都得不到这个答案。

更大的战争

我年轻时，越南战争是当时世界上最大规模的战争，就好像今天的叙利亚战争一样。

在 1972 年的圣诞节前夕，7 枚炸弹落在了越南河内的白梅医院，导致 27 人死亡。当年我正在瑞典的乌普萨拉学习医药专业。我们有很多医疗设备和黄色毯子。阿格尼塔和我组织了一场募捐活动，收集了一些黄色毯子和医疗设备，把它们打包寄到了白梅医院。

15 年后，我去越南参加一个瑞典对越南的援助项目。午饭时间，我和我旁边的一个当地的同事尼姆医生一起聊天。他说当年当白梅医院遭到轰炸的时候，他就在医院里面工作。后来他收到了一些援助物资。我问他有没有印象收到一些黄色毯子。当他向我清楚地描述出这些毯子上面的花纹样式的时候，我吃惊得简直快跳了起来。我感觉我们就好像是一辈子的老朋友一样亲近。

周末之后，我要求尼姆带我去看一看越南战争的纪念碑。他说你指的是抗美战争吗？我才意识到他们是不会把这场战争叫作越南战争的。尼姆开车把我带到了这个城市的中心公园，指给我看一块小小的、0.9 米高的石碑，石碑上面有一个小小的铜牌。我以为他是在跟我开玩笑。在西方世界，越南战争激起了一波巨大的反战浪潮，连我这样远在瑞典的人都会收集医疗设备和毯子寄给越南。在那场战争中超过 150 万越南人和 58000 个美国人失去了生命。这块小小的石碑就是这个城市纪念这场大灾难的方式吗？尼姆看到我很失望，就开车带着我去看了一个更大的纪念碑，这是一个花岗岩的纪念碑，有 3.6 米高，是用来纪念越南脱离法国殖民的统治而获得独立的。

法国殖民者占领了越南 200 年。而抗美战争仅仅持续了 20 年。不同的纪念碑的规模几乎成比例地体现了不同战争的重要性。只有把它们放在一起做对比的时候，我才能认识到越南战争在越南人民眼中是没有那么重要的。

熊和斧头

2004 年 10 月 17 日的一个夜晚，玛丽 · 拉尔森女士的前夫破门而入，用斧头把她杀死在自己的家里。三个孩子的母亲被如此野蛮地谋杀，这样一出人间悲剧竟然没有得到全国媒体的报道，仅有一些当地的报纸对此做了很少的报道。在同一天，一位 40 岁的男子，同样是三个孩子的父亲，在瑞典北部打猎的时候被一头熊杀死了。这是自从 1902 年以来在瑞典发生的第一起熊杀人事件。这一残酷、悲剧且极其罕见的事件得到了整个瑞典铺天盖地的媒体报道。

在瑞典，熊杀人是百年不遇的事件。而与此同时，几乎每 30 天就会有一位妇女死于自己的配偶之手。两者从罕见程度上有 1300 倍的差别。所以熊杀人是一个大新闻，而家庭谋杀则不是。

无论媒体如何报道，这两起死亡事件都是悲剧，十分可怕。无论媒体如何报道，我们都应该更关注家庭暴力而不是熊杀人。

肺结核和猪流感

媒体报道中只见树木不见森林的现象，不仅体现在熊杀人事件中。

1918 年，西班牙流感杀死了全世界 2.7% 的人口。对于这种流感，我们还没有研究出任何有效的疫苗，所以对于大规模暴发流感的风险，我们会非常严肃紧张地应对。2009 年 1 月，几千人死于猪流感。在整整两个星期的时间内，这条新闻遍布了所有的新闻媒体。然而与 2014 年的埃博拉病毒不同，受到感染的人数并没有翻倍增长，甚至也没有沿着直线增长。我和其他的专家都认为这次流感并不是非常严重。然而记者们持续散布这种恐惧长达几个星期之久。

最终我实在是厌倦了这种恐惧症，然后自己计算了一下新闻报道的频率和死亡案例之间的关系。在两周的时间内，共计 31 个人死于猪流感。在谷歌上随便搜索一下就可以找到 253442 篇文章。平均每一起死亡得到了 8176 篇文章的报道。而在同样的两周内，大约 63066 人死于肺结核。这些死者几乎都来自收入水平在第一级和第二级的国家。尽管肺结核已经可以被人类治愈，但是在贫困国家，肺结核仍然是人类健康的主要杀手。然而肺结核是可以传染的，而肺结核病菌也可能产生抗药性，并且杀死很多在收入水平第四级的人。可是关于肺结核死亡，平均每起死亡却只得到了 0.1 篇文章的报道。每一起猪流感死亡事件获得了比肺结核死亡事件多达 82000 倍的媒体关注。

二八原则

人们很容易只见树木，不见森林，但幸运的是有一些简单的解决方法。每当我要把很多数据放在一起做比较，并找出其中最重要的数字的时候，我就采用最简单的方法。我会找出其中最大的数字。

这就是二八原则。我们总是倾向于认为在清单上的所有事情都同样重要，但是通常其中几件事的重要性就远远超过了其他所有事情的总和。不论是分析死亡原因还是预算，我总是聚焦在那些能够占到 80% 重要性的事情上。在我于细枝末节上花时间之前，我总是会问自己，最重要的 80% 在哪里？这几个数字为什么这么大？这背后意味着什么？

比如我们看到一张按照字母排序的关于世界能源的清单。生物燃料、煤炭、天然气、地热、水力、核能、石油、太阳能、风能，表面上看很难分辨出来它们谁更重要。但是当我们把所有的能源按照为人类提供能源的多少来排序的时候，其中三项远远大于其他的之和。正如下图所示。

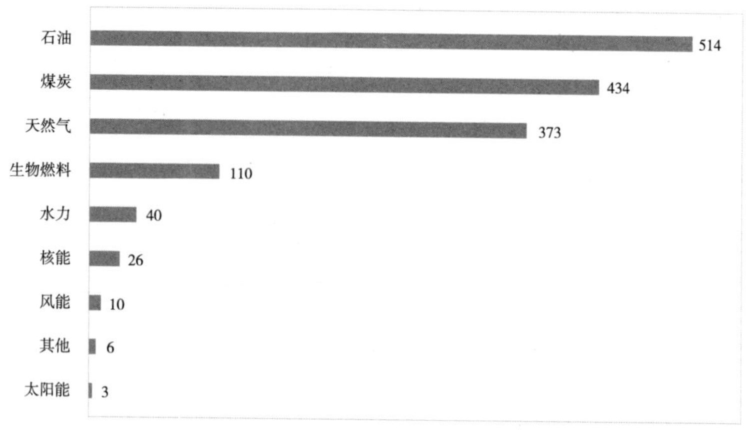

使用了二八原则之后，我们发现石油、煤炭和天然气为我们提供了超过 80% 的能源，准确来说是 87%。

某一年，我在帮助瑞典政府审核一项援助项目的时候，我第一次发现了二八原则的重要性。在大多数预算中，20% 的项目占了预算总数的 80% 以上。如果你能弄明白这些最重要的预算项目的含义的话，你就能节省很多经费。

采用二八原则，我发现了在一个对越南郊区的健康中心的援建项目中，有一半的预算被计划用来买 2000 把错误型号的手术刀。采用二八原则，我发现了我们计划给阿尔及利亚的难民营多投放 100 倍、共计 400 万升的婴儿奶粉。同样是由于采用了二八原则，我及时制止了我们向尼加拉瓜的一个小诊所投放超过两万枚人造睾丸的行动。在这些案例中，每一次我都是简单地采用二八原则，找出预算项目中占比最大的部分，并仔细地分析。在每个案例中，所有问题都是由于小疏忽造成的，比如说一个放错位置的小数点。

二八原则非常易于使用。只是你一定要记住使用它，下面我给出另外一个案例。

世界人口密码

如果我们知道世界人口的分布比例以及未来人口的分布比例的话，我们就可以对这个世界有更好的了解，并且做出更正确的决定。未来世界的市场在哪里？未来的互联网用户在哪里？未来的旅游者在哪里？未来的货物将运到哪里？诸如此类的问题都能得到解答。

事实问题8：

当今世界上的人口数量接近 70 亿，下面哪张地图最佳地表示了人口的分布情况？每一个人形图案代表了 10 亿人。

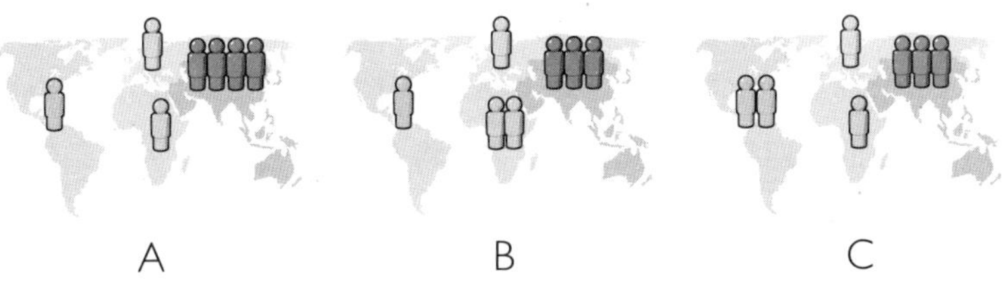

这道题是人们回答正确率最高的几道题之一。回答的准确率已经接近大猩猩了。从这本书的观点来看，这已经是人类的一个显著成就了。你看，一切都取决于我们怎么看待问题和如何比较，对不对？

70% 的人仍然选了错误的地图，把 10 亿人口摆错了位置。70%

的人并不知道世界上大多数的人生活在亚洲。如果你真正关心未来的可持续发展，或者地球上自然资源的浪费，或者未来的全球市场，你怎么能够把 10 亿人摆错位置呢？

正确的答案是 A。世界人口地图的密码就是 1-1-1-4。这是能最快记住世界人口地图的方法。从左到右，以 10 亿人口为单位，美洲：1，欧洲：1，非洲：1，亚洲：4。我在这里采用了四舍五入的方法。就像所有的密码一样，这个世界人口密码也在变化当中。到本世纪末，联合国预测美洲和欧洲的人口将没有变化，亚洲将增加 10 亿人，而非洲将增加 30 亿人。到 2100 年，新的世界人口密码将变成 1-1-4-5。超过 80% 的世界人口将生活在非洲和亚洲。

如果联合国的人口预测是正确的，如果未来亚洲和非洲的收入水平持续增长，那么未来 20 年，世界市场的中心将转移到亚洲和非洲，将从大西洋转移到印度洋。在当今世界，生活在富裕国家的人们基本上都在北大西洋附近，他们代表了全世界 11% 的人口和 60% 的第四级收入水平的消费者市场。到 2027 年，如果全世界的收入水平像现在一样增长，那么这个数字将下降为 50%。到 2040 年，60% 的第四级收入水平的消费者将来自西方世界以外。是的，我认为西方世界统治下的全球经济将很快结束。

生活在北美洲和欧洲的人们需要认识到，世界上绝大多数人生活在亚洲。从经济潜力的角度来看，“我们”只代表 20%，而不是 80%。但是我们中的很多人并不接受这个现实。我们不但误判了越南战争在越南人心目中的重要性，也误判了我们在未来全球市场中的重要性。我们中的很多人忘记了如何和未来市场的主人打交道。

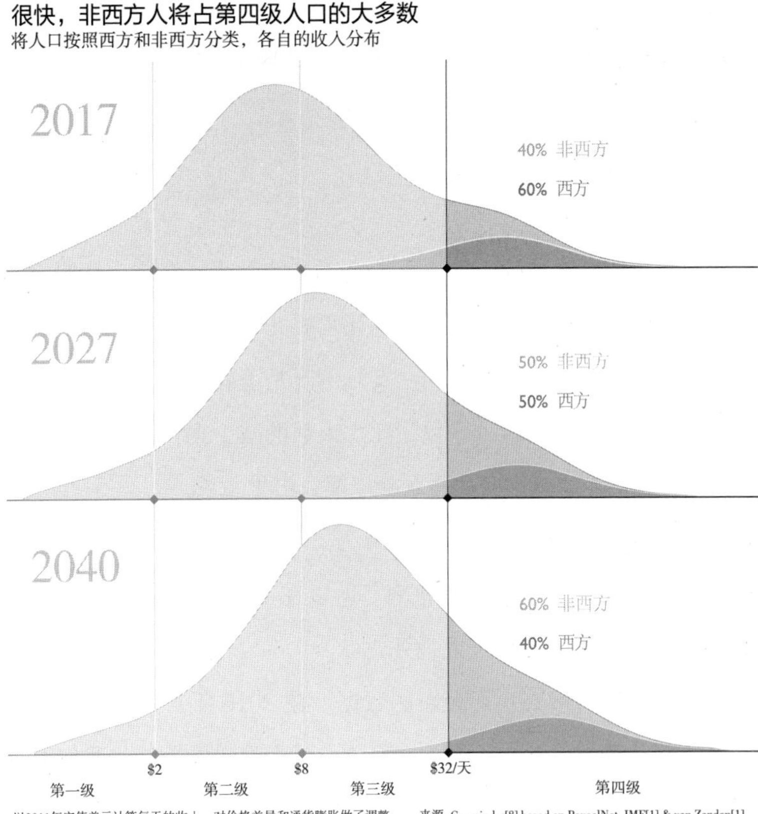

研究比例

通常我们要想理解一个看起来很大的数字的真实含义，我们最好把它除以一个总数。在我的工作中，这个总数通常是世界人口。当我们把一个数字（比如中国香港的儿童人数）除以另外一个数字（比如中国香港的学校数量），我们就可以得到一个比例（中国香港平均每所学校可以服务的儿童数）。我们很容易得到各种总数，因为只需要数一数就可以做到。但是通常情况下，比例才更有意义。

比例背后代表的趋势

我想再回头讨论一下 420 万死亡婴儿的事情。在这一章的前面环节，我们将如今一年有 420 万的死亡婴儿和 1950 年有 1440 万的死亡婴儿这两种情况做了对比。实际情况是怎样呢？会不会是因为每年出生婴儿人数的减少导致了死亡人数的减少呢？为了检查我们的结论，我们需要把婴儿死亡数除以婴儿出生总数。

在 1950 年，新生婴儿有 9700 万，而死亡婴儿的人数为 1440 万。这代表着 15% 的婴儿死亡率。所以在 1950 年，每 100 个新生婴儿中就会有 15 个在一岁之前死亡。

现在让我们检查一下最新的数据。在 2016 年，新生婴儿人数为 1.41 亿，而婴儿死亡人数为 420 万。做个简单的除法，我们可以得到婴儿死亡率为 3%。在每 100 个新生婴儿中，只有三个会在一岁之前死亡。你们看，婴儿死亡率从 15% 大幅度降低到了 3%。当我们对比例进行比较，而不仅仅是比较数字的时候，我们就会发现当今的婴儿死亡率是令人震惊的低。

有些人在做这种关于人类生命的数字对比的时候，会感觉羞愧，我却觉得如果我们不做这样的计算和对比，才应该觉得羞愧。一个单一的数字总会让我觉得很可疑，我总会担心自己会错误地理解它的含义。但是当我把这个数字与其他的数字进行对比，并且测算出各种比例的时候，我就会更容易理解数字背后的含义，并且因此充满了希望。

人均

我们经常听到有人说，根据预测，在中国、印度和其他的发展中国家，二氧化碳的排放量正在增加，这将导致危险的气候变化。中国已经比美国排放了更多的二氧化碳，而印度在这一方面也已经超过了德国。

2007 年 1 月，在举办于达沃斯的世界经济论坛上，一位欧盟的环境部长在气候改变专题讨论会上说出了以上这段话。他用看似中立的语气来为世界气候变化找到了替罪羊，就好像他说的是有事实依据一样。如果他看看参会的中国和印度代表的表情，他就会认识到，他的这一说法是毫无依据的。中国的代表满脸怒色，但是并没有做出什么举动；而那位印度专家已经等不及了，挥舞着他的手臂要求发言。

印度代表站了起来，在他发言之前，他先默默地扫视了一下每一位参会者。他在震怒之下还能表现得如此优雅和镇定，不愧为印度的高级官员和世界银行及国际货币基金组织的顶级专家。他向来自富有国家的代表们挥了挥手，然后大声地谴责道："是你们这些世界上最富有的国家，导致了全球的气候变化。你们已经持续燃烧煤炭和汽油超过了 100 年之久。是你们，而且仅仅是你们把我们推到了世界气候变化的边缘。"说到这里，他突然改变了姿势，双手合十，采用了一种印度的敬礼方法向大家鞠躬，并且用一种非常和善的语气继续说道：“但是我们原谅你们，因为你们过去不知道自己做了些什么。不知者不为过。”然后他挺直了腰板儿，举起食指，就像一位法官在宣布判决一样，一字一顿地说道：“但是从今往后，我们将按照人均计算二氧化碳排放量。”

我无比赞同他的说法。那些关于中国和印度导致了世界气候变化的指责使我感到震惊。他们以国家为单位统计二氧化碳排放量，这就非常好笑，像是在说中国的肥胖情况远超过美国是因为中国人的总体体重超过了美国人一样。由于每个国家人口数量的巨大不同，讨论每个国家的二氧化碳总排放量是毫无意义的。如果按照这个逻辑的话，挪威仅仅有 500 万人口，那么这个国家就应该可以为所欲为地排放二氧化碳了。

在这个案例中，一个很大的数字，即每个国家的总体二氧化碳排放量，需要除以这个国家的总人口，才能得到一个有意义且可比较的数字。无论我们是在讨论 HIV、GDP、手机销售、互联网用户或者二氧化碳排放，人均的数字都是最重要的。

外面的世界很危险

在当今世界，收入水平处于第四级的人正过着有史以来最安全的生活。很多可以预防的危险都被解除了。然而仍然有很多人缺乏安全感，并感觉到焦虑不已。

他们总会担心各种各样的风险。自然灾害导致了很多人死亡，疾病在蔓延，飞机会坠毁。这些灾难每时每刻都在发生，发生在我们的视野之外。这不是一件很奇怪的事吗？这些可怕的事情很少会发生在这里，发生在我们的面前，而总是发生在我们的视野之外。要知道我们的视野之外，代表了几百万个不同的地方，而你只生活在一个地方。这样你当然会发现有很多危险的事情在我们的视野之外发生，因为那里比我们所在的地方大了太多。即便我们视野之外的所有地方都和我们所生活的地方一样安全，那么我们仍然会听到各种各样的危险事件发生。如果你注意追踪每一个具体的地方所发生的危险事件的话，你就会吃惊地发现，原来那个地方也是很安全的。也许某一天你可以看到关于那个地方的某起灾难，但是在其他的日子里，你再也不会听到任何新闻。

对比和比例

每当我看到报道中单一的数字的时候，我都会引起警觉：这个数字应该和什么数字做比较呢？这个数字一年前是多少？十年前呢？它在其他国家是什么样？这个数字除以什么数字才能得到一个有意义的比例呢？这个数字是什么数字的一部分吗？这个数字如果考虑人均的话是什么情况？然后我会比较各种比例，我才可以明白这个数字究竟是否重要。

实事求是的方法

要做到实事求是就是当你看到一个单一的数字并且它令你印象深刻的时候，要记得把它和其他数字做对比或做除法，得到比例之后，你有可能得到完全不同的观点。

要想控制规模错觉，我们就要关注比例。

- **对比**。大的数字总是看起来很大，而单一数字很容易误导我们。当我们看到一个单一数字的时候，一定要记得做对比，或者做除法，得到某种比例。
- **二八原则**。如果你得到了一个长长的清单，就应该先排序，然后找到最大的几项并且做深入分析。通常这几项的重要性要远大于其他所有项目加在一起的重要性。
- **比例**。数字和比例有可能代表着完全不同的含义。尤其当我们在不同大小的组别之间做对比的时候，比例总是更有意义。具体来讲，我们在对国家和地区进行比较的时候，应该更加关注人均数字。

CHAPTER 6

第六章

以偏概全

我为什么要说谎

为什么房子只盖一半也是个很聪明的做法

晚餐准备好了

这件事发生在刚果河南岸的班顿杜地区。这里没有道路，从最近的路走过来要花费半天的时间。这里的人们生活在极度贫困状态。他们生活在没有道路的山区。我的同事索凯尔德和我花了一整天对这些人进行访谈，了解他们的营养状况。现在已经夕阳西下，落日的余晖洒在热带大平原的金合欢树上，当地的人们准备为我们俩举行一场派对，因为从来没有人走这么远的路来关心他们的问题。

正如瑞典的村民们在一百多年前遵循的礼节一样，当地的村民用最大块的肉表示他们最诚挚的谢意。整个村子的村民全都环绕着我和索凯尔德，坐成一个圆圈。我们的晚餐被盛了上来，两片巨大的树叶上面摆放着两只剥了皮的烤熟的老鼠。

我差点当场吐了出来。我偷偷看了一眼索凯尔德，却惊奇地发现他已经开始吃了。我们俩经过了一整天的工作，都没有吃过一口东西，现在确实饿了。我环顾四周，发现所有的村民都用充满期待的眼神看着我。我必须把老鼠吃掉，我也确实吃了。烤老鼠的味道其实并不差，吃起来有一点像鸡肉。为了表示礼貌，我在囫囵吞下老鼠肉的时候故意做出一副很开心的样子。

然后到了上甜点的时间，他们端上了另外一个盘子，盘子里面摆满了巨大的白色肉虫子。这些肉虫子确实很大，每一只都比我的大拇指更粗、更长。我猜村民们把这些虫子在锅里轻轻地煎了一下就端了上来，因为这些肉虫子看起来好像还在动。村民们的脸上充满了自豪，他们很骄傲给我们提供了这样一道美食。

要知道，我可是表演过吞剑的人。我应该能够把任何东西都吞到我的喉咙里。而且我也绝不是个对食物很挑剔的人，我有一次喝下了一碗铺满了蚊子的粥。但是这次我真的吃不下。这些肉虫子的头就像一个个棕色的豌豆，而它们厚厚的身体就好像是透明的、充满了褶皱的骨髓一样。我几乎可以看到它们的内脏。村民们向我打手势，向我表示我应该一口把虫子咬成两段，然后把当中的内脏吸出来。如果真的要我吃这个虫子的话，我想我一定会把前面吃过的老鼠吐出来，我实在不想扫他们的兴。

这个时候我急中生智，微笑着对村民们说："很遗憾，我不能吃这些虫子。"

索凯尔德听了我的话，很惊讶地转过头来看着我。他已经吃了好几条虫子，嘴角上还挂着几条剩下一半的虫子。他实在太爱吃这些虫子了，他曾经在刚果做过传教士，每周能吃到虫子这样的美味，简直是最幸福的事了。

"我是不能吃虫子的。"我对村民们说。我努力想使自己看起来很有说服力。村民们向索凯尔德投去询问的目光。

"那他为什么可以吃虫子呢？"村民们问。索凯尔德也瞪着眼睛看着我。我说："哦，这是因为他和我来自不同的地方，我从瑞典来，他从丹麦来。在丹麦，他们喜欢吃虫子，但是在瑞典，我们的文化是不允许我们吃虫子的。"村里的教师跑出去拿了一幅世界地图回来，然后我指给他们看瑞典和丹麦分别在什么地方。我指着地图说："在海的这一边，他们吃虫子；我们瑞典在另外一边，不吃虫子。”这简直是我说过的最愚蠢的谎话了，但是似乎很有效，所有的村民都很开心地分享了我剩下的虫子。无论什么地方，无论什么人，他们都知道，从不同的地域来的人会有不同的风俗习惯。

以偏概全的本能

每个人都会在头脑中自动地进行演绎和归纳。这是下意识的行为，这也不涉及偏见或者受教育程度。归纳法对我们来说是绝对有必要的，因为它给了我们一个思维的结构。设想一下，如果我们看到的所有事物，都认为它是单独的一类的话，我们将无法有效地用语言来描述这整个世界。

归纳法也是非常必要和有用的本能。但同时，就像本书中介绍的其他本能一样，也有可能扭曲我们的世界观。归纳法有时候会使我们错误地把非常不同的人、事物或者国家划分到同一个组，而忽视它们的不同。我们会自动假设我们归到一类的事物是非常相似的。这样我们就经常会犯以偏概全的错误，以我们看到的很少数的非正常案例来给整个群体下结论。

在这个方面，媒体再一次充当了这种本能的朋友。误导性的以偏概全，以及极端典型，都是媒体善用的手段，因为这样他们可以很轻松、很快速地沟通。我从今天的报纸上随便挑几个案例给大家看：乡村生活、中产阶级、超级虎妈和黑帮成员。

错误的归纳分类就会导致我们脑海中形成错误典型。比如说，人们经常提到种族和性别的错误典型。这样就会导致许多问题。错误的归纳分类方法将会使我们无法正确地理解事物。

一分为二的本能促使我们把世界分为“我们”和“他们”，而以偏概全的本能使得“我们”认为“他们”是完全一样的。

你是否在收入水平第四级的国家的一家大型企业工作？如果你犯了以偏概全的错误的话，你很有可能错过你将来最大的客户群。你是否在一个大型的金融机构工作？如果你犯了以偏概全的错误，你很有可能把你客户的资金投资到了错误的地区。因为你把非常不同的人群看作是相同的。

事实问题9：

现在全世界有多少一岁儿童接种过疫苗？

- □ A.20%
- □ B.50%
- □ C.80%

我想要测试不同的专家群体的无知程度，但是通常的民意测验公司做不到这一点，它们没有办法进入大型企业或者政府机关，对它们的员工进行测试。这也是我要在自己的演讲课程中自行进行测试的原因之一。在过去五年间，我在自己的 108 个课程上，测试了 12596 人。上面的这个问题是所有人回答得最糟糕的一个问题。请看下面的表格，按照 12 个专家群体对这个问题给出的答案，我将他们的回答正确率进行了排序。

事实问题9的结果：回答错误的百分比

现在全世界有多少一岁儿童接种过疫苗？

（正确答案：80% 错得离谱的答案：20%）

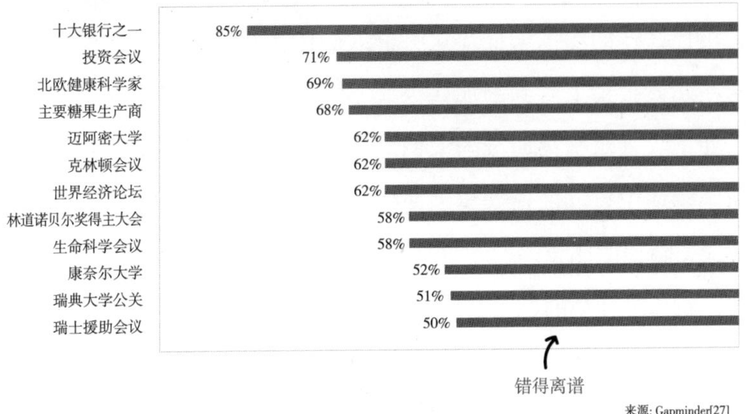

来源: Gapminder[27]

错得最离谱的答案来自全球的金融专家们。在一家全球排名前十的银行的总部，我给参会的 71 名衣着体面的银行家出了这道测试题。他们当中有 85% 的人认为全世界的一岁以下儿童中只有少数得到了疫苗注射。这是个错得离谱的答案。

疫苗在从工厂到被注射到儿童的胳膊上的整个运输过程中，必须保持低温状态。它们被放在冷藏的集装箱中，运到世界各地的码头，然后再被装上有低温保存功能的卡车。这些卡车将疫苗运到各地的诊所和医院，并存放在冰箱里。这整条保持低温的运输线，被称作冷链。要想建设起有效的冷链，需要建设很多相关的基础设施，比如交通运输、电力、教育和医疗单位。这些基础设施也是建设新的工厂所必需的。事实上，世界上有 88% 的一岁以下儿童得到了疫苗注射，而这些金融投资者却认为仅有 20% 的孩子得到了注射，这意味着他们很可能在错失一个巨大的投资机会（也许是在最高速增长的国家和地区的最赚钱的投资机会）。

当你把全世界除了西方国家以外的其他人都统统分成一个组，将其称作“他们”的时候，你就有可能会犯这样的错误。你会用什么样的图像来描述这一群人的生活状态呢？你也许会联想起在媒体报道上看到的那些令人不安的图片吧？我想这就是为什么处于收入水平第四级的人们对这道问题的回答错得如此离谱。新闻媒体中树立的错误典型使得我们对整个人类群体的大多数人形成了错误的印象。

每一个怀孕的妇女都会经历大约两年的停经期。如果你是一个卫生巾厂家，这对你的生意就不是一件好事。所以当你认识到世界上平均生育人数在减少的时候，你应该感到很开心。你也应该为受到教育的妇女人数的增长以及妇女工薪阶层的增长感到高兴。这些增长在过去几十年间，在处于收入水平第二、三级的妇女中，为你的产品创造了一个蓬勃的市场。

但是当我去拜访一家全世界最大的卫生巾厂商的时候，我发现整个西方世界的生产企业都没有认识到这一点。他们只是为现在生活在收入水平第四级的三亿处于月经期的妇女服务，而没有去拓展收入水平更低的新市场。厂商们都在努力幻想创造出一些新的需求和新的细分市场。“我们能不能为穿比基尼泳装的妇女们提供更薄的卫生巾呢？有更小的无痕卫生巾可以穿在莱卡内衣里面，怎么样？为不同的运动、不同的装束都提供不同的卫生巾来配套好不好？为登山者专门提供一种卫生巾，怎么样？”最理想的情况就是提供非常小的卫生巾，每天要换好多次。但所有的这些幻想和努力都是无济于事的。就像在其他任何一个饱和的消费者市场一样，基本的需求早就已经得到了满足。

与此同时，收入水平处于第二级和第三级的月经期妇女却几乎得不到任何选择。她们不穿莱卡内衣，也不会花钱购买超薄的卫生巾。她们仅仅需要一种经济实惠的产品，让她们能够用一整天都无需更换。一旦她们喜欢上了一种产品，通常就会对这个品牌产生忠实度，并且把它推荐给她们的女儿们。

同样的逻辑也适用于其他的消费品。我曾经给不同的商业领袖做过数百场演讲，每次我都会强调这一点。世界上大多数人正在稳定地提高他们的收入水平。到 2040 年，生活在收入水平第三级的人口将从 20 亿增长到 40 亿。全世界几乎每一个人都变成了消费者。如果你仍然对这个世界抱有错误的观念，认为这个世界上大多数人都还是穷人的话，你就会继续投入巨资在欧洲的大城市里面推广瑜伽专用的卫生巾，从而错过这个人类历史上最大的经济机会。真正有效的商业策略，需要建立在实事求是的世界观的基础上，才能够发现未来的客户在哪里。

现实很残酷

人类需要归纳法来维持正常的生活，就像我举出的案例，它可以使我不用强迫自己吃下恶心的肉虫子。但真正的挑战是我们要做正确的归纳和分类，而不是错误的，比如像发展中国家和发达国家这样的分类。我们需要用四级收入水平的分类来替代它们。

要想做到正确的归纳和分类，最好的办法就是行万里路。这就是为什么我会带着我学习全球健康的学生们，从斯德哥尔摩的卡罗林斯卡学院远涉重洋，到收入水平处于第一级、第二级和第三级的不同国家去学习和参观，去和当地的家庭访谈。没有什么比切身经历更重要。

我的这些学生都是非常优秀的瑞典年轻人，他们十分希望能够为世界做一些有意义的事情，但是他们却并不真正了解这个世界。他们中的很多人告诉我，他们也走过很多地方，而通常的方式就是他们坐在当地一个咖啡馆里面，听着导游的一些介绍，却从来没有进入过一个当地的家庭。

有一次我们去了印度的克拉拉邦。我的学生们非常惊奇地发现这个城市规划得很好，而且很先进，有交通灯也有下水道系统，并且在街边看不到饿死的人。

第二天我们通常会访问一家当地的公立医院。当他们看到医院的墙上没有刷漆，没有空调，而且 60 个人挤在一个房间里的时候，他们互相交头接耳说这里一定是极度贫困的。我不得不向我的学生们说，生活在极度贫困中的人们是没有医院的。生活在极度贫困状态的妇女只能在泥地上生孩子，为她接生的乡村医生从来没受过正规训练，只能够光着脚，在漆黑的夜里，走很远的路才能到达她家。医院的管理员也给我们做出了解释，他说没有在墙上刷漆不仅仅是因为经费的原因，也是一个选择客户的策略。斑驳的墙面会使那些富有的患者不来看病，这样医院就不用为他们提供那些非常耗费时间和资源的复杂的治疗方法，从而使得这些公立医院能够有效地利用他们有限的资源来为广大老百姓服务。

我的学生后来了解到其中一名患者刚刚被诊断出了糖尿病，但是他却无力支付治疗糖尿病所必需的胰岛素。我的学生很难理解这一点：有能力诊断出糖尿病的医院，必定是一家先进的医院，但是患者们却负担不了治疗费用，这不是一件很奇怪的事吗？然而在收入水平处于第二级的国家，这却是司空见惯的。公共卫生系统可以覆盖一些简单的诊断急诊和一些便宜药物的费用。这使得人们的生存率显著提高。然而这个体系却没有办法来为类似糖尿病这样的慢性病付费。

我的另外一个学生对收入水平第二级的国家的错误理解，几乎使她丢了性命。那一天我们去印度的克拉拉访问一所非常漂亮的 8 层楼高的私立医院。因为有一个学生迟到了，所以我们在大厅里面等了一会儿。15 分钟后，她还没有出现，我们就决定先出发了。我们通过一条长长的走廊，走到了一个巨大的电梯里面。这个很宽敞的电梯足以放下好几张医院的手术床。带我们参观的主人按了第六层的按钮。正当电梯门缓缓关上的时候，我们看到迟到的那个学生冲了过来。“快点快点！”她的朋友喊着。她冲到了电梯边，伸出一条腿，试图去挡住电梯的门。然而电梯门并没有缩回去，而是继续关闭，紧紧地夹住了她的腿。她非常恐慌地尖叫了起来。电梯开始向上移动了。正当我刚刚意识到这个学生的腿可能会被上行的电梯夹断的时候，带路的主人非常果断地按下了紧急暂停按钮。然后我们一起用力把电梯门拉开，使我那个学生的腿可以收回去。

事后主人看着我说：“以前从来没发生过这种事儿，你怎么能录取这么愚蠢的学生来学习医疗呢？”我解释说，在瑞典，所有的电梯门上都有传感器。如果探测到门之间有东西的话，电梯门会自动打开。这位印度医生非常疑惑地看着我说：“但是你怎么知道这种先进的设备每次都可以正常工作呢？”我的回答显得很愚蠢，我说："嗯，在我印象里好像每一次都管用。可能设备在出厂的时候经过了严格的检测吧。"他看起来并不太相信我说的话，他说："你们国家的生活太安全了，使得其他国家都显得很危险。"

我可以向你保证这个年轻的学生一点儿都不蠢。她只是以偏概全地以为她在收入水平第四级的国家所获得的经验在其他所有国家应该都是正确的。

在我们旅行的最后一天，我们搞了一个小小的庆祝仪式，向主人们道别。在这个仪式上，我了解到别人对我们也有一些以偏概全的结论。在那个活动上，我们的女生们都穿得十分漂亮得体。十分钟后，男生们醉醺醺地出现了。他们穿着破烂的牛仔裤和肮脏的 T 恤衫。印度的一位教授对我耳语道："我听说在你们国家，很多人都是自由恋爱、结婚，这一定是个谎言。看看你们这些男生，如果不是家长强迫女生嫁给他们的话，哪个女生愿意嫁给这样的人？"

当你深入接触其他国家的生活现实，而不仅仅是坐在咖啡馆打发时间的时候，你就会认识到，从你自己国家的生活经验以偏概全地去理解其他国家，有可能是毫无用处的，甚至是危险的。

我的第一次

我无意对我的学生吹毛求疵，因为我自己也一样。

1972 年，我作为一名四年级的医学学生去印度的班加罗尔医疗学校学习。我参加的第一节课是检查一个肾部的 X 光片。我仔细检查了这张 X 光片之后，认为这是一个肾癌的案例。出于尊敬，我想让其他人先讨论一会儿，然后我再公布这个答案。我并不想显得太过鹤立鸡群。周围几名印度学生举起了手，然后他们轮流发言介绍了这种癌症的最佳诊断方法，它通常会向哪里扩散，而最佳的治疗手段分别是什么。他们持续地讨论了30分钟。他们所回答的问题，我认为只有主治医师才有可能知道答案。我很尴尬地认识到了我的错误，我觉得我一定是走错了教室，他们不可能是四年级的学生。他们一定都是这个领域的专家。我对他们的讨论提不出一点补充意见。

下课的时候，我对旁边的一个学生说我一定是走错了教室，我应该去四年级的教室。那个学生说："这就是四年级的教室啊。"我当时就震惊了。他们不是都来自极端原始的生活状态吗？他们怎么可能知道得比我还多？在后面的几天我才了解到，他们的教材比我手里的教材要厚三倍，而且他们都已经把教材至少读过三遍。

我永远会记得这一次彻底改变了我世界观的亲身体验。我曾经以为我自己来自发达国家，所以自然就比这些印度学生优秀。我曾经以为西方国家是最优秀的，世界其他国家永远也不可能赶上我们的生活水平。然而在45年前的那一天，我突然认识到西方统治这个世界的日子没有多久了。

如何控制以偏概全的本能

如果你不能旅游的话，没关系，还有其他的办法可以让你避免犯以偏概全的错误。

找到更好的分类方法：收入大街

安娜坚持认为，我带着我的学生在世界各地周游以期了解真实世界的方法，对于大多数人来说是很天真且不现实的。很少有人会愿意花钱跑到非常遥远的地方，用着非常肮脏的公共厕所，去体会低收入人群的生活，而不是去海边享受美食和假期。

而且大多数人也对通过数据分析来了解世界趋势的方法不感兴趣。即便他们仔细地研究数据，其实也很难理解这些数据究竟对不同收入级别的人的生活意味着什么。

大家还记得我们在介绍一分为二本能的时候用来描述不同收入级别的照片吗？所有这些照片都来自收入大街项目。这个项目是安娜主持开发的。她的目的就是让人们不必亲身经历低收入水平的生活也可以了解世界全貌。现在人们可以足不出户就了解到其他收入水平的人们究竟在过着什么样的生活。

这个项目为什么叫收入大街呢？你可以想象，把全世界的家庭按照收入水平由低到高的顺序排列起来，形成一条很长的大街。最穷的家庭生活在这条街的最左侧，而在最右侧生活着的是最富裕的家庭。那么在中间生活的就是中等收入家庭。你的家庭的门牌号码就代表着你的家庭收入。在这条大街上，你的邻居就是全世界各地和你收入相当的家庭。

安娜为了做这个项目，已经派出了很多摄影师，奔赴 50 多个国家，拍摄了 300 多个家庭。他们的照片记录了人们如何生活、睡觉、刷牙和做饭。他们捕捉到了这些家庭是用什么建的房子；如何采光，如何取暖；他们的生活必需品，比如厕所和炉灶。对，每个家庭他们都拍摄了多达 130 处方方面面的生活场景。我们拍摄了 4 万多幅照片，完全可以仅用照片就把本书填充满。[1] 从这些照片中我们可以惊奇地发现，在不同国家而收入水平相同的家庭过着多么相似的生活。而另一方面，收入水平不同的家庭，即使生活在同一个国家，他们生活的各个方面也存在着巨大的差异。

牙刷

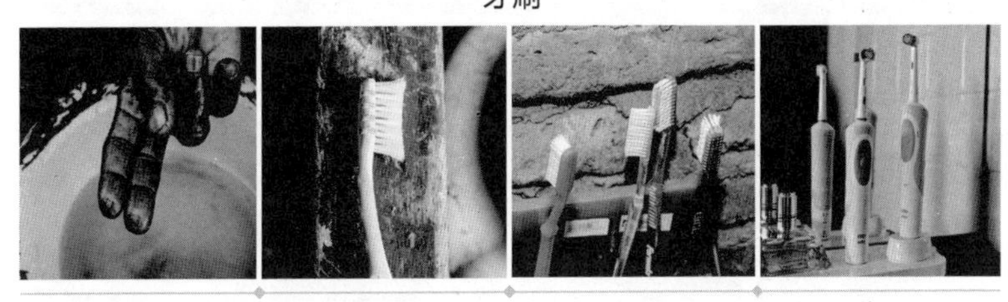

第一级　第二级　第三级　第四级

来源: Dollar Street

上图体现的是不同收入水平的家庭用来刷牙的牙具。在收入水平第一级的人，只是用自己的手指或一根木棍来刷牙。在收入水平第二级的人，全家可以共用一个塑料牙刷。对于收入水平第三级的人，每个人都可以得到一个牙刷。对于收入水平第四级的家庭，人们可以用得起电动牙刷。

[1] 浏览收入大街：www.dollarstreet.org

对于收入水平第四级的人们来说，无论他们是来自美国、越南、墨西哥、南非，或者世界上任何国家，他们家庭中的卧室、厨房或者客厅的布置都是极其相似的。

第四级的床

世界上收入超过32美元/天的人家中常见的床

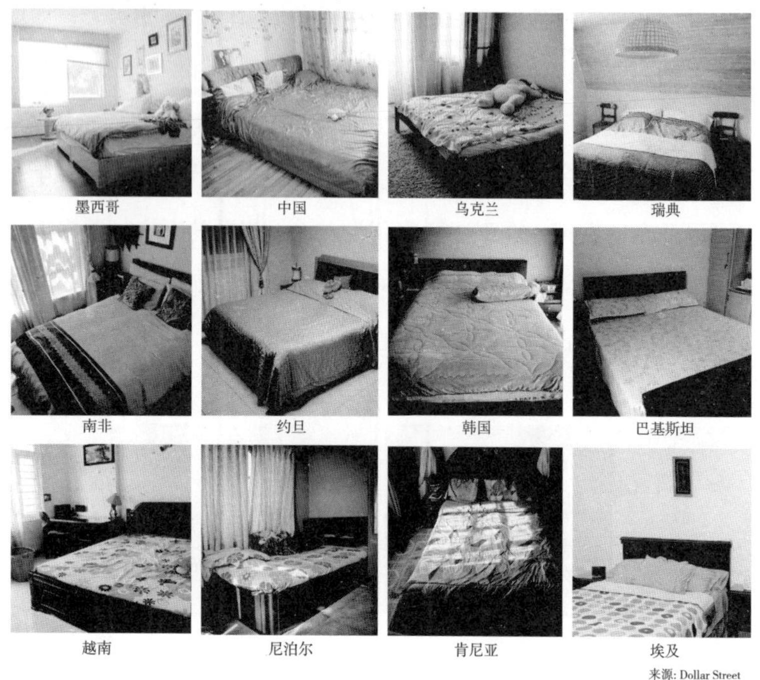

来源: Dollar Street

而生活在收入水平第二级的家庭，无论是来自中国还是来自尼日利亚，他们储藏食物和做饭的方式都是极其相似的。

事实上，如果你属于世界上生活在收入水平第二级的 30 亿人口中的一员的话，无论你生活在菲律宾、哥伦比亚还是利比里亚，你的生活的基本面都是一样的。

你的房顶是用一些瓦片随便拼起来的。所以一到下雨的时候，你的房屋就会漏雨，并且变得很冷。

第二级　炉子：明火

尼日利亚

中国

来源: Dollar Street

第二级　屋顶：拼接

菲律宾

哥伦比亚

利比里亚

来源: Dollar Street

第二级　厕所：凹坑

印度尼西亚

越南

秘鲁

来源: Dollar Street

当你早晨起来去公共厕所方便的时候会发现那里非常臭，而且到处都是苍蝇，但是至少公共厕所有围墙或者其他的东西遮挡，多少可以保护一点你的隐私。

你每天每一餐饭吃的东西几乎都是一样的。你做梦都想着能够换换口味或者吃到更加可口的食物。

你家里经常停电，所以有时候晚上你只能借助月光来照明。你用铁锁来锁门。

在晚上睡觉前，你可能会刷一刷牙，你用的牙刷是全家仅有的一把所有人共用的牙刷。你梦想着有一天，你可以不和你的奶奶用同一把牙刷。

在媒体中，我们每天都看到收入等级在第四级的人们的生活，也会看到收入等级在其他级别的人在遭遇各种灾难。你可以去谷歌搜索厕所、床或者火炉。你会得到大量的收入等级在第四级的图片。如果你想看到收入等级在其他级别的人是如何生活的，你是很难通过谷歌来找到图片的。

质疑你的分类方法

如果你能够持续地质疑自己的分类方法的话，就能够有效地避免以偏概全的错误思维。下面我向你介绍五种非常有效的工具，能够帮助你来质疑自己的分类方法。注意同类别事物间的不同之处，以及不同类别事物间的相似之处；注意大多数；注意极端案例；假设你自己并不具备一般代表性；注意以偏概全地把一个类别的特征推广到其他类别。

寻找同一类别内的不同之处
寻找不同类别之间的相似性

当大家习惯用国家来进行分类定性的时候，如果我们注意到同一国家之中不同人之间生活水平的巨大不同，以及不同国家之间相同收入水平的人们的生活的巨大相似性，我们就会很容易得出结论，按照国家来进行分类讨论是不准确的。

你还记得前面我们提到过的在中国和尼日利亚收入水平第二级的家庭都在用相同的方式做饭吗？如果你仅看到关于中国的图片你很可能会想："哦，这就是中国的生活方式，他们会用一个铁架子架起一口铁锅，然后在下面生火来做饭，这就是他们的文化。"然而事实不是如此。这不是中国特有的文化，而是全世界所有收入水平在第二级的人共同的做饭方式。这种方式仅仅和收入水平有关。即使在中国，人们也会用其他的方式做饭，这只是跟他们的收入水平有关，而和文化无关。

当有人告诉你某些人在做某些事是因为他们属于一个特定的群体，比如说特定的国家文化或者宗教，你就要小心了。你应当小心地分析他所说的特定群体中是否也存在其他不同的行为，或者他所说的这种行为是否也存在于其他的群体中。

非洲是一个巨大的大陆，它拥有 54 个国家和 10 亿人口。在非洲，我们发现人们有着非常不同的生活水平。在下面的气泡图中，我们可以看到，突尼斯、加纳和索马里的收入水平存在着多么巨大的不同。因此那些一概而论地谈论非洲问题，或者非洲国家的说法是非常不靠谱的。这样的以偏概全，就会带来非常荒谬的结论。就好像我们认为在利比里亚暴发的埃博拉病毒会传染在肯尼亚旅游的游客一样。而事实上，这两个国家的距离足足有一百小时的车程，甚至比从伦敦到德黑兰的距离还要远。

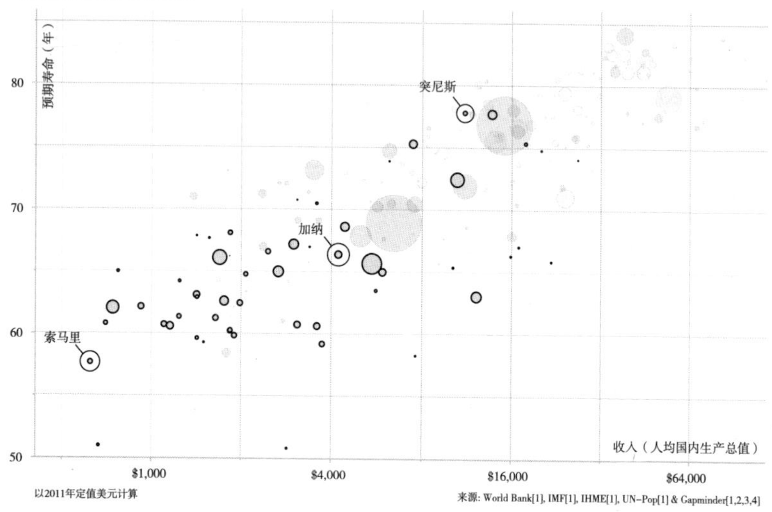

注意大多数

当我们说一个群体中的大多数拥有某些特征的时候，请记住，大多数只是意味着超过一半。它有可能代表 51%，也有可能代表 99%。请尽可能地问具体的百分比。

比如说这里有一个事实，对于世界上所有的国家来说，大多数妇女都会说她们对于避孕的需求得到了满足。这一点对我们来说意味着什么呢？它意味着几乎每一个人吗？或者它意味着比一半多一点点？在不同的国家，这个比例的差距是巨大的。在中国和法国，96% 以上的女性表示，她们的避孕需求得到了满足。在这两个国家之下的是英国、韩国、泰国、哥斯达黎加、尼加拉瓜、挪威、伊朗和土耳其，有 94% 的女性的需求得到了满足。但是在海地和利比里亚，这里所说的大多数，仅仅意味着 69%；在安哥拉，它意味着 63%。

注意极端案例

我们应当注意用极端案例来以偏概全的情况。化学恐惧症就是一个很好的以偏概全的例子。由于人们对某些极端案例，比如某些有害的化学物质的恐惧，导致人们害怕所有的化学制品。但是请想一想，我们周围的所有东西都是有化学成分的，无论是全天然的东西还是工业制品。有一些化学制品是我非常喜欢的，而且是生活中不可或缺的。比如肥皂、水泥、塑料、清洁剂、厕纸和抗生素。如果某些人给了你一个例子，然后试图向你说明这个例子的结论适用于整个类别的话，你应当让他举出更多的例子。或者你可以问他能否举出一个反例来得出相反的结论。就用上面的例子，如果你发现了一个不安全的化学品就说所有的化学品都是不安全的话，那么是否也可以认为只要你可以举出一个安全的化学品的例子，就能得出结论说所有的化学品都是安全的呢？

假设你自己并不具备一般代表性，而其他人也不是傻瓜

还记得我那个差点被电梯门夹断了腿的学生吗？要想避免和她犯一样的错误，你就要认识到自己的经验有可能并不具备一般代表性。请不要轻易地把自己在收入水平第四级的生活经验推广到全世界其他地方。特别是当你觉得世界上其他地方的人都是傻瓜的时候。

如果你有机会去访问突尼斯，你会在一路上看到很多盖了一半的房子，就像下面的照片中显示的萨尔希家的房子那样。你可能会得出结论，觉得突尼斯人非常懒惰，而且做事是毫无组织和计划的。

来源 Dollar Street

你可以看一下萨尔希家在收入大街上的位置，然后看一下他们的生活方式。这个家庭中的男主人 52 岁，是一个园丁；他的妻子贾米拉 44 岁，经营一个家庭面包房。他们周围的邻居也都有类

似的盖了一半的两层房子。事实上，你在世界上其他很多国家中收入水平在第二级和第三级的家庭里面都可以看到这样的房子。在瑞典，如果你发现有人住盖了一半的房子，你一定会觉得这些人做事的计划性有严重问题，或者盖房子的施工单位中途逃跑了。但是你无法从瑞典的经验以偏概全地来理解突尼斯人的生活。

萨尔希一家和其他生活在相似环境的家庭一样，找到了非常聪明、一石数鸟的解决问题的方法。对于收入水平在第二级和第三级的家庭而言，他们通常不能去银行存款或进行贷款。所以当他们想改善自己的住房条件的时候，他们必须把现金存放在家里，而现金很容易被偷或者在通货膨胀中损失价值。所以他们决定买来砖头和瓦片，这样就不会损失现金的价值。但是砖头和瓦片如果放在房子外面，也有可能被偷。而房屋里面是没有空间来存放这些砖头瓦片的。所以他们决定买来砖头瓦片的同时就盖到房子上面。这样小偷就不可能把它们偷走了。而通货膨胀也不会折损这些砖头瓦片的价值。在这个过程中，也不会有信贷员跑来检查你的信用等级。通过这种方式，你在 10 到 15 年间，慢慢地，逐步给你的家庭盖了一座更好的房子。所以你不应当假设这些人是懒惰和没有计划性的。相反地，你应该问，他们怎么能够想出如此聪明的解决办法？

不要以偏概全地把一个类别的特征推广到其他类别

我们的社会曾经犯下了一个巨大的以偏概全的错误，代价是 6 万人的生命。如果我们的公共卫生系统能够更敏锐、更及时地发现这种以偏概全的错误的话，他们中很多人的生命是可以得到挽救的。

那是 1974 年的一个夜晚，我正在一个瑞典小城镇的超市买面包。我看到一位妇女推着婴儿车，也在选购面包。作为一个刚刚从医学院毕业的训练有素的医学工作者，我突然发现她的婴儿面临着生命危险。为了不惊扰这个妇女，我快速地走过去，把平躺睡着的婴儿抱起来并翻身，让她面朝下睡在婴儿车里。这时候孩子的妈妈看见了我，她不知道我在做什么，所以表现得非常紧张。我赶紧向她解释，我是一名医生。我知道不应该让婴儿仰面睡在婴儿车里边，因为这样他有可能被自己的呕吐物呛到，从而导致窒息死亡。现在我帮她把婴儿翻过来，面朝下睡，这样她的孩子就安全了。婴儿的母亲听了我的话非常后怕，但同时又觉得很宽慰，转身去继续购物了。而我非常自豪地觉得做了一件好事，完全没有意识到自己其实犯了一个巨大的错误。

在第二次世界大战以及朝鲜战争中，医生和护士们发现，从战场上抢救下来的失去意识的战士，面朝下趴着的比仰面躺着的生存率要高。究其原因，他们发现这些失去意识的士兵在仰面躺着的时候，很容易被自己的呕吐物呛到，导致窒息。而俯卧的情况下，他们的呕吐可以自然排出，他们的呼吸道可以保持畅通。这个重要的发现，拯救了数百万人的生命，而不仅仅是士兵们。从那时起，这种复苏体位就成为一种全球的标准，被写进了所有的急救课程。参与 2015 年尼泊尔大地震抢救工作的医疗工作者们都学过这样的课程。

但是成功的经验往往会被过度地推广到不适合的领域。在 20 世纪 60 年代，人们开始把这种复苏体位推广到婴儿，宣传婴儿应该趴着睡，而不是躺着。大家想当然地认为，复苏体位对于所有不能自主行动的人都是正确的。

这种想当然的以偏概全的错误，通常是很难被发现的。因为这其中的逻辑似乎是正确的。尽管婴儿的意外死亡率实际上上升了，而不是下降了，人们也没有意识到这个错误。直到 1985 年，一群中国香港的婴儿专家经过研究，认为是婴儿俯卧的体位导致了意外死亡率的上升。即便如此，这个研究结论在欧洲也没有得到足够的重视。在瑞典，人们又花了 7 年才认识到这个错误，并且做出了改变。道理其实很简单。失去意识的士兵在仰卧时会把自己的呕吐物吸入气管导致窒息。而睡眠中的婴儿和失去意识的士兵不一样，他们有正常的神经反射系统，当他们发生呕吐的时候，他们自己就会转到一边，采用侧卧的姿势。但是如果他们采用俯卧的姿势，在呕吐时往往没有力量把头转到旁边来保持呼吸道的畅通。直至今天，婴儿俯卧所带来的风险仍然没有被人们充分意识到。

在超市中，我遇到的那个推着婴儿车的妇女很难弄清楚这个错误。当时她可以问我凭什么认为婴儿俯卧会比仰卧更安全。我会告诉她战场上失去意识的士兵的案例。她可以问我，亲爱的医生，这是一种有效的类比吗？睡眠中的婴儿和失去意识的士兵，难道是相同的吗？即便当时她这样反问我，我想我也没有能力来仔细思考这里边的问题并得出正确的结论。

在十几年间，我曾经亲手帮助很多婴儿从仰卧变成俯卧的睡姿。在欧洲和美国，很多医生和护士都在做着同样的事，给出同样的建议。直到中国香港医生们的研究结果公布 18 个月之后，医生和护士们才改变了这种行为。上千婴儿因为我们所做的以偏概全的类比丢掉了生命。甚至在我们已经有证据证明这个错误之后的几个月，仍然有婴儿因此而丧生。被善良动机所掩盖的以偏概全的错误，是非常难以被发现的。

我只能为我在超市中遇到的那个婴儿祈祷，希望他能平安。我也希望人们能够从这起巨大的公共卫生错误中得到教训。我们都应该学到尽可能不要犯以偏概全的错误。我们也应该尽可能地发现我们逻辑思维中隐藏的以偏概全的错误。虽然这些错误很难被发现，但是当我们面对新的证据的时候，我们必须有勇气质疑我们之前的假设，并且重新做出评估。如果我们错了，我们应当勇于承认。

实事求是的方法

要做到实事求是，就是要意识到当我们讨论一个群体的时候，我们的分类可能是错误的。我们一定会继续做分类和类比的工作，但是我们要尽可能地提醒自己，不要做错。

要想控制住我们的以偏概全的本能，我们要经常质疑自己的分类方法。

- **在同一类别中寻找不同。**特别是当一个类别非常巨大的时候，我们应该试图找到有效的办法来将其分得更小、更准确。
- **在不同类别中寻找相同。**如果你发现不同的类别之间存在着巨大的相似性，那么要考虑，你的分类方法有可能是不正确的。
- **在不同类别中寻找不同。**不要假设在一个类别中适用的规则可以在其他类别中同样适用。比如收入水平第四级的人不要假设其他级别的人也适用同样的生活规则。再比如失去意识的士兵和沉睡中的婴儿是不同的。

- **注意大多数。**大多数仅仅意味着超过一半，我们应当具体区分，大多数究竟意味着51%还是99%。
- **注意极端案例。**活灵活现的图片往往会给我们留下深刻的印象，但是它们有可能只代表着极端案例，而不是普遍现象。
- **不要假设别人是傻瓜。**当你发现一些奇怪现象的时候，请保持好奇心和谦卑之心，去探究这现象背后的道理。

CHAPTER 7

第七章

命中注定

关于移动的石头和爷爷没告诉我的事

太阳从西边出来

不久以前有一次，我被邀请去爱丁堡的阿尔摩酒店做一场演讲，听众是一些投资经理和他们最富有的客户。当我在富丽堂皇的会议室里面准备我的投影仪的时候，我觉得自己有些渺小。我禁不住问自己，为什么这个世界上最有势力的金融机构会希望他们的客户来听一个瑞典的全球健康学教授的演讲呢？虽然几周前主办方就已经和我沟通过，但是为了确保万无一失，我在最后一次彩排的时候又提出了这个问题。组织者给了我一个直截了当的回答。他表示自己很难让客户们理解，新的投资机会不再存在于这些遍布着鹅卵石街道和中世纪城堡的欧洲大城市，而是存在于一些新兴的市场，比如非洲和亚洲。他说："我们绝大多数客户无法看到或者接受非洲国家的进步。在他们的心目中，非洲就是一个永远都不可能进步的大陆。我们希望你能通过图表和数据改变他们僵化的思维。"

我的演讲进行得很顺利，我展示了过去几十年间亚洲国家，像韩国、中国、越南、马来西亚、印度尼西亚、菲律宾、新加坡等国家所获得的令世界震惊的经济进步。我也展示了同样的进步在非洲的一部分地区也显现了出来。我告诉大家现在最佳的投资机会就是去投资那些在进步中的非洲国家。比如尼日利亚、埃塞俄比亚和加纳，在过去的几十年间，无论是儿童生存率还是基础教育都取得了长足的进步。听众努力地倾听，睁大了双眼，并且也问了一些很好的问题。

演讲结束后，在我收拾自己的笔记本电脑的时候，一位穿着体面的传统三件套西服的白发苍苍的绅士缓慢地走了过来。他有礼貌地向我微笑，并且对我说："我看了你的这些数字，我也听到了你演讲的内容，但是我认为除非太阳从西边出来，否则非洲根本不可能取得什么进步。我在尼日利亚待过，所以我知道这些，这是他们的文化，他们的文化根本就不允许他们建造一个现代的社会，永远不会。"我刚刚想用一些数据和事实来回应他，他却转身蹒跚地走开了。

命中注定

所谓命中注定本能，就是我们认为一些事物内在的属性将决定其命运，无论是人民、国家、宗教还是文化。这种思想认为所有的落后都是他们的内在本质造成的，而这一点是永远不会改变的。这种思维方式会使得我们以为：我们在第六章讨论的以偏概全的分类方法，以及在第一章中讨论的一分为二的错误思维都是正确且永远正确的。

我们可以很容易地找到这种本能的进化史根源。在历史上，人类生活在相对稳定、很少改变的环境中。认识到环境的稳定性，并且假设这种稳定性会持续存在，对于人类的生存是很重要的。

同时为你所处的特定群体宣称一种所谓的命运，也将有利于将这个群体团结在一起，并且产生一种优越感。所以这种命中注定的本能对于强权部落和独裁统治都是很重要的。但是在当今社会，这种认为事情一成不变的本能将阻止我们学习新的知识，并且会使我们忽视在现实社会中发生的天翻地覆的变化。

社会和文化并不像岩石一样不可改变。它们是在持续变化中的。以西方社会为例，我们的社会和文化也改变了很多。非西方的社会和文化也在持续变化当中，只是所有的这些变化都是逐渐发生的，因而不值得被媒体大肆渲染报道。比如互联网、智能手机和社交媒体的普及，已经给我们的社会和文化带来了巨大的变化，但是我们却很少能够从媒体上看到太多的报道。

对于命中注定本能的最普遍的表达方式，就是我提到的这位爱丁堡的老绅士的说法，非洲只是一个破箩筐，永远不可能追上欧洲。另外比较普遍的说法就是伊斯兰世界和基督教的世界在本质上是不同的。或者由于价值观和文化传统的不同，某个国家、某种文化、某个宗教是永远不会改变的。乍看起来，这些说法似乎是有道理的，但是当你仔细分析的时候，你就会发现我们的本能通常都会欺骗我们。上面这些高傲的说法，其实只是人们的一种感觉，而不是事实。

事实问题10：

在全世界范围内，30 岁的男性平均学习的时间超过 10 年。请问 30 岁的女性，平均在学校接受教育的时间是多少年？

□ A.9 年

□ B.6 年

□ C.3 年

现在我相信你已经发现了规律，要想答对问题，你就选择最积极的答案。全世界平均来看，30 岁的妇女平均在学校接受了 9 年的教育，仅仅比男人少一年。

我的很多欧洲同僚都有一种自以为是的情绪，他们认为欧洲的文化不光比非洲和亚洲的文化更加先进，也比美国的消费文化更加优越。从结果来看，26% 的美国公众选对了答案，而西班牙和比利时只有 13% 的人选对了，芬兰答对这题的比例是 10%，挪威回答正确的人数只占了 8%。

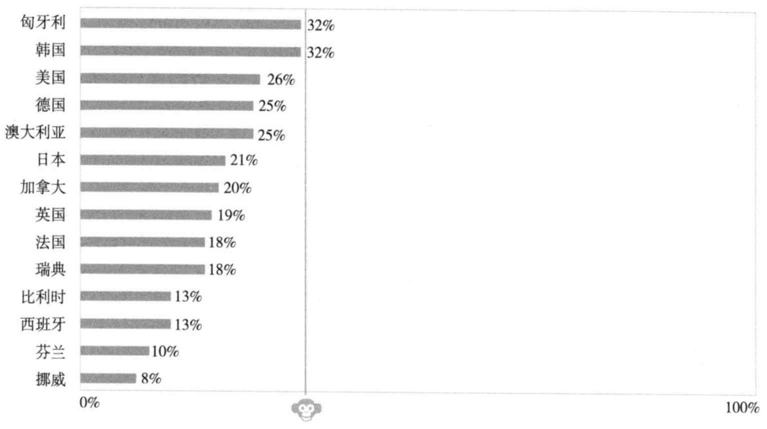

这是一个关于性别平等的问题。在斯堪的纳维亚半岛的媒体上，几乎每天都在讨论这个问题。我们经常可以在媒体上看到西方国家以外的世界各地发生的对女性暴力侵犯的案例。我们也经常会看到在阿富汗这样的国家，很多女孩没有机会上学。这些报道使得斯堪的纳维亚半岛的人们认为性别不平等的问题在世界上的其他地方没有得到改善，而且世界上其他地方的文化并没有发生进步和改变。

岩石是怎么移动的

文化、国家、宗教和人民都不是岩石，它们都处在持续的变化中。

非洲可以赶上我们

那种非洲命中注定要贫穷的思想是非常普遍的，这种想法其实仅仅是基于一种感觉而已。如果你希望你的观点是建立在事实基础上的，那么下面就是你需要知道的事实。

是的，非洲普遍来讲是比其他的大陆更加落后。非洲人的平均预期寿命是 65 岁，比西欧国家要少 17 岁。

但是首先你已经知道平均数是非常具有误导性的，而且在非洲，不同的国家之间的区别也是非常巨大的，并不是所有的非洲国家都是落后国家。在非洲五个最大的国家，突尼斯、阿尔及利亚、摩洛哥、利比亚和埃及，它们的人均预期寿命是高于世界平均水平 72 岁的。这也是瑞典在 1970 年的水平。

那些对非洲不抱希望的人，通常不会认可我上面举的几个例子。他们会说这几个是靠近非洲北部海岸的阿拉伯国家，而不是他们所说的典型的非洲国家。当我小的时候，人们普遍认为这些国家是典型的非洲国家。当这几个国家获得了巨大的进步之后，它们却成了非洲国家的例外，而不再被认为是典型的非洲国家了。那么好吧，就让我们把这些北部非洲的国家放在一边，只来看一看撒哈拉以南的非洲国家吧！

在过去的60年间，撒哈拉以南的非洲国家从落后的殖民地变成了独立的国家。在这期间，这些国家发展了它们的教育、电力、水利和卫生系统。它们发展进步的速度并不比当年欧洲国家取得这些进步的速度慢。而且撒哈拉以南的50个非洲国家中，每个国家的婴儿死亡率都显著地降低了，降低的速度比当年瑞典还要快。难道这还不算进步吗？

也许是由于，尽管它们已经比以前进步了很多，但是仍然处在比较差的状态，所以人们总会感觉它们并没有进步。你要是刻意去非洲找穷人，当然就能发现很多穷人。

但是90年前，在瑞典也有极度贫困的人。在我年轻的时候，大约50年前，中国、印度和韩国在大多数方面都比今天的非洲国家更差。那个时候人们也认为亚洲是命中注定不会发展起来的。那时候人们总会说它们绝对不可能养活40亿人口。

今天在非洲几乎有5亿人口生活在极度贫困状态中。如果要说这是他们命中注定的，他们会持续贫困下去，那么我们就必须找到这个人群所具有的某种独一无二的特征，使得他们不能像世界上其他地区曾经的贫困人口一样脱离贫困。我不认为非洲的穷人和世界上其他地区曾经穷困而现在已经脱贫的人，有什么本质的不同。

我认为，最后脱离贫困的人将是那些生活在偏远、极其贫瘠的土地上，同时又受到战争困扰的农民。在今天，这样的人口有两亿。在他们之中，只有一半的人是生活在非洲的。他们想要脱贫，当然会面临非常大的困难，但并不是因为他们无法改变的文化，而是因为土壤和战争。

但是我对如今世界上最贫穷的人和最不幸的人仍然抱有希望，他们与以往那些极度贫困的人没什么不同。孟加拉国和越南都经历了可怕的饥荒和战争，进步对它们来说似乎是不可能的。而今天这几个国家生产的服装，几乎充满了你的衣橱。35 年前，印度的贫穷程度就和今天的莫桑比克一样。所以莫桑比克在 30 年后也完全有可能把自己变成一个收入水平在第二级的国家。沿着印度洋，莫桑比克有着长长的、美丽的海岸线，而印度洋将是未来世界贸易的中心。难道莫桑比克不应该变得繁荣吗?

没有人可以百分之百准确地预测未来。我也不能百分之百保证非洲一定会追上欧洲。但我是可能主义者，而我看到的事实使我相信这一切都是可能的。

命中注定的本能使得我们很难接受“非洲可以追得上西方世界的生活水平”这一观点。而对于今天非洲所取得的进步，人们要么视而不见，要么就认为这是由贫穷落后的命运中偶然的好运气带来的。

同样地，命中注定的本能使得我们认为西方世界的进步是必然的，当今西方世界经济陷入停滞状态只是一个临时性的插曲，很快就会恢复过来。在 2008 年经济危机之后的很多年，国际货币基金组织连续预测收入水平在第四级的国家经济增长将维持在 3% 左右。而这些国家在过去的五年间，每一年都没有达到这样的增长水平。每一年，国际货币基金组织都会说，下一年它们的经济就会回到正轨，而最终国际货币基金组织终于认识到，对这些国家而言已经没有正常的轨道了。所以它把增长预期调低至 2%。与此同时，国际货币基金组织认识到，那些收入水平在第二级的国家，正在经历着快速的经济增长（每年超过 5%），比如加纳、尼日利亚、埃塞俄比亚、肯尼亚和孟加拉国。

为什么国际货币基金组织的预测很重要呢？这是因为他们的预测在全世界范围内影响了你的养老金的投资方向。欧洲和北美的国家曾经经历了快速的增长，使得它们对投资者非常有吸引力。然而当这些国家不再快速增长的时候，这些退休基金的投资也不再会获得增长了。原来预想中的低风险高回报的国家，变成了高风险低回报的国家。与此同时，非洲那些正在高速增长的国家，却极度缺乏投资。

这个预测很重要的另外一个原因是，如果你在一家西方的大公司工作的话，你将有可能错失人类有史以来最大规模的中产阶级消费市场。而这个市场正在亚洲和非洲形成。亚洲和非洲的本地品牌已经逐步站稳脚跟，有了一定的品牌认可度，并且在世界范围内扩展业务，这时你却仍然对非洲和亚洲所发生的进步一无所知。相比非洲和亚洲的新兴市场而言，西方的消费市场几乎只是一个零头。

出生人数和宗教

1998 年，我做了一场关于全球健康的演讲。在演讲结束的时候，我注意到大多数学生都去拿咖啡，只有一个女生没有动。我看见她的眼中含着泪水，缓缓地走到了房间的前面。等她发现我在注意她的时候，她就故意转过脸，看着窗外。很明显她在哭。我以为她会跟我讲一个自己的伤心故事，来说明她不能参与这个课程的原因。但是我还没来得及说什么，她就已经平静了下来，并且很沉着、很镇定地对我说："我的家庭来自伊朗。你刚才谈到伊朗取得了教育和公共卫生领域的快速进步。这是我第一次在瑞典听到有人说伊朗的好话。"

这位同学和我交谈的时候用的是标准的瑞典语，而且有明显的斯德哥尔摩的口音。很显然，她已经在瑞典生活了很多年。我被震惊了。我仅仅是给大家看了联合国的一些数据，介绍了伊朗在人均寿命方面取得的进步，以及妇女人均生育人数的下降。我也提到了，这是一项了不起的成就，从 1984 年妇女人均生育 6 个婴儿到 15 年后少于三个。

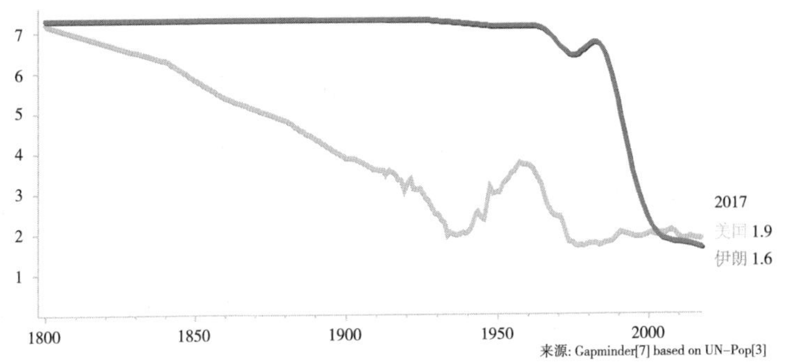

这在 20 世纪 90 年代，是中等收入国家几项正在发生的快速变化之一，而对于西方世界，这样的变化是鲜为人知的。

"这是不可能的，"我回答道，"不可能没有人说伊朗的好话。"

“这是真的。你说妇女人均生育人数的下降意味着公共卫生水平和教育水平的提升，特别是对伊朗妇女而言。你也很正确地指出，很多伊朗的年轻人已经有了现代的价值观，并且会采用避孕措施。我从来没听到任何瑞典人说这些。那些受过高等教育的瑞典人也对伊朗发生的变化一无所知。他们不知道发生的这些进步，这些现代化的进程，他们仍然认为伊朗和阿富汗处于差不多的生活水平。”

伊朗妇女人均生育人数的快速下降在西方媒体中从未得到报道。伊朗在 20 世纪 90 年代建成了世界上最大的安全套生产厂，并且进行了强制性的婚前性教育。他们有着非常好的教育系统和公共卫生系统。夫妇们都会采取避孕措施来减少生育人数。另外，当他们遇到生育困难的时候，他们就会去专门的不孕不育诊所进行治疗。我在 1990 年就去德黑兰拜访过这样一家诊所。诊所的主人是马来克・阿夫扎里教授。是他在帮助伊朗的家庭做生育规划。

在西方国家有谁能猜得到伊朗的妇女人均生育人数甚至比美国和瑞典还要低呢？我们西方人不是提倡言论自由吗？那么我们怎么能够仅仅因为我们不喜欢一个政府就对这整个国家的进步视而不见呢？至少我们可以发现，言论自由并不能帮助我们了解到世界上正在发生的最快速的文化转变。

几乎所有的宗教传统都对性行为有一定的规定。所以，人们很自然地会假设有某些宗教信仰的妇女将会生育更多的孩子。而事实上宗教和妇女人均生育人数之间并没有必然的联系。反而是收入水平和妇女人均生育人数有非常强的相关性。

在 20 世纪 60 年代，这种关系似乎并不明显。在 1960 年，有

40 多个国家的妇女平均生育人数低于 3.5 人，而它们几乎都是基督教国家，唯一的例外就是日本。似乎人均生育率低的国家，要么是信奉基督教的，要么就是日本人。然而即使在这个年代，我们也可以发现一些例外，比如墨西哥和埃塞俄比亚，它们都是基督教国家，但是它们的人均生育率却很高。

那么今天的情形是什么样的？在下面的气泡图中，我们可以很清晰地把这个世界依据不同的宗教信仰分成三个组别：基督教、伊斯兰教或其他。我会向大家展示每个组别的人均妇女生育率和收入水平。像往常一样，气泡的大小代表了人口的规模。我们可以发现基督教国家的人口分布在不同的收入等级。我们也可以看到在收入水平第一级的基督教国家平均有更多的孩子。现在我们再看另外两张图。规律非常明显，无论宗教信仰有多么不同，收入水平在第一级，也就是极度贫困状态的妇女就会生更多的孩子。

收入越高，婴儿越少

将各国家2017年的数据按照宗教分类。气泡大小代表人口数量。

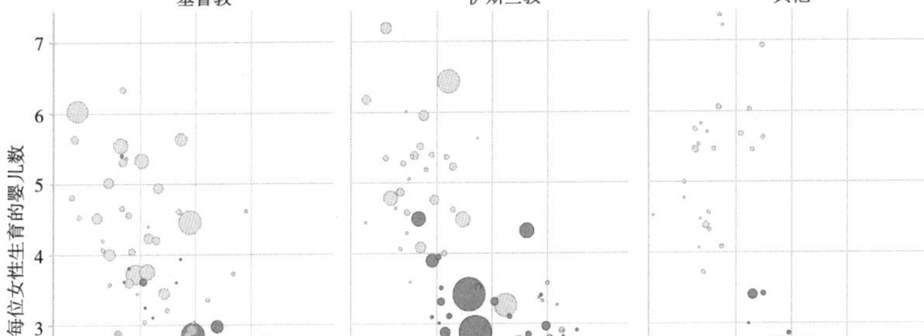

X轴：按美元计算人均国内生产总值，对价格差异做了调整。　来源：Gapminder[53] based on Pew[2,3], UN-Pop[1,4] & USAID-DHS[2]

在今天，伊斯兰教妇女平均生育3.1个儿童，而基督教的妇女平均生育2.7个。从生育率上来说，世界上最大的两大宗教之间并没有显著差别。

不分种族，无论宗教，无关文化，全世界的父母们，无论来自美国、伊朗、墨西哥、马来西亚、巴西、意大利、中国、印度尼西亚、印度、哥伦比亚、孟加拉国、南非、利比亚，都在规划着未来家庭的幸福生活。

每个人都在谈论性

人们总会夸大其词地说有某种宗教信仰的人会倾向于生育更多的孩子。而这种生育选择是与文化和价值观相关的，是不可改变的。

这是非常错误的，价值观随时都在改变。

我们以瑞典为例。大家都认为瑞典是一个比较自由，对性比较开放，并且很接受避孕手段的国家，不是吗？然而，这并非自古以来就是瑞典的传统文化，也并非是我们传统的价值观。

在我自己的记忆中，瑞典关于性的价值观曾经是极度保守的。我的祖父古斯塔夫，他出生的年代正值瑞典刚刚脱离收入水平第二级的时候。他是他那个时代非常典型的瑞典人，他非常自豪能有一个大家族和7个孩子。他从来没为孩子换过尿布，从来不做饭，也从来不打扫房间。他也绝不会谈论性或者避孕。然而他的大女儿却很支持一些激进的女权主义者，这些女权主义者在1930年就鼓励人们使用安全套。但是当她试图和她的父亲沟通避孕的必要性的时候，她的父亲变得极其愤怒，并拒绝谈论这些话题。他的价值观仍然是很传统的大男子主义。但是这些价值观已经不被下一代人所接受了，瑞典的文化已经改变了。顺便说一句，我的祖父也不喜欢读书，而且拒绝使用电话机。

在当今的瑞典，几乎所有人都支持妇女享有堕胎的权利。对女权的支持成为我们文化的一部分。但我告诉我的学生们，情况在 1960 年有多么不同的时候，他们吃惊得下巴都快掉下来了。在那个年代，堕胎在瑞典仍然是非法的。在大学里面，我们偷偷筹集了一笔资金去支持女性远渡重洋，出国做堕胎手术。学生们做梦也猜不到，在那个年代我们把女性送到什么地方去做堕胎手术。是波兰，信奉基督教的波兰。五年之后，波兰禁止了堕胎手术，而瑞典规定堕胎合法化。需要堕胎的年轻女性们换了方向，从波兰拥入了瑞典。我想说的是，事情总是在改变的，没有什么事情是一成不变的，文化也是如此。

当我在亚洲旅行的时候，我总会见到各种各样的固执的老人，就像我的祖父古斯塔夫一样。比如说在韩国和日本，很多妇女仍然要照顾她们丈夫的父母，同时还要照顾所有的孩子。我遇到很多男人，他们都很为这种亚洲文化的价值观骄傲。我也和很多亚洲妇女交谈过，她们根本不认可这种价值观。她们认为这种文化使得她们并不想结婚。

有个丈夫是什么感受

有一次在中国香港举行的一个银行界的会议上，我坐在一位非常年轻的银行家旁边。她 37 岁，事业上非常成功，她在晚餐期间给我讲了很多关于亚洲的趋势和问题。然后我们开始谈论自己的个人生活。我问她，你有成家的打算吗？我并不想表现得太鲁莽，因为在瑞典，大家谈论这些事情是很正常的。她也完全不觉得我的问题很突兀，笑着回答我说："我每天都想着要孩子，但是我实在受不了有个丈夫的感受。"

我试图安慰这些女士，试图让她们相信这些事情正在改变。我最近在孟加拉国的亚洲女子大学给 400 名年轻的女生做了一次演讲。我告诉她们文化是如何变化的，为什么脱贫和良好的教育以及避孕手段会让妇女们生育更少的孩子，并且使夫妻间有更和谐平等的生活。在这次演讲的过程中，大家都非常激动。我看到这些女生脸上都洋溢着笑容。

后来，有一些阿富汗的学生想告诉我他们国家发生的情况。她们告诉我："这些变化已经逐渐在阿富汗发生了。虽然那里有战争，那里也有贫穷，但是我们这些年轻人已经开始计划过一种现代的生活了。我们是阿富汗人，我们也是伊斯兰教妇女，我们希望能够有一个像你描述的那样的丈夫，和妻子一起计划生活。我们也希望能够只生两个孩子，并且把他们都送到学校去。"

我们在亚洲和非洲的一些国家发现的大男子主义的价值观并不

是亚洲的价值观或者非洲的价值观，也不是伊斯兰教的价值观，也不是东方的价值观，这和 60 年前瑞典的价值观一样，只是一种历史上的大男子主义的价值观。随着社会和经济的进步，这种价值观会自然消失，正如在瑞典发生的一样，这些价值观并不是不可改变的。

如何控制命中注定本能

我们如何才能帮助我们的大脑认识到事情都是可以改变的，今天的现实在未来未必仍然会保持不变?

缓慢地变化并不是没有变化

社会和文化都处于持续的变化过程中。涓涓细流可以汇成江海，每年 1% 的改变，可以在 70 年内完成翻倍的变化；每年 2% 的改变，35 年就能完成翻倍；如果每年有 3% 的增长，就意味着 24 年完成倍增。

在公元前 3 世纪，斯里兰卡的国王皮萨建立了世界上第一个自然保护区。直到两千年后，欧洲人才采取了类似的措施，在西约克郡建立了第一个自然保护区。50 年后，美国人才建立了黄石国家公园。截至 1900 年，地球上 0.03% 的土地是被保护的，到了 1930 年，这个数字变成了 0.2%。年复一年，一片森林接着另一片森林，自然保护区的面积缓慢地逐渐增长。每年的增长非常微小，几乎可以忽略不计。但是截至今天，地球表面 15% 的面积已经得到了保护，而且这个数字还在继续攀升。

要想控制命中注定的本能，就要注意不要忽视微小的改变。不要轻易忽略每年的变化，尽管这个变化可能仅有百分之一。

准备好随时更新自己的知识

人们当然希望自己学到的知识永远不会过时，一旦你学会了某样东西，就希望它会永远适用，并且你永远不需要再重新学习它。比如数学、物理或者艺术，这有时候是正确的。在那些学科中，我们在学校学的东西仍然可以适用，但是在社会科学中，那些最基本的知识都有可能很快过时。就好像牛奶和蔬菜一样，你必须让它保持新鲜，因为很快这些东西都会改变。

我自己在工作中也亲身经历了这种知识快速过时的困扰。自从1998 年我们向公众调查这些事实问题之后，又过了 13 年，我们打算重新做一下这样的调查，看看人们对于世界的认识有没有提高。在我们的问题中，我们设计了 5 组国家，我们向学生提问，每一组中哪个国家的婴儿死亡率更低。在 1998 年，我们的瑞典学生不能正确回答这些问题，因为他们无法想象亚洲的国家竟然有可能比欧洲的国家有更低的婴儿死亡率。

13 年后，当我们回头看当年设计的那些问题时，我们发现正确答案已经改变了。因为这个世界已经改变了。这一点多么有代表性啊。我们致力于让人们认识到世界的改变。而恰恰是因为世界的改变，我们的事实问题也已经变得过时了。

为了控制命中注定的本能，我们应该持续关注新的数据，并且随时更新我们的知识。

和老年人对话

如果你还认为价值观是不会改变的事情，那么请你比较一下你自己的价值观和你父母的价值观，以及你的祖父母的价值观。也可以和你的子女或者和你的孙子孙女来比较。你应当尝试看一下 30 年前你所在的社会的价值观是什么样子的。我相信你一定会发现巨大的改变。

收集文化改变的案例

人们经常摇着头说“这是我们的文化”，或者“这是他们的文化”。似乎文化是历来如此，而且是不可改变的一样。那么请你看看周围，找到反面例子。我们已经发现了，瑞典人并不是一向对性持开放态度的。我还可以给你一些其他的案例。

很多瑞典人认为美国是持有非常保守的价值观的。但是让我们看看人们对于同性恋的态度改变得多么快。在 1996 年，只有 27% 的人支持同性婚姻，而在今天这个数字是 72%，并且还在上升。

很多美国人认为瑞典是一个社会主义国家，但价值观却是可以改变的。几十年前，瑞典进行了一场大规模的公共教育改革，允许私立学校参与竞争，并且允许学校营利（这完全是一种资本主义的思想）。

我没有任何远见卓识

在这一章的开始，我讲了一个故事，是关于一个衣着体面却无知的老年绅士，他没有足够的远见来看到非洲的变化。在这一章的结尾，我将讲述一个相似的故事，只不过这一次这个无知的人是我自己。

2013 年 5 月 12 日，我非常荣幸地受邀在非洲联盟的会议上向 500 名非洲的妇女领袖发表演讲。会议的主题叫作“非洲复兴之路及 2063 议程”。我十分激动，并为自己感到骄傲。这是我一辈子中做过的最重要的一次演讲。在位于非洲联盟总部的亚的斯亚贝巴的会议大厅里，我做了 30 分钟的演讲，介绍了我几十年来对于女性农民的研究，并且向这些有权力的决策者介绍了非洲将在未来的 20 年里摆脱极度贫困。

非洲联盟的主席祖马就坐在我面前，很认真地听了我的演讲。会后她走上来向我表示感谢，我问她对于我的演讲的看法，她的回答很让我震惊。

她说：“你的这些图表都看起来不错，你的口才也很好，但是你没有显示出任何的远见卓识。”她的语气很友好，这一点使得我更加震惊。

“你说什么？你认为我没有远见卓识吗？你没听到我认为非洲将在 20 年里面结束极度贫困状态吗？”

祖马很镇静，语气里不带任何感情色彩地回答我说：“是的，你谈到了消除极度贫困，但是这仅仅是一个开始，你没有继续往下思考，你难道认为非洲人民只要摆脱了极度贫困状态就满足了吗？

难道我们会很开心地过着一般贫困的生活吗？”她拍着我的肩膀，平静而严肃地看着我。我从她的眼中看到了一种坚强的意志，同时我也认识到了我的不足。祖马直视着我的双眼，说道：“你在演讲结束的时候说你希望你的孙子们能够到非洲来旅游，并且坐上非洲的高速火车。这难道算什么远见卓识吗？这是老一派欧洲人的观点。我看到的是我的孙子们能够去欧洲旅游，并且坐你们的高速火车，去住你们举世无双的冰雪酒店，你好像说过在瑞典北部有这样奇妙的酒店。我知道要做到这一切，要花很长的时间，要做很多正确的决定和巨大的投资，但这就是我们未来 50 年的愿景。我们希望 50 年后，去欧洲访问的非洲人可以变成受欢迎的旅游者，而不是被嫌弃的难民。”这时，她笑了起来，继续对我说：“你的这些图表真的挺好看的，现在咱们去喝杯咖啡吧。”

喝咖啡时，我在反思我的错误。我想起了 33 年前，我和我的第一位非洲朋友尼赫拉瓦的一段对话。当时他是莫桑比克的一名矿工。那时他看着我的表情，就和今天的祖马一样。那时我在莫桑比克的纳卡拉的一个医院里工作。有一次周末，尼赫拉瓦和我们一起去海滩度假。莫桑比克的海滩非常美丽，并且几乎没有开发过，所以当我们在周末来到海边的时候，通常不会见到其他游客。而这一次我却看到了有 15 到 20 个家庭在海边游玩，我不由得说：“运气可真差呀，这次怎么有这么多人来海边？”尼赫拉瓦转过身来抓住我的手臂，就像多年以后祖马的动作一样。他说：“汉斯，我的想法恰恰相反。看着这片海滩，我觉得非常伤心和难过。你看看身后的城市，这里面住着 8 万人，也意味着有 4 万儿童。现在是周末，而只有 40 个孩子来到了海边，仅占了千分之一。我当年在东德（民主德国）学习采矿技术的时候，周末去罗斯托克的海滩度假，那里的海滩都布满了人。成千上万的儿童在那里快乐地玩耍。我希望纳卡拉能像罗斯托克一样，我希望所有的孩子都有机会在周末到海滩来玩耍，而不是在他们父母的田地里工作或是生活在贫民窑里。我知道这要花很长的时间才能做到，但这就是我所希望的。”说完，他放开了我的手臂，开始帮助孩子们从车里搬出游泳的装备。

33 年之后，我已经与非洲的学者和机构合作了几乎整个职业生涯的时间，我很自信我已经和非洲人民拥有了一样的愿景。我认为我自己就是极少数相信非洲可以改变的欧洲人之一。然而等我做完了我人生中最重要的一场演讲之后，我却认识到自己仍然有过时刻板的殖民思想。尽管在过去的几十年中，我的非洲朋友和同事已经教会了我很多，我仍然不能够真正地想象“他们”能够追上“我们”。我仍然没有看到那些非洲人的家庭和孩子将通过不懈的努力来实现这一目标。因为他们也想去海滩度假。

实事求是的方法

要做到实事求是，就是要认识到很多事情（比如人民、国家、宗教和文化）看起来似乎保持不变，仅仅是因为改变发生得非常缓慢，并且要记住聚沙成塔。

要想控制命中注定的本能，就要记住缓慢的改变也仍然是改变。

- **注意追踪持续的提高。**每年小的改变可以在几十年后积累成巨大的改变。
- **更新你的知识。**有些知识很快就会变得过时，技术、国家、社会文化和宗教都在持续的改变当中。
- **与老年人对话。**如果你想弄清楚价值观是如何改变的，请想一想你的祖父母们的价值观和你的价值观有什么不同。
- **收集文化改变的案例。**找到反面的案例来挑战那种认为文化一成不变的说法。

CHAPTER 8

第八章

单 一 视 角

为什么政府不应该被认为是冷酷的

为什么鞋子和砖头有时候会比数字更有用

我们可以相信谁

如果你仅仅依赖媒体来形成你的世界观的话，这就好比你仅仅看着我的脚的照片来形成对我的看法。虽然我的脚是我的一部分，却是我整体上比较丑的一部分。相比之下，我的胳膊就没有那么丑，我的长相也并不难看。所以仅仅看到我的脚，是不能代表看到了我的全貌的。

那么我们能从媒体以外的什么地方获得信息呢？我们可以相信谁呢？我们需要相信专家吗？毕竟专家们花费了大量的精力和时间来研究一个特定的细分领域。对于这一问题，你要特别小心。

单一视角本能

我们非常喜欢简单的想法。我们欣赏洞见真相的时刻。我们也享受真正理解到真相的喜悦。当我们拥有了一个简单的想法，并且发现它可以解释很多事情的时候，我们会非常开心，觉得这个世界变得简单了。所有的问题都有单一的原因，我们只需要解决这个原因，就可以解决所有的问题。所有的问题都有单一的解决方案，我们只需要采取这样的方案就可以了。这样的话，所有的事情都变得简单了，但是这里有一个小问题，那就是我们彻头彻尾地误解了这个世界。人们总是倾向于认为所有的问题都有单一的原因和单一的解决方案，我把这称为人类的单一视角本能。

比如说有一个简单的想法认为自由市场经济是好的，那么大家就会认为所有的经济问题都来自一个共同的原因：政府干预。我们只需要消除政府干预，减税并放松监管，那么就可以释放自由市场的力量，解决一切经济问题。

相类似地，有另一个简单的想法，认为平等是最重要的事。那么我们就会简单地认为所有问题的根源都是由不平等带来的，我们需要反对不平等，而所有问题的解决办法就是重新平等地分配资源。

如果我们都用这种方式思考的话，那么我们可以节省大量的时间。我们无需深入了解事情的本质或者真相，就可以下结论或者形成自己的观点。这样我们就可以为自己的大脑节省大量的时间。但是如果你真的想理解这个世界的真相的话，这么做是无用的。如果你总是执着于或迷信于某种特定的想法，那么你就会自动忽略不符合你想法的信息。这不是一种能够帮助你认识真相的方法。

相反，你应该持续地测试自己的想法的不足之处。对你自己有限的经验采取谦卑的态度，积极获取最新的信息。对你专业领域之外的知识要保持好奇心。要多和拥有不同意见的人交流，把这些不同意见看作帮助你真正理解这个世界的有用的资源，而不是仅仅和那些和你有共同观点的人一起交流。我对这个世界曾经有过很多错误的理解。有些时候是现实使我认识到自己的错误，但更多时候我是通过和持有不同意见的人交流发现自己的错误的。

为什么人们总是习惯于用单一视角去理解这个世界呢？我发现

了两个主要的原因：其一是政治的意识形态，这一点我在后面会继续介绍；其二是专业局限性。

专业人士：专家们和社会活动家们

我喜欢和专家们讨论问题，我也非常依赖他们的专业看法来帮助我认识这个世界。比如说，当我知道所有的专家都一致认为世界人口将在 100 亿和 120 亿之间停止增长的时候，我相信这个数据。再比如说，当我知道历史学家、人类统计学家和古人类学家都一致认为，在 1800 年之前妇女平均会生育 5 个以上的孩子，但是其中只有两个会活下来的时候，我也相信这个数据。再比如说，当我得知经济学家们对于经济增长的成因持有不同的观点并彼此争论的时候，他们的观点也是非常有用的。这提醒我必须非常谨慎，并且促使我思考：对于这个问题，可能并没有一个简单的、单一的解释方法。

我喜欢专家，但是他们都有自己的局限性。首先非常明显的是，专家们都只对自己熟悉的特定领域拥有专业知识，尽管他们往往不承认这一点。这很容易理解，我们都希望自己有渊博的知识，而且对他人有用。我们也都希望自己所拥有的特定知识可以使自己高人一等。

但是，请允许我说，但是……

很多非常有头脑、喜欢科学思维的人士，在回答我们的问题时，都得到了很差的分数。

那些受到了高等教育的人，比如说《自然》杂志的读者们，对于我们提出的事实问题，回答得也很差，很多时候甚至比普通民众还要差。

很多来自不同领域的专家回答这些事实问题的正确率也并不比其他人高。

我曾经非常荣幸地参加了第 64 届林道诺贝尔奖得主大会，并且为一群极具天赋的物理学家、化学家以及诺贝尔奖得主来做演讲。他们都在自己熟悉的领域是顶尖的专家，然而关于儿童疫苗注射率这个问题，他们的正确率比普通人还要低，仅有 8% 的人选择了正确答案。从那以后我就再也不相信专家们能够在他们擅长的领域之外有任何权威性了。

拥有高智商，数学很好，受过高等教育，甚至得过诺贝尔奖，这些都不能确保你能更正确地认识世界。有些时候，所谓的专家甚至在他们自己专长的领域也不够专业。我曾经在各种不同的社会活动家团体中做演讲，因为我相信，要想推动世界的进步，这些社会活动家的工作是必不可少的。最近我参与了一场关于女权运动的演讲。我非常支持女权运动。在这次会议中，全世界有 292 名非常勇敢的女权主义者来到斯德哥尔摩，为争取更多的妇女教育权利而奋斗。但是她们当中竟然只有 8% 的人知道，在全世界，30 岁的妇女平均受到的教育只比 30 岁的男人少一年。

我并不是说女孩的教育在各方面都做得很好。在收入水平第一级的极少数国家，很多女孩仍然不能接受小学教育，在女孩和妇女们接受初中教育或者高等教育这件事上，都存在很大的问题。但是事实上，在收入水平第二、第三和第四级的国家生活着 60 亿人，那里的女孩几乎和男孩享受了同等的学校教育。这是一件非常美妙的事情，这是所有的女权主义者应当知道，并且为之欢呼庆祝的事情。

我可以举出其他的例子。我所说的不仅仅是针对女权主义者。几乎我遇到的所有社会活动家，都会有意或无意地夸大他们所致力于解决的问题。

事实问题11：

在1996年，老虎、大熊猫和黑犀牛被列为濒危动物，那么请问到今天这三种动物中的哪些还是濒危动物?

□ A.全部都是

□ B.其中的一种

□ C.全部都不是

事实问题11的结果：回答正确的百分比

在1996年，老虎、大熊猫和黑犀牛被列为濒危动物，那么请问到今天这三种动物中的哪些还是濒危动物？（正确答案：全部都不是）

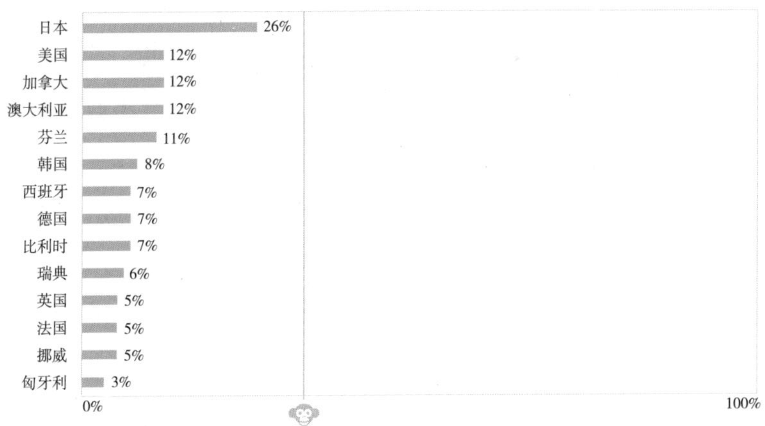

来源: Ipsos MORI[1] & Novus[1]

人类曾经在这个星球上滥用自然资源，很多动物的栖息地遭到了破坏，很多动物遭到猎杀以至于灭绝，这是很清楚的事实。但是致力于保护濒危动物以及动物栖息地的社会活动家，总是会犯我刚刚描述过的那种错误：他们拼命地想让人们关注这些濒危动物，而他们自己却忘记了发生的进步。

去解决一个严肃的问题，我们需要有一个严谨的数据库。我强烈建议大家去用一下世界自然基金会（WWF）的红名单（Red List），在这个网站里你可以看到所有濒危物种的信息。这个网站是由全球的一群高水准的学者组建的，他们追踪世界上不同野生动物的数量并协作起来监控变化趋势。你猜如何？如果我去查世界野生动物基金会的网站或者红名单的话，我可以看到，除了在个别地区或者某些细分物种，大熊猫、老虎和黑犀牛的数量在过去的许多年间是持续增长的。那些在斯德哥尔摩的大街小巷张贴保护熊猫贴画的人的努力得到了回报。然而，即便在瑞典的公众之中，也只有6% 的人知道他们的努力已经取得了效果。

我们已经在人权、动物保护、妇女教育、天气变化、灾难防范以及其他的一些领域取得了很大的进步，然而社会活动家们为了吸引人们的注意，总是在告诉我们事情在变得更坏。我们应该感谢那些社会活动家带来了社会的进步，但是我在想，如果他们能够不犯这种单一视角的错误的话，如果他们能够认识这个世界所产生的进步并且愿意把这个社会的进步告诉所有人的话，他们也许能获得更多的成就。人们知道了所取得的进步，就会受到很大的激励，而反复地强调问题的存在，却不会给人们带来任何激励。联合国教科文组织、拯救儿童运动、组织人权运动和环保运动的人，他们都一而再、再而三地错失了这样激励公众的良机。

锤子和钉子

你也许听过这样一句谚语：你给你的孩子一把锤子，他就会把所有的东西都看作钉子。

当你拥有某种专长的时候，你总是希望能够有机会使用它，有些时候一个专家总是试图使用他们所擅长的知识，然而他们所擅长的知识和技能却不是放之四海而皆准的。你会看到擅长数学的人永远都会对数字很执着，气候变化主义者则到处宣扬太阳能的重要性。而医生们则总会宣扬医药治疗的重要性，虽然他们明知道预防往往是更重要的。

知识有时候会成为专家的障碍，使他们看不到真正的解决方案。所有的解决方案，对于解决特定的问题都是很管用的，但是没有任何一种方案可以解决所有的问题。最好的方法就是以多视角来观察这个世界。

数据并不是唯一的解决方案

我并不热爱数据。虽然我喜欢研究大量的数据，但是我并不热爱数据本身。数据是有它自己的局限性的。仅仅在数据能够帮助我理解数字背后的现实的时候，我才会喜欢使用数据。比如在我所研究的领域，我就需要大量的数据来检验我的假设。然而我所有的基本假设都来自与人们的交谈、倾听以及观察。虽然没有数字我们就无法真正理解这个世界，但是我们仍然应该对仅仅通过数据推导得出来的结论保持一定的怀疑和警惕性。

在 1994 年到 2004 年，莫桑比克的总理都是帕斯库亚尔·莫昆比，他在 2002 年访问了斯德哥尔摩，并且告诉我他的国家正在经历伟大的经济进步。我问他是怎么知道这一点的。因为我知道在莫桑比克，经济的统计数据往往是不够准确的。难道他是看人均 GDP 的数据得出这一结论的吗？

他回答说："我会看这些数据，但是这些数据并不是太准确，所以我自己会观察每年 5 月 1 日参加游行的人。这个游行是我们国家的传统。我就观察这些参加游行的人的脚，看他们穿什么样的鞋。我知道这个游行对所有莫桑比克的人民来说，都是最最重要的节日，所有人都会在这一天穿上自己最好的衣服和鞋。在这一天，没有人能够向朋友去借一双鞋来穿，因为他的朋友这时候也需要。所以我就观察他们的脚，我看他们是光着脚还是穿着破鞋，还是穿着很好的漂亮的鞋。我把我每年观察的结果做对比。

"另外我也会在全国旅行，看那些建筑。如果建筑工地上已经长满了荒草，那就是一件很坏的事情。但是如果建筑工地上有人持续添砖加瓦，我就知道人们现在口袋里有钱，可以进行投资，而不是每天都把钱花光。"

一个英明的首相会看数据，但是不仅仅依赖于数据。

而且有一些人类进步的最重要的方面，是无法用数字来衡量和表达的。我们可以用数字来描述人们在疾病中遭受的苦难，我们也可以用数字来衡量人们物质生活的进步，但是经济增长的终极目标是个人自由以及文化。而这些是无法用数字表达的。试图仅仅用数字来衡量人类的进步是一个很奇怪的主意。数字永远不能够反映人类生活的全貌。

没有数字，我们不可能理解这个世界，但是这个世界也不可能仅仅通过数字来理解。

药品并不是唯一的解决方案

医疗专家们往往会非常固执地相信药品，甚至某一种药。

在 20 世纪 50 年代，一位丹麦的公共健康医生，哈夫丹·马勒博士，对世界卫生组织建议了一种消除肺结核的方法。他的计划是用一批携带着 X 光机的小型货车在印度的村庄里边到处转悠，给所有的人拍 X 光片，一旦发现有肺结核患者，就给他吃药来治疗他的肺结核。但是这个计划失败了，是因为当地的人对此非常不理解，而且很愤怒，他们面临着更多更紧急的医疗问题，然而却有一大批医生和护士，不但不帮他们解决骨折、腹泻或者生孩子这些问题，反而要给每一个人拍 X 光片去治疗一种他们从来没有听说过的疾病。

这个项目的失败表明：与其试图去根治一种或者几种特别的疾病，还不如致力于提高整个社会的医疗健康水平。

在医疗健康行业的另外一端，大型制药公司的利润已经开始下滑。它们中的绝大多数都在非常努力地试图开发出革命性的、能够延长寿命的药品。我曾经试图说服它们相信下一个影响世界人口平均寿命的突破口将来自商业模式，而不是医药技术。这些大型的制药公司并没有能够进入收入水平在第二级和第三级国家的市场。在那里，数以亿计的人并不需要什么革命性的新药，而只需要以合理的价格买到已经成熟使用的、有疗效的药。如果这些大型制药企业能够调整它们的价格，为不同的国家和不同的消费者服务，那么它们就可以利用已有的产品来获取更多的利润。

专门研究难产的专家们很理解锤子和钉子的故事。他们深深地知道，要想挽救那些死于难产的贫困的母亲，最重要的并不是训练更多的护士来做剖宫产手术，也不是训练更多的医生来进行大出血治疗，而是提供快速的交通手段，使得她们能够在第一时间被送到医院去。如果这些孕妇不能及时到达医院，医院就起不到作用。如果没有救护车，或者没有能够让救护车通行的道路的话，光有医院又有什么用呢？同样地，教育工作者们非常清楚，电灯的作用要远远大于更多的教科书和更多的老师，因为电灯使得学生们可以在太阳落山之后做家庭作业。

性病专家的单一视角本能

我曾经和许多性病专家进行交流，他们的本职工作就是在一些贫穷的国家收集各种关于性传播疾病的数据。这些性病专家都非常勇敢，他们面对各种性病患者，敢于把自己的手指放到患者的任何部位。他们也从来不介意向这些性病患者询问各种关于他们性行为的问题。我非常想知道这些患者得性病是否和他们的收入水平有关系。所以我希望他们在和患者进行访谈的时候能够询问一下他们的收入水平。他们非常惊奇地看着我说："什么？你想向人们询问他们的收入吗？那可是个极端私密的问题啊！"他们敢于把自己的手指放到患者身体的任何一个部位，他们也敢于问患者关于他们性行为的各种隐私问题，却不愿意去问他们收入的问题。

几年之后，我得到了一个机会，和世界银行中组织全球收入调查的团队见了面。我希望这些专家在进行问卷调查的时候能够加入一些关于性行为的问题。我很想弄明白不同的收入水平和性行为模式之间是否有联系。这些专家的反应几乎和那些性病专家的反应是一样的。尽管他们愿意去调查人们关于收入的方方面面，包括黑市交易等极其私密的问题，但是却绝不会提关于性生活的任何问题。

这些专家似乎永远都只会从自己的单一视角来看问题，从来都只是画地为牢给自己添加诸多限制。

意识形态主义者

人民的共同信仰，也就是意识形态，可以使我们建造现代社会。意识形态使得我们拥有了民主自由和公共卫生保险。

但是意识形态主义者也和那些专家以及社会活动家一样，他们的思维往往被单一视角所固化，而且有时会造成更加有害的结果。

如果我们认真研究古巴和美国人的现实生活状态的话，我们就会发现，专注于单一视角的意识形态主义者们往往会得出荒谬的结论。他们总是相信单一的解决方案，例如自由市场或平等这些意识形态是解决一切社会问题的万灵药，而不是去客观地观察不同的意识形态下产生的现实结果。

古巴：穷国中最健康的国家

1993 年，我在古巴度过了一段时间，专注于调查研究一场影响了 4 万人的传染病。我有几次和古巴当时的总统卡斯特罗见面的机会，也有和很多古巴卫生部的专业人士一起工作的机会。他们都受过良好的教育，并且非常敬业。他们努力在当时非常压抑且欠缺灵活性的体系中工作。由于我曾经在莫桑比克这样曾是社会主义的国家工作过，所以当我去古巴的时候，我并没有对他们的体制抱有任何浪漫的幻想。

我可以告诉你我在古巴看到的无数不靠谱的事情。比如当地的私酿酒是放在闪着荧光的电视显像管中，然后加入水、糖和带粪便的婴儿尿布来发酵。比如当地的酒店，从来就没打算迎接任何客人，也没有任何食物。我们只能开车到附近的老人的家里去吃他们标准口粮中剩下来的很少的食物。比如我的古巴同事们，如果给他们在美国的亲戚寄了明信片，他们的孩子就会被学校开除。再比如，我的研究成果必须当面向卡斯特罗总统做汇报，才能得到批准。然而这些都不是我想要告诉你们的，我只是想告诉你们，我为什么会去古巴，以及我在那里究竟发现了什么。

事情的起因是这样的：从 1991 年末开始，在古巴一个种植烟草的叫比那尔德里奥的省份，很多贫穷的农民得了一种奇怪的病。他们逐渐变成色盲，并且发展出四肢麻木这一类的神经系统问题。古巴当地的传染病专家曾经研究了这个问题，但是没有得到答案，所以向国际社会寻求帮助。而当时苏联刚刚解体，古巴无法从苏联得到任何帮助。在当时世界上为数不多的专门研究过贫穷农民的神经性传染病的专家中，他们选择了我。一位名叫康吉塔·胡尔哥的古巴政治局委员在机场迎接了我，卡斯特罗总统在我到达古巴的第一天也接见了我。当时他带着全副武装的卫兵，把我全身上下检查了个遍。他绕着我转圈时，他脚上的黑色运动鞋在水泥地上吱吱作响。

我花了三个月调查研究这种传染病的病因。我的初步结论是这种病并不是由于患者们从黑市买到了有毒的食物而造成的（当时有谣言说黑市的食物有毒，是这种病的病因），也并不是由于细菌导致的新陈代谢系统问题，而是由当时的宏观经济问题带来的普遍的营养不良造成的。在苏联解体之前，每年都会有大量的苏联货船向古巴运送土豆，以换取雪茄和糖。而在 1991 年末，苏联解体了，他们满载土豆的货船并没有来到古巴，这造成了古巴全国的食品短缺。古巴政府不得不实行严格的食物配给制度。成年人把仅有的一点有营养的食物分给了孩子、孕妇和老人。他们自己只能吃少量的糖和大米。我尽可能小心谨慎地把我的研究结果向古巴政府做了报告，因为我知道，我的研究结果说明古巴的计划经济已经失败了，他们不能够给自己的人民提供足够的食物。古巴政府官员向我表示感谢，然后把我送走。

一年以后，古巴政府邀请我回到哈瓦那去给卫生部做一场演讲，介绍古巴人民的健康状态在全球中的排名位置。当时古巴政府在委内瑞拉政府的帮助下已经度过了食品短缺的危机。

我在演讲中展示了古巴的健康状态，以及在全球所有国家中的排名位置。尽管古巴的人均收入只有美国人的 1/10，但是他们的婴儿成活率却和美国人几乎一样。古巴的卫生部部长在我演讲结束之后，非常兴奋地跳上讲台向台下的观众总结发言说：“我们古巴是所有穷国中健康水平最高的！”台下响起了一片掌声，我的演讲就此结束了。

然而台下的观众中并不是所有人都同意他的这一观点。在我去洗手间的路上，一个年轻人轻轻地抓住了我的手臂，把我拉到一个僻静的角落，告诉我他负责做健康数据的统计。他把嘴巴凑到我的耳朵旁边，小声地说：“你的数据都是正确的，但卫生部部长的结论却是错误的。我们不是穷国中健康水平最高的国家，而是同等健康水平的国家中最穷的。”

说完，他放开我的手臂，笑着走开了。当然，他是对的。古巴的卫生部部长只是从他自己的单一视角给出了一个结论，但是却有另外一种解读事实的方法。为什么要满足于成为穷国中健康水平最高的国家呢？难道古巴人不配变得像其他健康国家的人一样富有、自由吗？

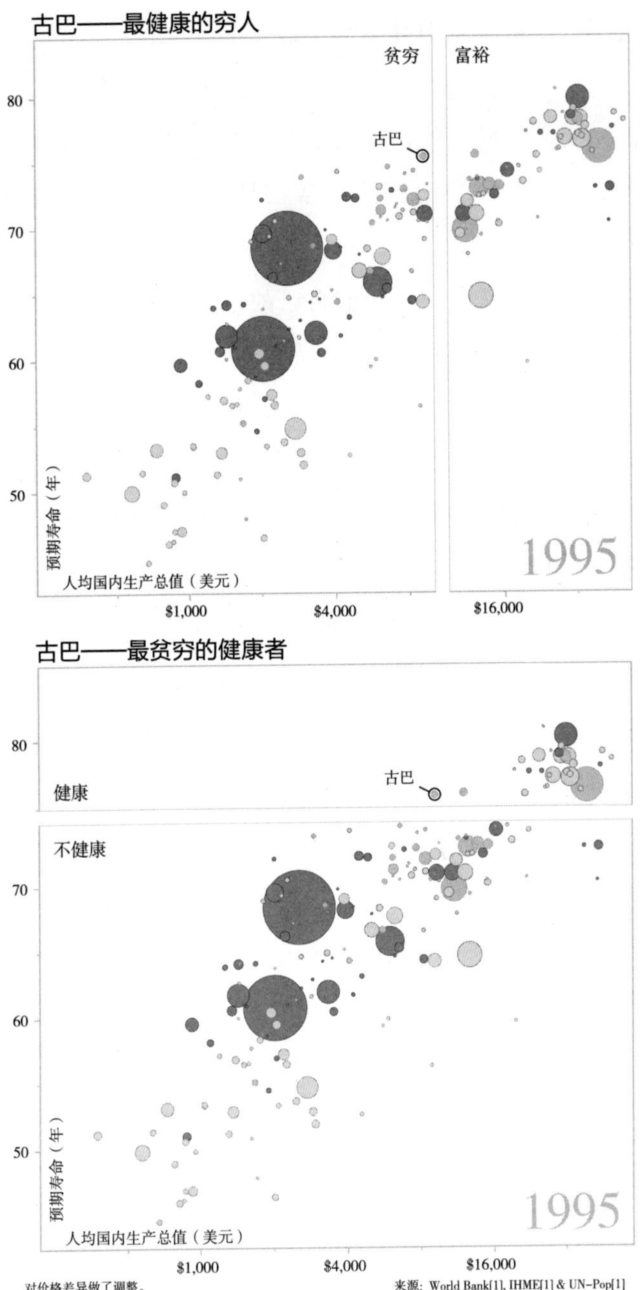

对价格差异做了调整。

来源：World Bank[1], IHME[1] & UN-Pop[1]

美国：富裕国家中健康水平最差的

正如上文所提到的，古巴是所有贫穷国家中健康水平最高的，那么与之相反的就是美国，美国是所有富裕国家中健康水平最低的。

意识形态主义者们从他们自己的单一视角出发，通常会要求你对比古巴和美国。他们会坚持说，如果你认为美国比古巴更好，你就应该反对古巴所做的一切，你就应该支持自由市场经济。我声明，如果让我选择的话，我当然会优先选择在美国生活，而不是在古巴。但是我并不认为这种单一视角和非此即彼的思维方式是正确的。如果要比较的话，我不认为美国应该和收入水平还处在第三级的古巴这样的社会主义国家做对比，而应该和其他收入水平在第四级的资本主义国家做对比。如果美国的政治家们希望做出实事求是的决策的话，他们不应该仅仅从意识形态出发，而应该从现实的数据出发。如果让我选择在哪里生活的话，我不会根据意识形态进行选择，而会基于这个国家究竟给它的人民带来了什么而做选择。

美国的人均健康开支比其他收入水平在第四级的资本主义国家高了两倍还要多，然而美国的人均预期寿命却比其他这些国家短了三年。美国在人均卫生开支上名列世界第一，其平均预期寿命却只排第四十位。

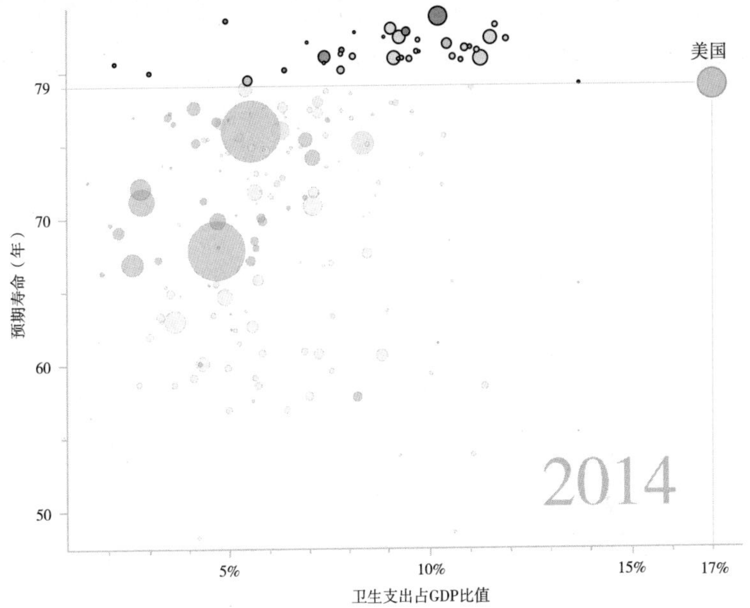

与其和那些社会主义国家做对比，美国人还不如研究一下为什么他们不能在同等的健康支出成本下，获得其他资本主义国家一样的健康水平。答案并不复杂，这仅仅是因为美国缺少其他收入水平在第四级的资本主义国家都拥有的基本公共卫生保险。在美国现有的健康系统中，富有的人消耗了大量的医疗资源，占用了大量医生的时间，使得总体医疗成本居高不下，而其他的穷人则负担不起基本的医疗服务，这导致穷人的平均寿命降低了。医生们花费了太多的时间给富人们做无谓的健康服务，而没有花足够的时间去拯救普罗大众的生命或为他们治疗疾病。这是医疗资源的一种重大的浪费。

为客观起见，我需要声明，还有一些富裕的国家，它们的预期寿命和美国一样低。比如一些海湾国家，像阿曼、沙特阿拉伯、巴林、阿联酋以及科威特。但这些国家的情况是非常不同的。它们直到 20 世纪 60 年代才因为石油资源而变得富有。它们的国民在那时普遍很贫穷，并且没有文化。它们的医疗卫生系统仅仅在过去的 20 年间才建立起来。与美国不同的是，这些国家并没有受到任何政策性的限制，所以我毫不怀疑，在几年之后，这些国家的预期寿命将会超过美国。也许到了那个时候，美国就会愿意向这些国家以及其他的西方国家学习了。

古巴的共产主义系统代表了一种单一视角的风险：他们认为一个中央政府可以解决人民的所有问题，这个理念看似理性，实则奇怪。我可以理解，当人们看到古巴的贫穷、缺少自由和效率等现状之后，会认为政府永远都不应该参与到社会规划中来。

然而美国的健康系统也饱受单一视角思维方式的困扰：他们以为自由市场可以解决国家的所有问题。所以我也可以理解，当人们看到美国健康医疗系统的不公平现状之后，会认为所有的公共服务都不应该采用自由市场竞争的方式。

在大家讨论自由市场或是政府干预的话题的时候，答案不应该是绝对的是或者否，而应当具体问题具体分析。真正的答案不应该是非黑即白，而是应该在监管和自由之间取得一种平衡。

甚至民主也不是万能的解决方案

我知道这样说很冒险，但是我仍然要说出我的观点。我强烈地相信自由民主是管理一个国家最好的方式。像我一样抱有同样信仰的人，通常认为民主会自然而然地带来其他美好的结果，比如和平、社会进步、健康水平的提高以及经济增长，但是事实却并非如此。

大多数获得了巨大的经济进步和社会进步的国家并非民主国家。韩国的收入水平从第一级进步到第三级的速度，远远比世界上任何其他国家要快。而这些进步都是在韩国军政府独裁统治时期完成的。在2012—2016年全世界经济进步最快的十个国家中，有九个民主化程度都很低。

任何人如果想强调民主是经济增长和健康水平提高的必要条件的话，都无法在现实中找到足够的依据。所以我认为与其把民主当作一种取得进步的手段，还不如把民主当作国家奋斗的目标。

没有任何一种单一的手段或者指标能够必然地带来其他各个方面的进步。无论是人均GDP、婴儿生存率，或者个人自由，甚至民主，通通不是万灵药。没有任何一种单一的指标可以衡量一个国家的进步。现实永远是复杂的。

没有数字，我们无法了解这个世界，但是仅仅依靠数字，我们也无法了解这个世界。没有国家能够在无政府状态下持续，然而政府也不可能解决一个国家的所有问题。无论是自由市场或者政府干预，都不会成为永远正确的答案。也不会有任何一种万能的解决方案可以自然而然地带动社会的所有方面进步。永远不会有非黑即白的答案，我们永远需要因地制宜的选择。

实事求是的方法

要做到实事求是，就是要认识到单一视角会限制你的想象力。并且时刻牢记获取最佳解决问题的方法就是从多个不同的角度来观察问题，得到一个更全面的了解，从而制订切实可行的解决方案。

要想控制单一视角的本能，必须有一个工具箱，而不仅仅是一把锤子。

- **检查你的想法**。不要仅仅专注于那些能够证明你的想法的正确案例，而要多与那些持有不同意见的人讨论。发现自己想法的不足之处。
- **有限的经验**。不要认为你在自己的专业领域之外有什么真知灼见。对自己未知的领域要保持谦逊。同时也要注意到专家也有他们的局限性。
- **锤子和钉子**。当你会熟练地使用某一种工具的时候，你总会尽可能多地使用它。等你花了太多的时间专注于分析某一个问题的时候，有可能会夸大这个问题以及解决方案的重要性。请牢记，没有任何一个工具是万能的。如果你总是习惯于使用锤子的话，那么请多和那些习惯使用改锥、扳手和卷尺的人打交道。多听听来自不同领域的人的意见。

- **关注数字，但不仅仅关注数字**。没有数字，我们无法理解世界，但是仅有数字，我们仍然无法理解世界。请专注于发现数字背后的真实世界。
- **当心简单的想法和简单的解决方案**。人类历史上从来就不缺乏充满了乌托邦式的简单想法的空想家，而最终他们都带来了可怕的结果。我们应当认识到事物的复杂性，学会兼收并蓄以及妥协。我们应当在具体情况具体分析的基础上来解决问题。

CHAPTER 9

第九章

归咎他人

关于神奇的洗衣机和挣钱的机器人

让我们揍我们的祖母吧

有一次我在卡罗林斯卡学院讲课，谈到那些大的制药企业几乎不对贫困人群所专有的疾病做任何研究，包括疟疾、睡眠疾病等。

一位坐在前排的学生义愤填膺地喊道："我们应该揍他们！"

"是吗？"我说，"我正要去诺华（诺华是一家总部设在瑞士的大型制药企业）做一个演讲，如果你能告诉我，我究竟该揍谁以及打了他我们可以获得什么回报的话，我倒愿意试一试。我究竟应该揍谁呢？是在那里工作的每一个人吗？"

"不不不，"他说，"只揍他们的老板。"

"哦，好啊，他们的老板是丹尼尔·瓦塞拉，我认识他。那么如果我遇到他的话，我是不是应该打他的脸？我打了他之后事情就会变好了吗？他就会变成一个好的老板，然后认识到他应该改变公司的研发方向吗？"

这时坐在后排的一个学生回答道："不，你应该揍他们的董事会成员。"

"是吗？这个建议倒是很有趣，我在下午会给他们的董事会做演讲，所以我应该在上午见到丹尼尔的时候保持冷静，而在下午的时候去揍他们的每一个董事会成员，对吗？我可能没有足够的时间能够揍到他们每一个人，现场也有保安，所以我能打到 3 到 4 个人。但是我为什么应该这样做呢？你认为这样就会使得董事会成员改变他们的研发方向吗？"

“不，”第三个同学发言了，“诺华是一家上市公司，并不是他们的老板或者董事会成员在决定研发方向，而是他们的股东。如果董事会改变了研发方向，他们的股东就会重新选出一个新的董事会。”

“非常正确，”我说，“是他们的股东希望这个公司把研发经费投入有钱人才有的疾病上。只有这样，他们的股票才能够获得好的回报。”

所以他们的员工、老板以及董事会都没有错。

“那么现在问题来了。”我看着学生们说，“谁是这些大型制药企业的股东呢？”

一个学生耸耸肩回答道：“是那些有钱人呗。”

“不对。这些大型制药企业的股票都是非常稳健的股票。当股票市场上下波动或者原油价格跌宕起伏的时候，制药企业的股票通常都会保持稳定。很多其他行业的公司会随着经济周期的波动而涨跌。但是患者们永远需要得到治疗，所以制药公司的股票可以长期提供稳定的回报，那么到底谁是这些业绩稳定的公司的股东呢？”

这群年轻的学生看着我，脸上写满了困惑。

“是那些退休基金。”

学生们都沉默了。

“所以这次我去诺华制药厂的时候不需要揍任何人，因为我不会见到他们的股东，但是你们却会见到这家企业的股东。这个周末，等你们回家去看望你们的祖母的时候，你应该揍她才对。如果你非要找出罪魁祸首的话，那么就应当找那些老年人，因为是他们对稳定的股票的贪婪需求导致了这一切。

“你记得去年夏天当你出去旅行的时候，你的祖母给了你一些零花钱吗？那么你应该把这个零花钱还给她，她应该把这笔钱还给诺华，并且要求他们将钱投资到穷人疾病的研究中。也许你已经把这笔钱花掉了，那么你应该揍你自己才对。”

归咎他人的本能

当坏事情发生的时候，人们总是试图找到一个清晰而简单的理由去责怪其他人，这就是我们所说的归咎于人的本能。有一次，当我在一个酒店洗澡的时候，我把热水开关的把手开到了最大的位置，但是水并没有变热。过了一会儿，滚烫的水涌出，我被烫了一下。在那一瞬间，我很愤怒，我觉得一定是水管工做了错误的工作，或者酒店的经理没有做好冷热水的管理，或者是因为隔壁的客人用了太多的冷水。这就是我归咎于人的本能。但是事实上，这些人都是无辜的，没有人有意想给我造成伤害。除了我自己，也并没有别人的疏忽大意给我造成伤害。我本应该逐步地调大热水的开关，并且耐心地等待一下。

当有坏事情发生的时候，我们似乎总是很自然想到，一定是有其他人故意做坏事。我们总是倾向于相信有人利用权力或者手段，才能够使得事情发生，否则的话，这个世界就会让人感到不可预测、令人困惑和非常可怕。

归咎他人的本能使我们夸大了个人或某个团体的重要性。这种本能总是驱使我们去找到一个被责怪的对象，而使我们忽略了对这个世界的真相的理解。当我们过分执着于指责他人的时候，我们就会迷失自己的重点，同时丧失了学习能力。像前面的例子，当我们的注意力集中在思考究竟该揍谁的时候，我们就会停止思考问题产生的真正原因。这就大大地降低了我们真正解决问题或者预防问题的能力。

比如一起空难发生了，如果大家都忙于指责飞行员由于打瞌睡而造成了这起空难，就不会花费精力去研究造成这起空难的真正原因，也无法找到未来能够成功预防空难的解决方案。如果我们止步于指责打瞌睡的飞行员，而不是做更进一步的研究的话，我们就不会获得任何进步。对世界上的绝大多数问题而言，我们不能停止于找到替罪羊，而应该观察理解产生问题的整个系统。

当事情向好的方向发展的时候，这种本能往往也会被激发出来。我们通常会认为是某个人、某个团体或某个简单的原因，造成了这一好的结果，而忽略了背后复杂的真相。

如果你真的想改变这个世界的话，那么你必须真正地理解这个世界，仅仅跟随你那归咎于人的本能是不能得到任何帮助的。

指责他人的游戏

对他人的指责往往能够揭示我们自己的思维模式。当我们在寻找替罪羊的时候，其实反映的是我们内心早已存在的思维模式。让我们看看我们经常习惯于责备的几个人群：无良的商人、说谎的记者以及外国人。

无良的商人

我总是希望自己能够尽量客观地分析和思考问题，但是尽管如此，我也经常被自己的本能所淹没。可能是因为我看了太多动画片，受到了唐老鸭那富有又贪婪的舅舅的影响，使我倾向于认为商人总是贪婪的。在我年轻的时候，我也会像我的那些学生一样，简单地把缺乏药品的问题归咎于大型制药厂的贪婪。很多年前，当联合国教科文组织要求我去对一起合同招标（安哥拉的疟疾疫苗项目）进行调查的时候，我就本能地对投标的企业产生了怀疑。招标合同的数字很奇怪，这使我怀疑里面肯定有什么猫腻，肯定是投标的企业要了花样，想来欺骗联合国教科文组织，但是我一定会把它们揪出来的。

联合国教科文组织采用招标的方式进行医药采购。中标的大药厂可以获得十年的采购合同。由于采购期限长且采购规模大，这使得教科文组织的采购合同对很多大药厂都非常有吸引力，它们宁愿为此降低价格来获得这样长期的合同。然而在这个案例中，有一家很小的名叫利沃制药厂的家族企业，其总部位于瑞士阿尔卑斯山附近的卢加诺地区，他们给出的报价非常低，甚至低于制造这种药物的原材料价格。

我的工作就是去具体调查事情的来龙去脉。我先飞到了瑞士的苏黎世，然后转搭一架小型飞机到达了卢加诺的小机场。我以为这家制药厂会派一辆很小的车来接我，没想到他们却派出了豪华轿车，并且把我安置在了当地一家超豪华的酒店。我被酒店的豪华程度震惊，以至于我在给太太阿格尼塔打电话的时候压抑不住兴奋的心情对她说："房间里的床单都是丝绸的！"

第二天早晨，我被带去参观工厂。我和工厂经理握手，然后就直奔主题。我问他："你们是从匈牙利的布达佩斯采购原材料，把它们加工成药片后包装到药瓶里面，接着把药瓶打包装到盒子里面，再把盒子整体装进集装箱，最后用集装箱运到热那亚。你们怎么能做到用比原材料成本还要低的价格完成这一切呢？难道你们从匈牙利采购的原材料价格比别人低吗？"

工厂经理告诉我："我们的采购价格和其他人是一样的。"

我问他："你们派了一辆豪华轿车来接我，那么你们怎么赚钱呢？"

他笑了，对我说："我们是这样做的：几年前，我们就认为工业机器人将要彻底改变这个行业，所以我们经过自主研发，建立了自己的新型工厂，全部用机器人来进行药品的包装制造。同行业的那些大药厂，它们的自动化水平和我们相比而言，简直就像手工作坊一样。所以当我们下订单给布达佩斯采购原材料之后，星期一早上6点原材料就通过火车运到了我们这里的车站。到星期三下午，安哥拉整整一年所需要用的药品量已经被生产出来准备装船了。在星期四的早晨，它们就会抵达热那亚的港口，联合国教科文组织的采购专员将会检查这批药品的质量，然后签收，并且在当天付款到我们在瑞士苏黎世银行的账户。"

"但你们的销售价格可是低于原材料的成本啊！"我打断他说道。

“你说得对，但是别忘了我们的供应商给了我们 30 天的账期，而联合国教科文组织只用了四天就向我们付款，那么我们就可以利用资金在途的这 26 天时间来赚取利息。”

原来如此，我无言以对了，我从来没想到过会有这样一种做法。

当我很直接地认为联合国教科文组织是好人，而制药厂是坏人的时候，我的思维就停止在这一点，而不再去深究其他的可能性。我对中小型企业的创造能力一无所知。而事实上，它们也是好人，只是它们压低生产成本的能力不为我们所知罢了。

说谎的记者们

无论是对政治家还是对知识分子来说，指责记者们不说实话似乎已经成为一种时尚。在前几章中，我似乎也在做类似的事情。

与其简单地指责记者不说实话，我们还不如仔细地反思一下，为什么媒体一定要给我们反映一个扭曲的世界？是记者们刻意为之吗？还是有其他更深层次的原因？

（在这里我不打算讨论那些刻意制造假新闻的事件，因为那和我们想要说的主题无关，而且我也不认为是那些假新闻造成了我们扭曲的世界观，因为我们并不是刚刚开始对世界产生错误的认识，而是一直以来我们对世界的认识都是错误的。）

2013 年，我们在网上向全球公布各种测试题目的结果。那些结论很快就成为 BBC 和 CNN 的头条报道。这两家媒体频道把我们的测试题在它们的网站上向公众公布，这样所有的人都可以自己做测试，并且他们得到了数以千计的留言，试图解释为什么人们的测试结果如此差。

其中有一条评论引起了我的注意：我打赌媒体人一定通不过这项测试。

我们为这个想法感到兴奋，然后决定来测试一下到底是不是真的。但是调查公司告诉我们，要想对记者群体做这样专门的测试是不可能的，毕竟没有任何一个媒体的老板愿意让他们接受这样的测试。当然，我非常理解这一点，没有人希望他们自己的权威被质疑，更何况如果测试的结果证实这些专家记者知道的并不比大猩猩更多的话，这将是一件非常尴尬的事情。

然而我的性格就是如此，人们越是告诉我什么事情是不可能的，我就越想去试一试。我的日程表中正好排进了两个媒体界的会议，所以我带着我们的投票设备去参加了会议。由于我的演讲时间只有 20 分钟，所以我不能问所有的问题，但是我选择了一些问题来问参会的记者们。下面就是测试的结果。我也对一个专门拍摄纪录片的制作人群体进行了测试，包括英国广播公司（BBC）、公共广播公司（PBS）、《国家地理》杂志和探索频道等知名的媒体。

记者和电影制作人都没有打败大猩猩

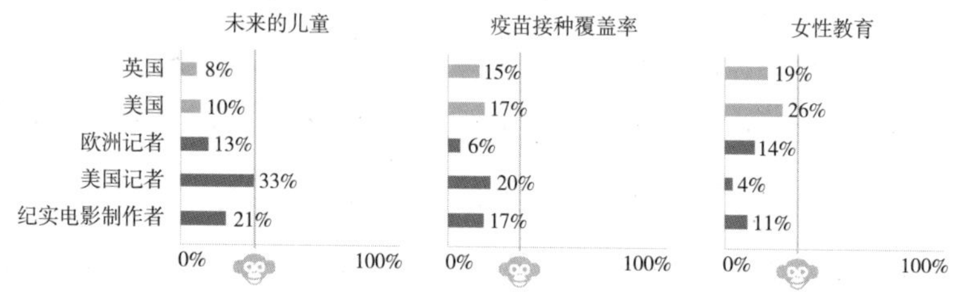

来源: Ipsos MORI[1], Novus[1] & Gapminder[27]

看起来这些记者和电影制作人并不比一般的大众知道得多，而且他们的答案也并不比大猩猩更好。

如果这个测试结果反映了新闻记者和纪录片制片人的普遍现象的话，我就没有任何理由认为记者中的其他群体会比接受过测试的群体水平更高，或者能够在测试中取得更好的成绩。这样一来，我们就不能说记者们是有意误导我们，或者对我们撒谎。当他们在悲伤的钢琴曲的背景音乐下，用严肃沉重的语气向我们介绍人口危机、自然灾害或者两极分化的世界的时候，他们自己对此是深信不疑的。他们本身并没有任何恶意，也没有想故意误导我们，所以责怪他们是没有任何意义的。他们只不过和我们大家一样，都对这个世界产生了误解而已。

记者群体的测试结果是灾难性的，其糟糕程度就好像一场空难一样。但是简单地指责这些记者和在空难中简单地归咎于打瞌睡的飞行员是一样毫无意义的。相反地，我们应该去寻找答案，究竟为什么记者们会有这样一个扭曲的世界观？（答案是因为他们也是常人，他们也有着夸大事实的本能。）以及哪些系统性的因素会促使他们去推广这样扭曲的世界观和过分夸大的新闻？（至少一部分的答案是，他们必须和其他的媒体竞争读者的注意力。）

当我们彻底理解了这点之后，我们就会认识到，要想让媒体改变他们报道世界的方式从而向我们反映一个真实的世界，几乎是不可能的。正如你不可能在柏林随手拍几张快照就用它们来给你做导航系统，帮助你在整个城市漫游一样，你也不可能指望媒体来给你提供实事求是的世界观。

难民

2015年，有4000名难民在试图用橡皮艇偷渡到欧洲的过程中，在地中海溺水而亡。很多儿童的尸体照片被发布了出来，这激起了人们的恐惧和同情。这是多么大的悲剧呀。当我们在享受着收入水平第四级的舒适生活的时候，我们不禁开始思考，这种事怎么能够发生呢？我们应该责怪谁呢？

我们很快找到了替罪羊，就是那些贪婪和残忍的偷渡贩子。他们骗了这些绝望的家庭，让他们用每人1000欧元的代价，买了船票，登上了致命的橡皮艇。当我们看到欧洲的救援艇从开放海域救出落水的人的时候，我们就停止了进一步的思考。

但是究竟为什么这些难民不能坐飞机去欧洲呢？他们为什么不能乘坐每天往返于利比亚和土耳其的渡轮来到欧洲呢？他们为什么要把自己宝贵的生命交给这些偷渡贩子并登上危险的橡皮艇呢？毕竟所有的欧洲国家都签署了日内瓦公约，从叙利亚这种战乱的国家逃来的难民是可以在欧洲享受庇护的。我带着这个问题去询问了记者朋友们和其他相关人士。然而他们所有人给我的答案都很不靠谱。

也许他们买不起机票？但是我们明明知道他们每人都花了1000欧元去登上橡皮艇。我上网查了一下，有大量的土耳其到瑞典或者利比亚到伦敦的机票，价格甚至低于50欧元。

也许他们无法到达机场？这也不是真的。他们中的很多人已经到达了土耳其或者黎巴嫩，而且可以很容易地到达机场。事实是，他们买得起机票，他们的飞机也有很多座位，但是在登机的柜台，航空公司的工作人员阻止了他们，不允许他们上飞机。为什么呢？

因为欧洲议会从 2001 年起就决定打击非法移民。这项决议规定任何航空公司或者渡轮公司，如果他们送来了入境手续不全的非法移民的话，他们必须负担把这个人遣送回国的所有费用。当然这项决议也明确地表示并不适用于那些受日内瓦公约保护的逃到欧洲的难民，而仅仅适用于非法移民。然而这种规定是毫无意义的，因为在航空公司的登机柜台，工作人员仅仅有 45 秒的时间来判断面前的人究竟是非法移民还是难民，这种事儿即使是大使馆也要花 8 个月才能做出判断。这明明是不可能的事。所以对所有的航空公司和渡轮公司而言，最现实的方法就是拒绝没有签证的人登机或登船。然而对于难民来说，要想获得一张去欧洲的签证，几乎是不可能的。因为在土耳其和利比亚的欧洲大使馆，并没有足够的资源来处理这些签证申请。从叙利亚来的难民们，虽然理论上拥有到达欧洲并获得庇护的权利，但事实上他们根本没有办法坐飞机或者渡轮到达欧洲，而偷渡则变成了唯一的选择。

那么他们为什么非要坐橡皮艇这么危险的交通工具呢？这也是由于欧盟的政策。因为欧盟的政策规定，所有偷渡来欧洲的船只一经发现将全部被没收。所以这些渡海的工具只能用一次。而偷渡贩子们不可能负担得起安全的船只。像 1943 年那样，从丹麦运送了 7220 名犹太难民到瑞典的捕鱼船，对于这些偷渡贩子来说是不可能负担得起的。

欧洲的政府签署了日内瓦公约，赋予了饱经战乱的国家的难民寻求庇护的权利，但是我们的移民政策却使得日内瓦公约的实现成了问题，这客观上造就了偷渡的市场。这并不是什么秘密。人们如果不是因为思维受到了阻碍的话，很容易就会发现这一点。

我们总是有一种归咎他人的本能，却很少反省自身。我认为聪明善良的人通常很难得出正确的结论，很难发现是我们自己的移民政策导致了这些难民的丧生。

外国人

你还记得在前面第五章我们提到的那位印度官员吗？他理直气壮地反驳了西方世界对印度和中国造成了气候变暖的指责。我用那个案例向大家说明了人均指标的重要性。但同时它也体现了当我们倾向于归咎他人的时候就会停止思考事情真正的原因，也不会对问题进行系统性的全面分析。

在西方世界，很多人都会想当然地认为印度和中国以及其他发展中国家的快速经济发展造成了气候改变，以及他们的人民应当降低生活水平以解决这个问题。我记得有一次，我在温哥华科技大学做了一场关于全球趋势的演讲。当时一位女同学带着绝望的语气说："他们不应当这样生活，我们不能允许他们继续保持这样的发展，他们的大气排放将会杀死这颗星球。"我经常听到类似的言论，就好像西方人手里拿着个遥控器，可以控制其他国家几十亿人的生命一样。我环顾四周，发现她周围的同学并没有什么反应，他们都对她的观点表示同意。

大气层中积累的二氧化碳气体都是在过去的 50 年间由那些收入水平进入第四级的国家排放的。加拿大的人均二氧化碳气体排放量仍然是中国的两倍、印度的八倍。事实上，你知道每年燃烧掉的化石燃料中有多少是由全球最富裕的 10 亿人燃烧的吗？超过一半。然后全球次一等富裕的10亿人，烧掉了剩余化石燃料的一半。以此类推，世界上最贫穷的10亿人用掉的化石燃料，只占全球的百分之一。

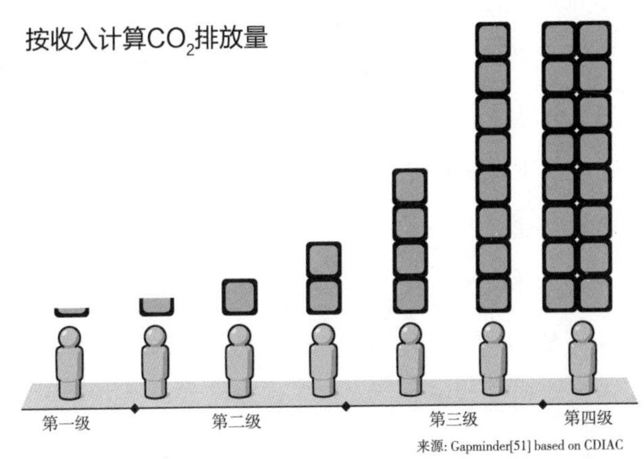

地球上最贫穷的10亿人口，要奋斗20年的时间才能够从收入水平的第一级进入第二级。在这个过程中，他们对全球二氧化碳排放量的贡献将增加两个百分点。要想进步到收入水平第三级和第四级，他们需要再奋斗几十年。

看到这些真实的数据，我们就会发现，我们西方人是多么轻易地就会把自己应该承担的责任转嫁给别人。我们经常会说“他们不可能像我们一样生活”，然而正确的说法则应该是“我们不能够像我们现在这样生活”。

外国的疾病

人体最大的器官就是皮肤。在现代的特效药被发明出来之前，最恐怖的一种皮肤病就是梅毒。一开始患者只是觉得皮肤很痒，然后这种皮肤病就会逐渐向内部侵蚀肌肉和骨骼，直到人体的骨架。这种可怕的疾病在不同的国家被称作不同的名字。在俄罗斯，它被称作波兰病；在波兰，它被称作德国病；在德国，它被称作法国病；在法国，它被称作意大利病；在意大利，他们称之为法国病。

寻找替罪羊似乎是人类一种根深蒂固的天性，因此我们很难想象瑞典人会把这种病称作瑞典病，或者俄罗斯人把这种病称作俄罗斯病。我们永远都需要去责怪其他人。如果我们发现一个外国人得了这种病，那么我们就会很愉快地责怪他们整个国家，并给这种病起一个外国名字。而我们做出这些指责，根本就不需要任何证据。

指责和邀功

这种归咎他人的本能使得我们过分夸大了个人的影响。无论是好的还是坏的。政治领袖们和企业领导者们经常为自己邀功，吹嘘自己做出了多么多么大的贡献。

人们通常认为教皇对全世界 10 亿基督教徒起着巨大的影响，并且他对人们的性生活方式起到了很大的影响。事实却是，尽管连续几任的教皇都严厉谴责避孕措施的使用，而统计数据却表明，在基督教为主的国家中有 60% 的人会采用避孕措施，而在其他国家中，58% 的人会采用避孕措施，换句话讲，没有什么区别。教皇是这个世界上最突出的道德领袖。但是这些拥有强大政治权力和道德权威的领袖，似乎也无法影响到千家万户的卧室。

在琳达修女的门背面

在最贫穷的非洲农村地区，仍然是很多修女在做着日常的健康医疗工作。在非洲，我和这些聪明能干并且非常务实的妇女成了好朋友和工作伙伴。

琳达修女是我在坦桑尼亚工作时认识的，她非常敬业，是一个非常虔诚的基督教徒，总是穿着一袭黑衣，每天都祈祷三次。她办公室的门永远是敞开的，只有当她给患者做健康咨询的时候，才会把门关上。在这扇门的外面，是一幅教皇的画像。有一天，我和她走进她的办公室，开始讨论一个敏感的话题。琳达修女站了起来，把门关上了。这是我第一次看到她办公室门的背面。门背后挂着数百个避孕套的袋子。当琳达修女转过身看见我脸上惊讶的表情的时候，她笑了。她对我说："这里的家庭需要这些避孕套去防止艾滋病，也要防止怀孕。"然后我们继续我们的讨论。

关于堕胎的问题，情况是不一样的。直到今天，在全世界的范围内，仍然有很多妇女成为禁止堕胎政策的受害者。当堕胎被认定为非法的时候，它并不能阻止堕胎，而只是把人们驱赶向了更加危险的堕胎方式，并且增加了妇女的死亡率。

真正的英雄

我在前面的文章中曾经说，我们不应当将坏的结果归咎于某一个人，而应该检查整个系统。我认为有两个系统是我们应该感谢的，它们是人类成功背后的无名英雄。比起那些风光无限的政治领袖，它们虽然默默无闻，却对人类进步起到了巨大的贡献。我们应当为它们游行庆祝，这两位无名英雄就是组织机构和科学技术。

组织机构

在人类的历史上，除了极少数长期受战乱困扰的国家，其他几乎所有的国家，无论它们有英明的领袖还是平庸的领导，都毫无例外地取得了进步。这使我们不得不思考领导人的作用究竟有多么重要。答案恐怕是并不重要。是广大的人民建造了人类社会，造成了巨大的进步。

有时当我在清晨打开水龙头，热水自动流出，这一切对我而言，就像魔法一样，我不得不默默地赞美那些制造了这个奇迹的工人：那些水管工。我总是随时随地充满了莫名的感激。我要感谢那些城市的环卫工人、护士、教师、律师、警察、消防队员、电气工程师、会计师和服务员，是他们构建了整个人类社会，是他们创造了人类社会的组织机构。我们人类社会取得的进步都应当归功于这些无名英雄。

2014 年，我去利比里亚帮助那里的人们对抗埃博拉病毒，那时我很害怕埃博拉病毒不能够及时得到控制，有可能会散播到世界的其他地方，有可能会造成10亿人以上的死亡，有可能成为人类历史上造成最大伤害的一种传染病。然而我们最终战胜了埃博拉病毒。我们能够取胜，并不是因为有某一位领袖人物的英明领导，也不是因为某个组织（比如联合国教科文组织）的孤军奋战，而是因为所有政府工作人员以及当地健康工作者的勤奋工作。他们组织了一场又一场的社会活动，教育大家要改变土葬的习惯，他们冒着生命危险抢救垂危的病人，他们竭尽全力去找到并隔离那些曾经和埃博拉患者接触过的人。这是极其辛苦、危险，而且又细致的工作。这些充满了勇气和耐心的普通工作人员，创造了一个有效协作的人类社会，并成功地拯救了整个世界。

科学技术

工业革命拯救了数以十亿计的生命。这并非因为工业革命产生了很多伟大的领袖，而是因为它创造出了像化学清洁剂之类能够在自动洗衣机中消毒的产品，从而大大地改进了人类生活的卫生条件。

我在四岁那年才第一次看见我的母亲开始使用洗衣机。那一天对我的母亲而言是一个伟大的节日，她和我的父亲努力攒了好几年的钱才能够买得起一台洗衣机。我的奶奶也被隆重地邀请去参观了新的洗衣机，她甚至比我的母亲更加激动。因为她一辈子都是在用木柴烧火，用手洗衣物。现在她只需要站在一边看着电力驱动着一切，完成所有的工作。她很兴奋地坐在一个椅子上，亲眼看着洗衣机完成了洗衣物的全部工作。对她而言，洗衣机简直就是一个奇迹。

这对我的母亲和我也同样是个奇迹。洗衣机就像一个充满了魔法的机器。因为在那天，我的妈妈第一次对我说："汉斯，我们已经把衣物装到了洗衣机里面，现在洗衣机会做所有的工作，我们可以去图书馆了。"这台拥有魔法似的洗衣机装进去的是衣物，而流出来的是我们可以去图书馆的自由时间。我要感谢工业化的进程，也要感谢钢铁厂，感谢发电站，感谢那些化学生产的工厂。是它们给了我们更多读书的时间。

在当今的世界，有超过 20 亿人可以买得起洗衣机，从而给了这些家庭的母亲读书的时间。因为在绝大多数的家庭中，总是母亲们来做洗衣物的工作。

事实问题12：

全世界有多少人能够使用电？

☐ A.20%

☐ B.50%

☐ C.80%

电力已经成为人类的基本需要，这意味着绝大多数人类，包括收入水平在第二级、第三级和第四级的人，都已经能够使用电了。然而只有 1/4 的人答对了这个答案。就像其他很多问题一样，最乐观的答案就是最正确的答案。80% 的人类已经可以使用电。对于有些人而言，电力可能是不稳定的，而且经常会停电，但是整个世界正在进步。家家户户都在享受着日新月异的进步。

所以我们应当正视现实，理解那 50 亿仍然用双手洗衣的人的真正需求。如果我们期望他们自愿地降低经济发展速度，那简直是彻底的胡思乱想。他们和你们一样，想要洗衣机、电灯、体面的下水系统、储存食物的冰箱，还有眼镜、胰岛素以及便利的交通工具。

除非你愿意放弃所有这些东西，重新开始用手洗你的牛仔裤和你的床单，否则你没有任何权利要求别人去这样生活，难道不是吗？仅仅寄希望于找到替罪羊来责备，并且希望他们来为气候变暖承担责任是于事无补的，倒不如我们认真研究一个现实可行的方案来解决气候变化问题。我们必须集中精力研究新技术，使得地球上未来的110亿人都能够共同奋斗而进入收入水平的第四级。

我们应当责备谁呢

世界上的大药厂都缺乏针对穷人特有疾病的研究，对于这个问题，我们无法责备药厂的老板、董事长或者股东。即使我们谴责他们，也将于事无补。

同样地，我们也不应当责备媒体对我们撒谎（大多数情况下，他们并没有故意撒谎）或者给我们一个扭曲的世界观（大多数情况下，事实如此，但他们并非有意为之）。我们也不应当指责专家们过度专注于自己的工作领域而把事情搞砸了（这虽然有时会发生，但专家们的初衷一般都是好的）。事实上，我们不应当为任何事责怪任何一个个人或团体。原因是当我们找到了替罪羊的时候，我们就停止思考了。而事实往往非常复杂，往往存在系统性的原因。如果你真的希望改变这个世界的话，你必须深刻地理解它的运行规律，而不是简单地考虑究竟该责怪谁。

实事求是的方法

要做到实事求是，就是当人们开始找替罪羊的时候，你应该认识到这是错误的，并且能够记起，简单地归咎他人只会使你把握不住问题的真正要点，并且无法集中注意力防止类似事件再次发生。

要想控制归咎他人的本能，你应该停止寻找替罪羊。

- **寻找原因，而不是寻找坏人。**当坏事情发生的时候不要试图去责怪任何个人或群体。首先接受没有人刻意为之这个事实。然后努力去理解这一事情发生背后的系统性原因。
- **寻找系统，而不是寻找英雄。**当有人号称自己做了什么伟大的业绩的时候，问问自己，如果没有这个人，是否这件事情仍然可以发生？通常是整个系统的有效运行使得好的事情发生了。

CHAPTER 10

第十章

情急生乱

事出紧急的情况，为什么会阻碍我们正常思考

路障和心理障碍

“如果它不是传染性的，那么为什么我们需要疏散我们的妇女和儿童呢？”纳卡拉的市长坐在他的办公桌后面看着我，这样问道。窗外，太阳正在徐徐落下。落日的余晖正照耀着这一片纳卡拉地区，这里拥有10万以上极度贫困人口，而在整个纳卡拉地区，仅有一个医生，那就是我。

那天早上我刚刚从贫穷的北部沿海的一个名叫孟巴的地区返回城市。我花了两天研究调查一种奇怪的疾病。那里的患者莫名其妙地会出现双腿麻痹的症状，更严重的患者甚至会双目失明。我用我的双手检查了数百名病人。市长说得对，我并不能百分之百地确定这种疾病是传染性的。我通宵工作，一直在查阅各种医疗书籍，直到我最终确定这是一种前所未有的疾病。我猜测这是一种中毒现象而不是感染，但是我并没有百分之百的把握，所以我叫我的妻子把我的孩子带离了这个地区。

在我回答之前，市长说：“如果你认为这种疾病可能是传染性的，那我就必须采取行动。我必须避免一场大的灾难，我必须防止这种疾病向城市蔓延。”

最差情况下的场景出现在市长的脑海中，也迅速地充斥了我的头脑。

市长是一个做事雷厉风行的人，他站起来说：“我现在是不是应该告诉军队设置路障，并停止发出所有的公共汽车呢？”

“是的，”我说，“我认为这是正确的决定，你必须采取行动。”

市长马上转身走出办公室，去打了几个电话。

第二天早晨，当太阳在门巴升起的时候，大约有 20 个妇女和她们的孩子早早地起来，站在路边等公共汽车。因为他们要赶去纳卡拉的早市销售他们的商品。当他们听说公共汽车已经被取消不会来的时候，他们就沿着海滩走到了海岸边，要求当地的渔民用船把他们送到纳卡拉。那些渔民很高兴能挣到这笔外快，就在小船上挤出了一些位置，让给这些妇女和儿童，划着小船，沿着海岸驶向纳卡拉。

然而这些小船却被沿途的风浪掀翻了，所有的人都不会游泳，这些妇女和儿童，包括渔民，全都溺水而亡。

当天下午我再次出发去北部地区，路过了途中设置的路障，继续去调查这种奇怪的疾病。当我开车经过门巴的时候，我看到有一些人站在路边，而道路中间摆着一排尸体。我赶快跑向海边，但是一切都已经太晚了。我抓住正在搬运一个男孩尸体的男人问道：“为什么这些孩子和他们的母亲非要去坐这些破船呢？”

那个男人回答：“今天早晨公共汽车没有来。”我呆呆地站在那里，几分钟都没有说出话来。我无法相信我做了什么。直到今天，我都不能原谅我自己，我为什么要对市长说“你必须采取行动”呢？

我没有理由去责怪那些渔民。他们发现路被堵住了、公共汽车无法通行的时候，为了卖掉他们的商品，他们必须想其他的办法到达集市。

我无法描述我是如何强撑着完成了当天以及之后几天的工作

的。在此后的 35 年中，我没有向任何人提起过这件事。

但是我确实坚持着完成了我的工作，并且我找到了这种奇怪疾病的原因。正如我一开始猜测的那样，这些人是中毒而不是被感染。奇怪的是，他们并没有吃任何新的东西。在当地，木薯是他们最主要的食物。一般情况下，木薯都要存放三天才能够食用。当地所有人都知道这一点，所以以前从来没有人发生过吃木薯中毒的现象。然而在这一年，由于全国性的自然灾害导致了农作物歉收，于是政府大大地抬高了收购木薯的价格。这些可怜的农民，为了多挣一点钱，就把他们储藏好的木薯全部卖给了政府。当他们回到家，才发现自己已经没有足够的食物。于是他们就把一些从地里新挖出来的木薯吃掉充饥。1981 年 8 月 21 日晚上 8 点，这一重大的发现使我从一个区域医生转变成一个研究员，并且使我在接下来的十年间一直在调查研究经济、社会、食物和毒素之间的相互关系。

在 14 年后的 1995 年，在刚果民主共和国的首都金沙萨，当政府官员们听说埃博拉病毒在一个叫科特维特的城市暴发的情况之后，他们觉得很恐慌，于是立即决定采取行动，设置了路障。

意料之外的后果再一次发生了。通常，这个城市都是通过疾病暴发的地区来提供食物，设置路障之后，这个城市得不到足够的食物，那么他们只能从附近的另外一个城市购买食物。这导致了当地的物价飞涨，同时，那种奇怪的疾病再次发生了。很多人出现了双腿麻木以及失明的症状。

再过 19 年之后的 2014 年。在利比里亚的北部农村暴发了埃博拉病毒。那里毫无经验的政府人员在极度恐慌中想出了同样的解决方案：设置路障。

然而这一次，在当地的卫生部，我遇到了一批具有更高素质的政治家，他们拥有更多的经验，并且做事很谨慎。他们担心设置路障会使得疾病暴发地区的人失去对政府的信任，这将会是灾难性的。因为要想制止埃博拉病毒的传播，人们必须发现所有接触过埃博拉患者的人并把他们隔离起来。而这些工作必须依赖人们之间的相互信任。所有的埃博拉患者以及他们接触的人必须诚实地汇报他们接触了其他什么人。这次的调查员们都是英雄。是他们不顾危险，坐在贫民窟里面仔细地与每一个埃博拉患者以及他们的家人进行访谈。通常被访者很可能就是感染者。他们的心中已经充满了恐惧，他们的周围充斥着谣言。如果政府再采取什么激烈的行动的话，他们就会彻底失去对政府的信任。要想切断埃博拉病毒的传染路径，暴力是没有用的，只有耐心、冷静、细致的工作才可以起到作用。只要有一个人刻意隐瞒他接触过的人的信息，就有可能使上千人付出生命的代价。

当我们陷入恐惧中，并且在紧迫的时间压力下，我们就会过分地思考最坏情景，于是做出非常愚蠢的决定。在事出紧急的压力下，我们的分析能力就会丧失。

回到 1981 年的纳卡拉，当时我花费了好几天的时间来认真地调查那种疾病的原因，但是我没有花费一分钟的时间来仔细地思考设置路障的后果。紧急、恐惧以及一根筋的思考，最坏情形下全面暴发传染病的后果使得我丧失了正常的思考能力。情急生乱，我犯下了巨大的错误。

情急生乱的本能

你必须立即行动，必须现在就学会实事求是的思维方式，明天就来不及了！

现在我们在讨论的已经是最后一个本能了。现在你必须做出决定，这一刻永远不会再来。以后你再也不会有机会去面对这些烦恼，今天也面临着独一无二的机会。你必须学会这本书的内涵并且彻底、永远地改变你的思维方式。否则你只能放下这本书，说一句“书里说的都不靠谱”，然后继续我行我素。

但是你必须现在立即做决定，你必须现在就采取行动。你会选择立即改变你的思维方式，还是选择继续永远地生活在无知当中，现在你必须做决定了！

我相信在以前你听说过很多次类似的话。说这些话的，有时候是推销员，有时候是一些社会活动家。他们采用的都是一种相同的技巧：现在行动，否则你将永远失去机会。他们都是在故意激起你情急生乱的本能。要求你立即采取行动所带来的紧迫感使你不能全面地思考，使你更快地做出决定并采取行动。

请放轻松，这永远都不是真的，事情永远都没有那么紧急，而且事情永远不是非黑即白的选择。你完全可以把这本书放下，去做其他的事，过一个星期或一个月，甚至一年，你再回来，拿起这本书，重新看一看里面的主要观点，那也不会太晚。与其囫囵吞枣似的学习，还不如细嚼慢咽。

情急生乱的本能使得我们在感知到危险的时候，就立即采取行动。在遥远的过去，人类的祖先必须拥有这种本能。如果人们看到有一头狮子在远处的草丛中，他们应当立即逃跑，而不是做很多分析工作。那些不能快速反应而是停下来仔细分析各种可能性的人类，早已经灭绝了。我们的祖先一定是那些能够在不充分的信息下快速反应且快速行动的人类。在当今社会，我们仍然需要这种紧急反应的本能，比如说当一辆车突然向我们驶来的时候，我们必须迅速做出躲避动作。但是在现在的社会中，我们所面临的真正紧急的危险已经不多了。相反的是，我们要面对更多复杂和抽象的问题。这时情急生乱的本能就会驱使我们做出错误的决定。它使得我们感到很大的压力，放大了我们的其他本能，并且阻止了我们分析思考，使得我们仓促地做出决定，在没有深思熟虑的情况下贸然采取行动。

当我们面对未来的风险的时候，我们似乎并不会有这样的立即行动的本能。未来的风险无法唤醒我们，也无法促使我们立即投入行动。通常只有当我们相信某种未来的风险其实是一种迫在眉睫的风险的时候，只有当我们相信我们所面临的是历史上独一无二的解决问题的机会的时候，我们才会迅速采取行动。换句话说，只有当我们情急生乱的本能被激发出来的时候，我们才会迅速行动。

通过这样的方式促使人们采取行动会有它的副作用。它会给人带来没必要的紧张压力以及错误的决策。它也会牺牲人们的信用和信任。我们天天喊狼来了，结果就是最终人们变得麻木而再不相信这些警报。我们都清楚那个故事的结尾，最终狼真的来了的时候没有人快速地反应，结果所有的羊都被吃光了。

学会控制情急生乱的本能。特别优惠！过时不候

当人们告诉我，必须要立即采取行动的时候，我都会停下来好好地思考一下，在绝大多数情况下，当他们这样催促我的时候，唯一的效果就是使我不能理智地思考。

紧急情况之一

事实问题13：

全球气候专家预测，在接下来的 100 年中，全球的平均温度将____________________。

☐ A. 升高

☐ B. 保持不变

☐ C. 降低

“我们需要制造恐惧！”这是美国前副总统戈尔告诉我的。在我们第一次会面的时候，他谈到了如何教育大众认识到气候变化的问题，并对我说了这句话。那是 2009 年，我们在洛杉矶的 TED 大会的后台进行交流，他要求我使用我们的气泡图描绘出未来二氧化碳如果持续排放，这个世界将会面临的最坏情况。

我非常尊重戈尔先生为普及世界气候变化所做出的努力。我确信你在上面的事实问题中选出了正确的答案。在所有的问题中，这是唯一一道所有的观众都战胜了大猩猩的题目。不仅如此，绝大多数人都选择了正确的答案（芬兰、匈牙利和挪威 94%，加拿大和美国 81%，日本 76%）。人们对气候变化问题能有如此广泛的认知，

我们应该感谢戈尔先生所做出的巨大贡献。关于减少气候变化的《2015 年巴黎协议》能够达成，戈尔先生也功不可没。他过去是、现在也仍然是我心目中的英雄。戈尔先生认为，气候变化问题必须引起人们的注意，而且我们必须马上采取行动，这一点我百分之百地同意，我也为能够有机会和戈尔先生合作感到非常兴奋。

但是当他要求我通过数据给人们制造恐惧的时候，我不能同意。

我不喜欢恐惧。对战争的恐惧以及情急生乱，曾经导致我出现严重误判，误以为我在医院接到的病人是一名苏联飞行员，并误以为地上流满了鲜血。恐惧再加上情急生乱，使得我关闭了道路，并且导致了无辜的妇女儿童和渔民溺水死亡。恐惧和情急生乱会使人们做出愚蠢的决定，并带来不可预知的后果。气候变化是一个非常重要的问题。它需要的是系统化的分析、深思熟虑的决定、逐步解决问题的方案以及细心的评估。

我也不喜欢夸大事实。夸大事实会削弱数据的可信度。就气候变化问题本身而言，数据是真实可信的。人们燃烧化石燃料，排放温室气体，造成了气候的变化。我们不能等到气候变化发展到无法逆转的那一刻再采取行动。现在立即采取行动，将是代价最小的解决方案。然而，如果我们夸大事实的话，我们就会失去人们的信任。

我坚持，如果需要我用数据展示可能出现的最坏后果的话，我必须同时展示其他的可能性。我们设立开启民智基金会组织的初衷，就是为了消除人们对世界的偏见。如果我们带着偏见，仅仅为人们展示最坏可能后果，并且在没有科学依据的情况下继续推演，这有悖我们组织的初衷。我们是在利用自己组织的信用，来唤起人们行动的决心。戈尔先生不能接受我的观点，他继续给我们施加压力，要求我们在没有可靠的专家预测的情况下，制造出让人们觉得恐惧的气泡图表。最后我对他说，副总统先生，没有数据，就不会有气泡图。我们做不了您要求的事情。

一部分未来的事情容易被预测，另一部分则不易被预测。以人类现有的科技水平，我们很难做出一周以上的天气预测。要想准确地预测一个国家的经济发展和失业水平，也是非常困难的事情。这是由于我们对于整个系统的复杂性还没有充分的认识。我们究竟需要预测多少参数？它们的变化究竟有多快？一周之后，温度、风速、湿度这些参数，都会经历数以十亿计的变化。一个月之后，数以十亿计的美金会易手数十亿次。

相比较而言，人口预测是相对准确的。这是因为人口的预测其实只涉及两个参数：人口的出生和死亡。人们出生、成长、繁衍、死亡，每一个人类个体都要完成这样一个循环，而这样的循环周期平均是 70 年。

但是从某种程度上来说，未来仍然是不可预测的。所以，无论何时，当我们探讨未来的时候，我们必须拥有开放、清醒的头脑，也必须认识到未来的不确定性。我们不应当只选择一种最差的情形来展示给人们并装作我们对其很确定。人们会自己发现答案的。正常情况下，我们应当给人们展示一种正常的情形以及多种变化的可能性。这样才能保护我们的声誉，人们也才能持续地信任我们。

坚持以数据为基础

在第一次与戈尔先生交谈之后，我时常回想他对我说的话。

为了确保清晰地表达我的观点，我要重申一遍，我对气候变化问题非常非常担心。我也深深相信，气候变化问题是真实存在的，正如我在 2014 年相信埃博拉病毒的严重性一样。他希望我们能够给人们仅仅展示最坏后果，而不展示其他的可能性，这样才能得到公众的支持。这一点我十分理解。但是，所有关注气候变化的人都应该停止恐吓公众。大多数人已经认识到了气候变化的问题。继续恐吓公众就好比持续地用脚去踢一扇已经打开的门，这是毫无必要的。现在，是我们停止空谈并采取行动的时候了。我们的行动应当是基于真实的数据和冷静的分析，而不是基于恐惧和情急生乱的本能。

那么，究竟应该如何解决问题呢？其实很简单。所有造成大量温室气体排放的人必须尽快停止。我们很清楚这些人是谁，就是那些收入水平在第四级的人，是他们排放了最大量的二氧化碳。我们需要收集这方面的准确数据，并且持续跟踪。

在我结束了和戈尔先生的谈话之后，我开始寻找并收集关于二氧化碳排放的数据。我非常惊讶地发现，这样的数据非常难以获得。我们要感谢伟大的卫星图像，现在可以每天监测北极冰川的面积。这充分地证实了北极冰川的面积每一年都在以令人担忧的速度减少。这样我们就有很充分的证据来证明全球气候变暖的事实。但是，当我在努力寻找气候变暖的原因，也就是二氧化碳排放的数据的时候，却发现数据非常少。

收入水平在第四级的国家都可以持续追踪自己国家的 GDP 数据，并且每个季度都发布官方统计数据。然而关于二氧化碳排放量的数据，却仅仅每两年公布一次。所以我开始努力游说瑞典政府以季度为频率来公布二氧化碳排放量的数据。如果我们真的关心这个问题的话，我们为什么不持续地统计数据？如果我们根本都不追踪气候变化的过程，我们有什么理由说我们在严肃认真地对待这个问题呢？

我非常骄傲地说，自从 2014 年开始，瑞典政府每个季度都追踪温室气体的排放（瑞典政府是第一个，也是迄今为止唯一一个每季度公布温室气体排放量的国家）。这才是实事求是的态度。韩国的统计学家最近拜访了瑞典政府，希望能够学习如何及时地统计和发布温室气体排放数据。

气候变暖，是一个非常严重的全球性问题。全世界的大多数人都已经认识到了这一点。但是要彻底解决这个问题，仅仅靠空谈和恐吓是起不到任何作用的。

当你需要采取行动的时候，有时最好的方法就是提高数据的可信度和完善度。

制造恐惧是很容易的事

讨论气候变化的声音持续高涨。很多社会活动家相信，气候变化是唯一重要的全球性问题。他们认为，气候变化是所有其他问题的罪魁祸首。

他们抓住一切机会来宣扬气候变化问题的重要性。无论是叙利亚问题、恐怖主义问题、埃博拉病毒、艾滋病还是鲨鱼攻击等所有问题，他们都归咎于气候变化。有些时候，这些讨论是有科学依据的，而很多时候则毫无科学根据可言。我非常理解，他们迫切地希望人们能够认识到远期风险的迫切性，但是我不能同意他们所采取的方法。

令我担心的是，他们竟然创造出了一个专有名词，叫作气候难民，并以此来吸引人们的注意。我个人的理解是，气候变化和移民之间是没有直接联系的。气候难民的概念，是人为制造出来夸大事实的。其目的就是想把人们对难民的恐惧转化为对气候变化的恐惧，从而得到人们的广泛支持来降低二氧化碳的排放量。

当我和这些社会活动家讨论这一问题的时候，他们通常会告诉我，只有夸大事实才能够激发人们的恐惧和紧迫感。这样做是无可厚非的，因为只有这样做才可以促使人们马上采取行动，来预防未来的风险。他们认为为了达到目的，可以不择手段。在短期内这样做可能可以奏效。但是，但是，但是……

喊了太多次狼来了之后，整个气候问题的可信度和所有气候问题专家的声誉都会受到损失。气候变化是一个非常严重的问题，我们绝对不能冒这样的风险。夸大事实地宣扬气候问题在战争、冲突、贫困或者移民问题中的作用，只会使得人们错误地从其他重要的全球性问题上转移注意力，并拖延人们去解决其他重要问题。如果我们失去了人们的信任，我们就不可能成功。

而这些夸大其词的社会活动家，自己也终将成为受害者。因为当他们频繁使用这样的手段来得到民众的支持的时候，他们自己也会因为变得高度紧张而不能专注于寻找解决问题的方案。所有严肃认真地对待气候变化问题的人，必须在头脑中同时保留两个观点：

他们必须持续关注这个问题，不要过多地被这个问题困扰而丧失理智；他们必须研究最差情形，但是也要同时认识到预测的不确定性。在激发别人热情的同时，他们自己必须保持冷静的头脑。只有这样，他们才能做出正确的决定，采取有效的行动，并且不丧失自己的公信力。

埃博拉

在前面的第三章，我描述了在 2014 年，在西部非洲对抗埃博拉病毒的时候，我们采取行动太慢了。那时候，直到我看到了发病率曲线按照翻倍规律增长的时候，我才认识到事情的严重性。然而，尽管在如此可怕和紧急的情况下，我仍然坚持冷静地分析数据，然后再采取行动。我从自己过去的教训中学到了，绝不能让本能和恐惧来驱使我的行动。

当时我们从世界卫生组织和美国疾控中心所得到的疑似案例的数据是非常不准确的。疑似案例，意味着尚未确诊。这个数据里面有很多问题。比如说：有些患者被怀疑感染了埃博拉病毒，但最终死于其他疾病。这种情况仍然被记录为疑似案例。当人们对埃博拉的恐惧愈演愈烈的时候，疑似案例的范围就被大大扩大了。当有限的医疗资源被大量地投入对抗埃博拉病毒的时候，对其他疾病的治疗的资源就大大削弱了，这直接导致了很多患者由于得不到及时治疗而死于其他疾病。然而，这些死亡的患者中的很多人被定义为疑似案例。所以，疑似案例的数据就越来越被夸大，越来越偏离事实。这时候最重要的数据应该是确诊案例。

如果你不能追踪进度，你就不知道你采取的行动是否奏效了。所以，当我抵达利比里亚的卫生部的时候，我马上问我们如何才能得到确诊案例的数据。我当天就得到了答复。患者血液的样本被送到四个不同的实验室进行检测，而他们的检测数据，是在混乱的电子表格中记录的，所有这些数据并没有合并统计。我们有从全世界各地飞过来的数百名医生参加行动，却有很多软件工程师在开发毫无意义的埃博拉 app（对这些软件工程师而言，app 就是他们的锤子，他们希望埃博拉病毒是钉子）。然而，却没有人通过追踪过程数据来验证我们采取的行动是否奏效。

在获得了政府的允许之后，我把这四个实验室发来的四份数据表格发给了在斯德哥尔摩的欧拉。他花了整整 24 小时，整理合并这四个数据表格。统计完数据后，他发现的结果非常令人震惊。为了确保准确，他把所有的数据又重新核对了一遍，以确保他所发现的结果是正确的。当一件貌似紧急的事情发生的时候，第一件应当做的事不是大喊“狼来了”，而是整理数据。令我们所有人感到震惊的是，数据表明，在两星期前，埃博拉病毒的确诊人数就已经达到了顶峰并开始下降。而另一方面，疑似案例的数量仍在不断上升。与此同时，在现实生活中，利比里亚人民已经成功地改变了他们的生活习惯，大量地减少了不必要的身体接触。他们不再握手，也不再拥抱。另外，利比里亚政府也在所有的公共设施，包括商场、公共建筑、救护车、医疗诊所、火葬场等几乎所有的地方，都强加了更为严格的卫生措施。利比里亚人民也都严格地遵守了这些措施。所有这一切都达到了预期的效果。但是在欧拉发送给我们最终的数据之前，没有任何人知道这一点。我们都为此欢欣鼓舞，然后每个人都继续更加努力地投入工作中。因为我们知道，我们所做的努力已经产生了成效。

我把我们的研究成果发送给了世界卫生组织，他们在后续的报告中公布了这些数据。但是美国疾控中心仍然坚持使用疑似案例的数据。那时，疑似案例的数字还在持续增长。他们认为，必须制造一种紧张的气氛，才能够使这个项目得到持续的支持。我知道他们这么做是出于善意，但这样做却会使人们浪费大量的资源和时间在不必要的事情上。说得严重点，这么做会伤害传染病研究数据的公信力。我们无法责怪他们。运动员不应该同时是裁判员。而一家定位于解决问题的组织，也绝不应该有权利决定发布什么样的数据。致力于解决问题的人，永远都希望得到更多的资金、更多的资源，所以他们就不应该参与到监测结果的行动中。因为这样做会产生利益冲突，并导致误导性的结果。

是数据，是那些每周翻倍增长的疑似案例的数据，使我认识到埃博拉病毒危机的严重性。同样是数据，那些关于确诊案例的数据展示出的下降曲线，使我最终相信我们所采取的措施已经奏效。数据是绝对的关键因素。正因为数据是如此关键，我们就必须维护数据的可信性，以及这些数据发布方的可信性。数据必须用来讲述事实，而不应该带有目的性，无论这是多么高尚的目的。

十万火急，你必须马上读下面这段文字

情急生乱会非常恶劣地扭曲我们的世界观。我知道，我对其他的人类本能也说过类似的话。但是情急生乱的本能，却有它自己的

特殊性。或许我应该说，所有其他的本能都来自情急生乱的本能。人们脑海中过度夸大的世界观持续给人们带来压力和危机感。那种十万火急、时不我待的感觉，只会使人们变得紧张或者干脆冷漠。人们要么在压力下觉得：我必须现在就采取行动，必须做大动作，我们来不及分析，要赶快采取行动！要么觉得：我们已经没有希望了，我们做什么也没用了，让我们放弃吧！无论哪一种，都会使我们停止思考，屈服于我们的本能，并做出错误的决定。

我们应当担心的五大全球性风险

我无法否认，我们必须注意一些全球性风险。我不是一个粉饰太平的乐观主义者。我也从来不靠回避问题来获得内心的平静。我最担心的五大全球性问题包括：全球性传染病、金融崩溃、世界大战、气候变化以及极度贫穷。为什么这些问题使我最担心呢？第一，是因为它们都是有很大概率会发生的。前三个在历史上都发生过，而后两个正在发生；第二，是因为它们中的任何一个一旦发生，都会使得人类的进步停滞几年，甚至几十年，从而给人们带来巨大的伤害。如果我们不能共同避免这些风险，其他的一切努力都会徒劳无功。我们必须通力合作，循序渐进地化解这些风险。

这里面其实应该有第六个风险因素，那就是未知的风险。它意味着可能有某种风险，我们今天并没有充分意识到，但是一旦发生，却会给我们带来巨大的伤害。我们需要保持清醒的头脑。虽然对于未知的风险我们无法采取任何行动，但是我们必须对新的风险保持谨慎和警惕。这样一旦新的风险出现，我们才能有机会正确地应对。

全球性传染病

在第一次世界大战期间，西班牙流感病毒横扫整个世界，造成了 5000 万人的死亡，比战争造成的死亡人数还要多。当然，这也有部分原因是由于很多人在经历了四年的战争之后，身体已经变得很虚弱了。其后果是，全球人口的预期寿命下降了十年，从 33 岁下降到 23 岁。这一点可以在本书第 67 页的图表上看到。很多传染病研究的专家，都认为某种新型的流感病毒很可能是人类健康的重大威胁。这主要是由于流感的传染路径。它通过空气中的微粒来进行传播。一位病毒携带者进入地铁，无需和其他人进行接触，甚至不需要和其他人接触相同的地方，就可以传染整列车厢的人。像流感这种通过空气传播的疾病，由于传播速度极快，会比埃博拉病毒或艾滋病毒对人类的威胁更大。我们应当竭尽全力地保护自己，不受这种快速传播的病毒的危害。

面对流感病毒，当今的世界已经比以往有了更多的应对手段。但收入水平第一级的国家是没有能力对快速传播的疾病做出及时反应的。我们需要确保人人都得到基本的健康服务，这样才能确保任何传染病的暴发都会被快速地发现。我们也需要世界卫生组织能够保持有效的运转来协调全球的资源。

金融崩溃

在全球化的世界里，金融泡沫带来的后果是毁灭性的。它可以摧毁整个国家的经济，也可以使得大量的人民失去工作。它会驱使大量心怀不满的人去寻找激进的解决方案。一家大型银行的破产，可能会造成比 2008 年美国次贷危机更大的动荡。它有可能造成全球经济的崩溃。

即使是世界上最好的经济学家也没能预测上一次金融危机，并且他们在预测全球经济复苏的时间上面也一错再错。我们面对的经济系统太过复杂，非常难以预测。所以我们无法假设金融崩溃不会发生。如果我们能面对一个简单一点儿的经济系统，那么可能我们有机会彻底理解它并且找到避免未来经济崩溃的方法。

第三次世界大战

在我的一生中，我一直在竭尽所能与不同国家、不同文化的人建立联系。这不仅是非常有趣的经历，同时也是非常有必要的。我们需要通过广泛的沟通来加固全球的安全网。这样我们才能对抗人类可怕的暴力本能，避免战争。

我们需要奥运会、国际贸易、教育交流项目、自由的互联网等所有一切能够帮助我们打破种族和国家界限的交流活动。为了世界的和平，我们必须精心地呵护并不断加强我们的安全网。因为如果没有世界和平，我们所有的可持续发展目标都终将只是空中楼阁。我们必须控制好那些自高自大、有过侵犯别国历史的国家，防止他们再次做出侵犯行为。这是对世界外交能力的一大挑战。我们必须帮助老派的西方世界找到一条和平融入新世界的道路。

气候变化

我们不必研究气候变化的最坏情形就可以知道，气候变化对于当今世界是一个巨大的威胁。只有在一个和平的环境下，世界各国才可以共同遵守同样的行为规范，服从于一个权威的全球化机构，统一管理全球性资源，比如空气。

我们有能力做到这一点，我们已经在控制臭氧排放和减少含铅汽油的使用量上获得了成功。在过去 20 年间，我们成功把臭氧排放和含铅汽油的使用几乎降到了零。这需要一个强大的、有效运作的国际组织。这里我指的是联合国。我们需要团结起来，才能够满足不同收入水平的人的需求。如果我们剥夺世界上最贫困的、生活在收入水平第一级的 10 亿人民用电的权利，我们就无法形成世界的团结。更何况他们未来的用电量，对于世界的二氧化碳排放来说，微乎其微。最富有的国家，是排放最多二氧化碳的国家。这些国家必须从自己做起，降低二氧化碳的排放量，同时停止互相指责。

极度贫困

前面我谈到的几项风险，都是一些可能为人类带来巨大痛苦的情形。而极度贫困却不是这样一种风险。我们所有人都知道它带来的痛苦，这一切都是在现实生活中已经发生的，而不是即将在未来发生。这是日复一日的现实，而不是凭空的想象。埃博拉病毒就是从最贫困的国家暴发的，因为那里没有基础的健康设施可以在最早期阶段遏制埃博拉病毒的蔓延。战争也是在最贫困的国家爆发的，因为年轻人一无所有，不得不绝望地去争夺食物和资源，所以他们更倾向于加入极端组织。这是一个恶性循环：贫穷导致战争，而战争加剧了贫穷。阿富汗和很多中部非洲国家的内战导致了几乎全部援助项目的暂停。恐怖主义的据点，永远在最贫穷的国家。如果濒临灭绝的黑犀牛生活在一个战火连天的内乱国家中，世界上任何援助组织都无能为力。

今天全世界相对和平，促进了全球的经济繁荣。生活在极度贫困状态下的人口数量大大减少。但是当今仍然有 8 亿人生活在极度贫困状态。与气候变化不同，我们不需要做出任何预测或者情景分析，就可以很清楚地知道，仍然有 8 亿以上的人正在遭受痛苦。我们也知道正确的解决方案：和平、教育、基础健康设施、电力系统、干净的水、地下水系统、避孕措施以及小规模的借款来支持市场力量。我们不需要任何伟大的发明来终结贫穷。我们只需要不断地复制过去的成功经验即可。我们也知道，我们越快去行动，效果就会越好。因为生活在极度贫困状态的人会生育更多的孩子，这会导致极度贫困人口数量的增长。尽快为极度贫困状态下的人提供过上体面生活的必需品，是头等大事。

最难获得我们帮助的人，是那些陷于战乱地区的贫困人民。他们如果想摆脱贫困，则必须有一支军事力量能够维持国家的稳定。他们需要荷枪实弹的警察和政府的权威来保护普通公民的人身安全。也只有这样，教师们才有机会在和平的环境中教育下一代。

我仍然是一个可能主义者。我们的下一代像是一场接力赛中的最后一棒选手。消除贫困的竞赛，就像是一场漫长的马拉松，第一棒选手从1800年就已经开始比赛了。我们的下一代，有着独一无二的机会来结束这场比赛。他们需要接过接力棒，冲过终点，然后举起他们的双手庆祝胜利。我们必须结束这场竞赛，嗯，那时，我们应当举行盛大的庆祝仪式。

对我而言，清楚知道哪些事情是最重要的，能让我轻松愉快。上面的五个最大的风险是我们应当投入我们的精力和资源的地方。要化解这些风险，我们需要的是冷静的头脑和有效的数据。我们也需要全球的合作以及全球的资源调配。千里之行，始于足下。我们应当采取渐进式的行动，并对效果进行持续评估，而不是采取过于激烈的行动。所有的社会活动家，都应当尊重这五个巨大的风险，但不要刻意地夸大风险来制造恐慌。

我并不是说你不应当担忧，我只是说你只应该为正确的事情来担忧；我也没有说你应当不看新闻或者不听社会活动家的宣传，我只是建议你忽略那些噪声，聚焦于最重要的全球性风险上面；我也没有劝你不要害怕，我只是希望你能够保持冷静，并支持全球化的协作。因为只有这样，我们才能真正地化解全球性风险。你需要控制自己情急生乱的本能。你也需要控制自己其他过分夸大的本能。你无需再为人们夸大其词描述出来的各种问题而担忧，而应当把注意力聚焦在真正的问题以及解决方案上。

实事求是的方法

要做到实事求是，就要认识到当你感觉必须做一个紧急的决定的时候，牢牢地记住，事实上绝大多数情况并不是真的紧急。

要想控制情急生乱的本能，你需要做到循序渐进。

- **深呼吸**。当你情急生乱的本能被唤醒的时候，你的其他本能也会被激活，而你大脑的分析能力则停止工作了。请给你自己一点时间和更多的信息。绝大多数情况下，你并不需要立即采取行动，以后仍然会有机会。事实也通常不是非黑即白的。
- **坚持了解基础数据**。如果一件事是紧急且很重要的，那么我们必须对它进行持续观测。请警惕那些虽然相关但并不准确的数据，或者那些虽然准确但实际并不相关的数据。只有相关且准确的数据才真正有用。
- **警惕那些带有偏见的预言家**。任何关于未来的预测都是具有不确定性的。所有的预测都必须考虑到未来的不确定性。你应当坚持对预测有一个全面的、包含多种情形分析的了解。

永远不要只看最佳或最差情形。并且要用这种预测和历史上发生的事实相对比，来检查这种预测方法的准确度。

- **小心过激的行动**。尽可能了解激烈行动的后果和副作用。了解这一行动的理论依据。应当稳扎稳打地取得现实的进步，并且在过程中持续观测实施效果。通常循序渐进的方案，总会优于大刀阔斧的行动。

CHAPTER 11

—— 第十一章 ——

实践中的实事求是

实事求是，救了我的命

“我想我们应该逃跑。”站在我身边的年轻老师轻声地对我说。我的脑海中瞬间闪过两个念头。第一个是，如果这位老师跑了，我就无法和周围愤怒的人群沟通了。想到这里，我立即紧紧地抓住了他的手臂。

第二个念头是，坦桑尼亚一位非常有智慧的州长曾经对我说过的话：“如果有人拿着刀威胁你，千万不要转过身去。你要站直身体，直视他的双眼，问他到底有什么问题。”

那是 1989 年，在当时的扎伊尔，现在的刚果民主共和国境内的一个遥远的、极度贫穷的小山村。当时我参与调查当地一种奇怪的流行性的麻痹病症。这种病我几年前在莫桑比克发现过。

这个研究项目经过了长达两年的细心规划。所有的材料翻译和实验室设备都经过精心的准备。但是我犯了一个严重的错误。我并没有向当地的村民们解释我们究竟在做什么以及为什么要做。我想去访谈所有的村民，并且对他们所吃的食物、血液和尿液采取一些样本。我本来应当和村长一起去向当地的村民们解释一下我们采取这些样本的原因。

那天早上，当我正在帐篷里面安静地工作，准备这些测试仪器的时候，我听到村民开始在外面聚集。他们似乎都很不安。然而当时我太专注于工作，并没有注意到外面的动静。我专心致志地调试我的仪器，然后发动了柴油发电机，对离心机做了一些测试。柴油发电机噪声非常大，直到我把它停下来，才听到外面的喧哗声。事情瞬间起了变化。我弯腰从帐篷低矮的房门走了出去。帐篷里面非常黑暗，所以当我刚刚走出帐篷的时候，我几乎什么都看不清。几秒之后，我看清了面前的景象。我的门口聚集了 50 多名愤怒的村民。所有的人，都伸手指着我。有两个强壮的村民，手里还举着巨大的砍刀。

正在那时，我旁边的那位年轻的教师，我的翻译，建议我赶快逃跑。我环顾四周，发现根本没地方可以跑。如果这些村民真的想伤害我，他们一定可以把我抓回来，或者用砍刀把我砍翻在地。

“他们有什么问题吗？”我问那个老师。

“他们说你在卖他们的血。他们说你骗了他们。你只给了村长钱，而没有给他们钱。你将会用他们的血做一些伤害他们的事情。他们说你不应该偷他们的血。”

这实在是太糟了。我请他帮我翻译。然后我面对着人群喊道：“请允许我解释一下。我可以现在就离开你们的村庄，我也可以现在向你们解释清楚我来做的事情。”

村民们喊道：“你先说说为什么来这里吧。”我想可能是村民们的生活太无聊了，所以他们可能心里在想“我们先听听他怎么说，然后再杀他不迟”。人们拉住了那两个手持砍刀的人，并且说：“先让他解释一下。”

我其实早就应该向村民解释清楚我们此行的目的。如果你想到一个陌生的村庄做一些研究的话，你最好循序渐进，多花一些时间，并且给当地的人足够的尊重。你必须让他们问问题，你也必须回答他们的问题。

我开始向大家解释，我们正在研究一种奇怪的疾病。我拿出了在莫桑比克和坦桑尼亚拍的照片，告诉大家，我在那些国家也研究过这种疾病。村民们都对我手上的照片非常感兴趣。我告诉他们，我认为这种疾病和他们制作木薯的方法有关。

“不是的。”他们异口同声地说。

“好吧，”我说，“我们希望做这样一项研究，来检测我们的假设是否正确。如果我们能找到原因，也许你们就再也不会得这种疾病了。”

村子里面有很多儿童都得了这种疾病，我们进村的时候我就注意到了这一点。当时有很多儿童在后面好奇地追着汽车跑。其中有一些儿童，一瘸一拐地落在了后面。现在人群中也有一些儿童走路不稳，这是这种疾病的典型症状。

人们开始窃窃私语。一个拿着大砍刀的男人，长相十分凶恶，双眼通红，胳膊上有一道巨大的伤疤。他又开始大声喊叫了。

这时一位赤着双脚、50 岁左右的妇女，从人群中走了出来。她走到我面前，然后转过身去面对着人群，挥舞着双臂大声地喊道：“大家都闭嘴，你们难道不知道他说的是对的吗？他说的是对的。我们必须做这种血液测试，你们还记得以前我们有很多孩子都死于麻疹吗？后来这些外国人来了，给孩子们注射了疫苗，然后我们再也没有孩子死于麻疹，你们难道不记得了吗？”

人们也大声地喊道：“是的，麻疹疫苗是好的东西，但是现在他们要把我们的血带走。”

这位妇女停顿了一下，然后朝着人群走了一步，大声地说道：“你们以为疫苗是怎么发明出来的？难道是从他们国家的树上长出来的吗？或者你以为是他们从地里面挖出来的？不是的！他们是通过这个医生刚才说的‘研究’来发现的疫苗。”然后她转过身来指着我说：“就是通过这种方法，他们才能够治疗疾病，你们明白了吗？”

我们所在的是刚果民主共和国的一个偏远贫穷的小村庄，而这位农村妇女挺身而出，就像一位科学院的专家一样，捍卫科学研究的尊严。

“我自己的孙女得了这种病，腿瘸了，村里的医生都说她治不好。但是我们如果能让这个人做他的研究，也许他能够找到治疗的方法，就像他们找到了治疗麻疹的方法一样。如果他成功的话，我们的孩子就再也不用瘸腿了。我愿意让他分享他的研究，我们大家也都需要他能够完成他的研究。”这位妇女有着巨大的智慧，但是她并没有用她的智慧去歪曲事实，而是用她的智慧来解释事实。她说完之后，用一种非洲妇女特有的非常自信的姿势，用力卷起了左臂的衣袖。然后她转过身来，背对着人群，用右手指着左臂的臂弯，直视着我的双眼，对我说：“医生，请抽我的血吧。”

那个举着砍刀的男人放下了手臂，走到了旁边。有五六个人走到了旁边，嘴里唠唠叨叨地抱怨着些什么。其他人都自动在这位妇女身后排成一队，准备接受抽血。原来的大声喊叫变成了轻声细语。他们脸上原来愤怒的表情，也变成了好奇的微笑。

我会永远感谢这位勇敢的妇女和她洞见事实的智慧。在经历了年复一年的与无知的斗争后，我们提出了实事求是的世界观。这时我意识到，这位妇女的行为正是这种实事求是世界观的最好代表。她似乎能够洞见村民们心中被激发出来的所有夸大事实的本能，帮助他们控制住这些本能，并且通过理性的分析说服了他们。针管、鲜血和疾病激发了村民们的恐惧本能。而以偏概全的本能使得他们把我当成一个欧洲的掠夺者。归咎于人的本能使得他们把我当成了一个邪恶的、专门来偷他们的血液的医生。而忙中生乱的本能，使得这些人仓促地做出了决定。

然而，在这么大的压力之下，这位妇女仍然挺身而出，仗义执言。这种品质和是否受过正规的教育毫无关系。她从来没离开过这个小村庄，我也很确定她是一个文盲。毫无疑问，她从来没学过统计学，也从来没有研究过这个世界的基本事实。但是她拥有勇气。而且在巨大的压力下面，她仍然能够客观地思考，并且用清晰的逻辑做出完美的表达。她实事求是的做法，拯救了我的生命。如果这位妇女在这样严酷的环境下都能够做到实事求是，那么受过高等教育的你，也应当可以做到。

在实践中做到实事求是

如何才能在每天的日常生活中做到实事求是呢？在教育中，在商业活动中，在新闻工作中，在你自己的组织里或社区里，作为一名公民，应当如何做到实事求是呢？

教育

在瑞典，我们并没有火山，但是我们有一些地质学家可以用公费去研究火山。所以普通的学校学生都可以学习关于火山的知识。

在北半球的天文学家们，可以研究只有在南半球才能看到的星星，在学校里面，孩子们可以学习有关这些星星的知识，这是为什么呢？因为它们是世界的一部分。

那么，为什么我们的医生和护士不应该学习不同收入等级的人的疾病模式呢？为什么在我们的学校和企业中，我们不应当教育人们对日新月异变化中的世界有一个全面的了解呢？

我们应当教给我们的孩子最新的知识和实事求是的思考框架。让他们理解，处在四个不同的收入等级的人们有着多么不同的生活，训练他们使用实事求是的思维方式的基本原则。这些基本原则列在每一章的最后部分。这样他们就能够在看到来自世界各地的新闻的时候，知道一个大的背景。当媒体、社会活动家或销售人员在试图用夸张的故事激发他们过度夸大的本能的时候，他们能够有所觉察。这些技能属于客观思维的一部分。客观思维和这些技能可以保护我们的下一代，使他们不成为无知的一代。

- 我们应当教育我们的孩子，世界上有不同的国家，生活在不同的收入和健康水平。而大多数人生活在中等水平。
- 我们应当教育他们，去了解我们国家的社会经济在全球中的地位，并且让他们知道，这一切的发展变化过程。
- 我们应当教育他们自己的国家是如何不断进步、提高收入水平的。并且教会他们使用这样的知识，去理解其他国家现在的生活水平。
- 我们应当教育他们，人们正在不断地提高自己的收入水平，而大多数事情都在变得更好。

- 我们应当告诉他们，历史上人们真实的生活状态是什么样子，从而使他们不要错误地认为我们没有取得进步。
- 我们应当教育他们同时认识到两个事实：世界上确实有坏事在发生，但是也有很多事情在变好。
- 我们应当教育他们生搬硬套地从文化和宗教的角度来理解世界是毫无用处的。
- 我们应当教育他们如何解读新闻并且认识到其中夸大其词的成分，这样他们才不会变得焦虑或绝望。
- 我们应当告诉他们，人们如何利用数字误导别人。
- 我们应当教育他们，这个世界是处在持续变化中的，他们应当不断更新自己的知识和世界观。

而最重要的是，我们应当教育我们的孩子保持谦卑和好奇心。

保持谦卑，意味着要认识到我们的本能通常会妨碍我们认识到事实的真相。它意味着我们要认识到自己知识的局限性。它意味着我们应当很坦然地说“我不知道”。它还意味着，等你形成了一个观点之后，要随时准备接受新的事实来改变你的观点。保持谦卑是一件轻松愉快的事，因为它意味着你不需要对所有的事情都有了解，或者都有观点，你也不必随时准备为你自己的观点而辩解。

保持好奇心，意味着你应当对新的知识和信息保持开放的心态，并且积极地寻找新的信息。它意味着你能够拥抱和你世界观不符的事实，并且可以努力去理解它们背后的含义。它意味着让你的错误激发自己的好奇心，而不是难为情。我怎么会错得如此离谱呢？我能够从这个错误中学到什么呢？那些人都很聪明，那么为什么他们会使用那种解决方案呢？保持好奇心是一个令人激动的过程，因为它意味着你永远都会发现有趣的事情。

但是世界还在持续变化。教育下一代解决不了成年人的无知问题。你在学校里面学到的关于这个世界的知识，在十到二十年之后就会变得过时。所以我们还必须找到一种方法，能够对成年人的知识进行更新。在汽车行业，当人们发现汽车有缺陷的时候，就会召回产品。你会从汽车生产厂家那里收到一封信，上面写着“我们将会召回你的汽车，并为你更换刹车片”。当我们在学校中学到了关于世界的知识，而这些知识变得过时之后，你也应该收到一封信，上面写着“抱歉，我们以前教给你的知识已经过时了，请返回学校，我们将对你的知识进行免费升级”。或者也许你的工作单位可以帮你解决这个问题：“请学习下面的材料并进行考试，这样参加世界经济论坛的时候就不会出丑了。”

把宽边帽换成收入大街图

孩子们在学龄前教育中就开始学习其他的国家和宗教文化。我们通常会给孩子看一些很可爱的世界地图，在地图上不同的国家有不同的人物，穿着具有民族特色的服装。这样孩子们就可以理解不同文化之间的不同，并且尊重这种不同。这种意图是好的，但是这会给孩子造成一种印象，使他们觉得世界各地的人们非常不同，同时使他们对世界各地的人们产生过时的认识。当然，墨西哥人有时会爱上巨大的毡帽，但是现在的墨西哥，只有那些游客才戴这种大的毡帽。

让我们给孩子们看收入大街图吧。让他们了解人们日常的生活是什么样的。如果你是一位老师，请带着你的学生们在 dollarstreet.org 的网站上来畅游世界，让他们自己去发现不同国家之间的不同和相似之处。

商业活动

如果你在自己的简历上打错一个字，有可能你就得不到这份工作，但是如果你把 10 亿人口放错了大洲的话，你不仅不会被炒鱿鱼，说不定你还可以得到晋升。

很多西方的大型跨国公司和金融机构的员工，仍然有着根深蒂固的、过时的、错误的世界观。然而对世界的全面理解已经变得越来越重要，而且是越来越容易。我们中的很多人都在和世界各地的消费者、生产者、服务商、同事和客户一起沟通工作。在几十年前，我们是否了解这个世界并不重要，当时我们也缺乏可靠的全球化的统计数据。当世界变化的时候，我们对世界的认知就需要随之变化。在当今社会，很多学科的数据都很容易获得，这是一个非常大的变化。当我对全球化的误解宣战的时候，我的第一个合作伙伴是一台复印机，但是今天，这些数据都可以很容易在网上获得，无论是关于就业、生产、市场，还是投资。对于公司和员工而言，基于实事求是的世界观来做决定、采取行动已经变得前所未有的容易，也变得前所未有的重要。

利用数据来理解全球化的市场已经成为文化的一部分。但是，如果人们抱持着错误的世界观，只看到片面或错误的数据，或没有数据，那么就会被误导。如果不是有一天人们接受了全球知识的测试，他们永远都不会觉得自己对世界的认识是错误的。

对于销售和市场工作而言，如果你在欧洲或者美国运营一个很大的业务，你和你的员工必须理解，世界的未来市场在亚洲和非洲这些高速增长的地区，而不是在西方世界。

对于员工招聘而言，你需要理解，作为一个欧洲或美国公司，已经不再具有吸引国际性人才的优势了。比如，谷歌和微软已经成为真正全球化的公司，而不是美国的公司。他们的亚洲和非洲的员工希望能成为一个真正的全球化公司的一部分，而事实上他们确实做到了。他们的首席执行官都是在印度出生，并在印度接受了教育。

我在给欧洲的企业做演讲的时候，总会劝他们降低自己公司的欧洲色彩（比如把企业标志上的阿尔卑斯山图样去掉），把他们的总部——而不是他们的欧洲员工——搬到其他的国家去。

对于生产型企业而言，你需要认识到全球化进程并未结束。几十年前，西方公司认识到通过把工业化生产外包给收入水平在第二级的国家，可以以低于一半的成本来生产相同质量的产品。然而全球化是一个持续化的进程，而不是一锤子买卖。当孟加拉国和柬埔寨进入收入水平第二级的时候，纺织工业从欧洲转移到了这些国家。但是当这些国家变得更加富裕而进入收入水平第三级之后，他们必须及时地多样化自己的工业布局，从而避免纺织业的工作转移到非洲国家之后带来的后果。

在做出投资决策的时候，你需要忘掉对非洲陈旧的殖民地的印象（今天的媒体仍然在做如此的宣传），而要理解，在加纳、尼日利亚和肯尼亚，你有可能发现最佳的投资机会。

我认为很快企业家们就会认识到，他们的员工和客户都需要及时更新世界观，这远比检查拼写错误更重要。

记者、社会活动家和政治家

记者、社会活动家和政治家也都是平常人，他们并没有刻意地对我们撒谎，他们只是自己对世界有着错误的认识。他们和其他人一样，也应该经常检查并更新自己的世界观，并且养成实事求是的思考习惯。

记者们可以采取更多的行动，来给我们展现一个比较正确的世界观。比如在事件的描述中加入历史背景介绍，就会起到很大的帮助。有一些记者已经认识到负面新闻给人们带来的错误的影响，正在起草新的更有建设性的新闻准则，并且希望改变新闻界只报道坏消息的习惯，从而能够使得新闻更加有意义。目前还很难评估这样做的实际影响会有多大。

归根到底，展现真实的世界，并不是记者的本职工作，也不应该是社会活动家或政治家的目标。他们永远都要用激动人心的故事和夸张的描述来竞争人们的注意力。他们只会聚焦异常的情况，而不是平常的事情。他们总是会关注新奇的事物，而不是渐变的模式。

我认为即便是最高质量的新闻媒体也不可能像统计机构那样，

展现一个中性和不夸大的世界。那会是正确的，但是太沉闷了。我们不应当期望媒体能够沿着这个方向前进。相反地，我们应该学会如何消化吸收媒体的信息，并且认识到新闻对于我们理解世界其实是没有太多帮助的。

你的组织机构

一年一度，全球各个国家的卫生部部长都会参加世界健康大会。他们会规划健康系统，并且比较不同国家的健康数据，然后他们会一起喝咖啡。有一次，墨西哥的卫生部部长，在茶歇的时候，在我的耳边轻轻地说："每年我只会有一天关心国内的各项平均数据，那就是今天。其他的 364 天，我只关心各种个体之间的差异。"

在本书之中，我讨论了全球范围内人们对现实情况的无知。我认为在国家层面仍然会有这种系统性的对现实的无知。在每一个社区和每一个组织之内，应当也是如此。

到目前为止，我们只测试了很少的本地化事实问题，同样看出了人们对自己国家的认知也存在着相似的偏差。比如说在瑞典，我们向人们询问下面的问题。

今天 20% 的瑞典人年龄超过 65 岁。十年以后，这个比例会变成什么样子？

□ A.20%

□ B.30%

□ C.40%

正确的答案是20%，保持不变，但是只有10%的瑞典人选择了正确的答案。这是一种对基本事实的可怕的无知。尤其是当瑞典人在辩论下一个十年规划的时候。我想这也许是因为人们过去听到了太多关于人口老龄化的问题。在过去的20年间，老年人口确实是在增长，因此他们就假设老年人口数量会持续按照直线增长下去。

我们非常希望能多问人们一些本地化的话题，看看人们对自己当地的事实的了解程度。生活在你的城市里的人们是否了解人口的比例和未来的趋势呢？我们不知道，因为我们还没有做这样的测试。但是我相信，结果很可能是大家不知道。

你的专业知识怎么样？如果你在斯堪的纳维亚半岛附近研究海洋生物，你的同事了解波罗的海的基本事实吗？如果你在森林行业工作，你的同事知道森林火灾发生的频率是变多了还是变少了？你们知道最近的一次山林火灾造成的损失比以前变多了还是变少了呢？

我相信，如果我们持续地问这些关于事实的问题的话，会发现人们更多的无知。这就是为什么我强烈地建议把这作为第一步。你可以用同样的方法，在你自己的组织中发现无知。你可以从问最基本、最重要的事实开始，看看究竟有多少人能够给出正确的答案。

有时候人们会对此感到很紧张，他们认为他们的同事和朋友都会不愿意接受这样的测试。因为一旦他们给出了错误的答案，他们就会很不高兴。我的经验却恰恰相反，人们非常喜欢做这样的测试。大多数人都会非常高兴地发现真实的世界究竟是什么样子。大多数人都会很热切地希望开始学习。用谦卑的方式测试人们的认知，可以激发人们巨大的好奇心以及新的真知灼见。

最后的话

我认为用一生的时间与无知做斗争，传播实事求是的世界观，虽然有时会遭到挫折，但整体而言是非常快乐和激动人心的。我认为，仔细地研究世界的真相，是非常有意义的事。我也发现，把我学到的知识分享给其他人，是一种巨大的幸福。当我最终能够理解为什么传播正确的认识和改变人们的世界观是如此困难的时候，我也感觉到非常兴奋。

有没有可能总有一天，所有的人都能够建立起实事求是的世界观呢？我们总是很难想象巨大的改变，但这绝对是可能的。我也坚信，它一定会实现，这基于两个简单的原因：第一，实事求是的世界观对我们的人生很有指导意义，就像准确的 GPS 一样；第二，也许是更重要的原因，实事求是的世界观可以使我们生活得更自在。相比过分夸大的世界观，它不会给我们制造太多的焦虑和绝望。这是因为过分夸大的世界观总是太过负面和可怕。

当我们拥有了实事求是的世界观的时候，我们就会认识到这个世界并没有像它看起来那样的那么糟糕。我们也会认识到，我们需要做些什么来使这个世界变得更好。

事实的经验法则

1.一分为二

关注大多数

2.负面思维

对坏消息有思想准备

3.直线思维

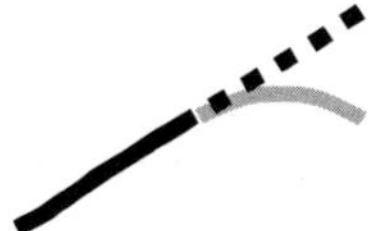

直线可以弯曲

4.恐惧本能

计算风险

5.规模错觉

按照比例看待事物

6.以偏概全

思考你的分类方法

7.命中注定

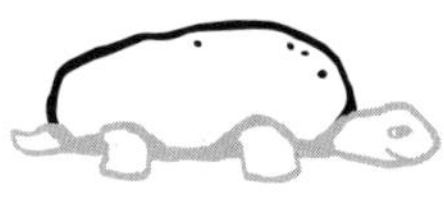

一点点改变也是改变

8.单一视角

获取一套工具箱

9.归咎他人

拒绝指责他人

10.情急生乱

慢慢来

结 语

2015 年 9 月，汉斯和我们俩决定共同写一本书。到了 2016 年 2 月 5 日，汉斯被诊断出患有不可治愈的胰腺癌，后期发展情况的预测结果非常差。医生预测，汉斯最多还能活三个月。如果姑息治疗的效果非常好的话，他还可以活一年。

在经过了一开始的恐惧和震惊之后，汉斯想开了。生活仍然可以继续。他仍然可以和他的妻子阿格尼塔，以及他的家人和朋友一起享受一段生活。但是他的健康状况将会变得不可预知。所以在一个星期之内，他取消了未来一年内所有的 67 场演讲，还有所有的电视、电台演讲以及电影制作。对此汉斯非常伤心，但是他别无选择。遭受到如此的人生巨变，写这本书成了他剩余不多的时间里最重要的事。悲中有喜的是，在他原本繁忙的工作中，写这本书对他来说是一种负担。而现在成了他唯一的工作乐趣，他可以专心致志地完成这一重要著作。

他有太多的事情想说。在接下去的几个月里面，我们三个人用极大的热情，收集了大量的材料，足够让我们写一本非常厚的书：关于汉斯的生活、我们共同的工作以及我们的一些想法。直到生命的终点，他仍然保持着对世界的好奇和热情。

我们共同制订了这本书的提纲，然后开始写作。我们曾经在很多具有挑战性的项目中共同工作了很多年，也已经习惯了为如何取得最佳的效果进行持续的争论。然而我们很快就发现，当我们三个人身体都很好的时候，这种辩论是多么容易的一种沟通方式，而现在当汉斯生病之后，这种激烈的沟通方式变得非常困难。我们几乎就要失败了。

2017 年 2 月 2 日星期四的晚上，汉斯的健康状况急剧恶化。我们叫来了救护车，汉斯把这本书的草稿带上了救护车。在草稿上，他写满了各种批注。几天后，在 2 月 7 日，星期二的早上，汉斯去世了。在他生命中最后的几天，他还带着他的草稿和欧拉一起讨论。他还在医院里面给出版商发了一封邮件，很高兴地告诉出版商，我们实现了写这本书的目标。“我们共同的工作，”汉斯写道，“最终变成了非常有趣的文字，帮助全球的读者来理解这个世界。”

当我们宣布汉斯去世的消息之后，朋友们、同事们以及全世界各地的粉丝们，都表达了哀悼。互联网上也有很多网友表达了悼念之情。我们的家庭成员和朋友们一起在卡罗林斯卡学院为汉斯举行了一个纪念仪式，另外在乌普萨拉城堡举行了葬礼。这完美地体现了我们所了解的汉斯：勇敢，有创意，严肃认真，永远相信奇迹。他是一位伟大的朋友和同事，也是一位被深爱着的家庭成员。我们也组织了马戏表演，当然也有吞剑者表演。我们的儿子泰德也表演了他自己研究出来的戏法。我们用了美国歌手弗兰克・辛纳屈的歌曲《我的路》来作为结尾。这不仅是因为汉斯永远我行我素，也因为几年前的一次幸运的意外。汉斯对音乐的兴趣从来都不大，他总是说他自己是音乐盲，但是有一次他的小儿子马格纳斯却听到汉斯在唱歌。是汉斯在无意识的状态下，误拨了马格纳斯的手机，给马格纳斯留下了一段四分钟的语音留言。这段留言记录下了汉斯在开车的过程中大声地唱着弗兰克的歌。这就是典型的汉斯。你可以看到他一方面在研究全球性风险的清单，另外一方面却在上班路上愉快地唱歌。这是他的两个方面，既关心世界又充满欢乐。

我们和汉斯一起工作了 18 年。我们为他写演讲稿，和他一起讨论 TED 的演讲内容，并互相争论各种细节问题。汉斯的每一个故事我们都听过很多遍并且以多种方式记录了下来。

创作这本书的过程，在汉斯生命的最后几个月里面是异常痛苦的。但是在他去世后的几个月，当我们完成这本书的时候，我们却感到非常欣慰。由于我们已经完成了这本书的大部分内容，在最后的收尾部分，我们总觉得汉斯的声音还在我们脑海中回响，我们经常感觉他似乎并没有去世，而是仍然在我们身边，和我们一起工作。完成这本书成了我们纪念汉斯的一种最好方式。

如果汉斯还在世的话，他一定非常乐意去亲自推荐这本书，而且他一定会做得非常出色。然而，当汉斯的诊断结果出来之后，他就已经知道这不可能了。我们将会继承汉斯的遗志，来继续完成我们和汉斯的共同使命。汉斯关于实事求是的世界观的梦想仍然与我们同在，我们希望他的梦想也能与你同在。

安娜・罗斯林・罗朗德，欧拉・罗斯林
于斯德哥尔摩，2018 年

致 谢

我的世界观的形成以及我对这个世界的了解，绝大多数并不来源于坐在电脑前面阅读研究报告或者分析数据，而是来源于和世界各地的人们进行沟通。由于工作的便利，我有机会能够在全世界各地旅行学习和工作。在我的工作中可以接触到来源于不同国家、不同种族、不同宗教信仰以及不同收入水平的人。我可以向跨国公司的 CEO 学习，可以和生活在非洲的极度贫困的妇女们学习。我可以向生活在偏远地区的基督教的修女们学习，也可以和我斯德哥尔摩的博士生们一起学习。我可以和班加罗尔医学院的学生们一起聊天，也可以和德黑兰的学者们探讨学术问题。我曾经和世界上最富有以及最贫穷的国家的领袖们一起开会，这包括莫桑比克的前总统爱德华·孟德兰，也包括比尔·盖茨夫妇。我希望向你们所有的人表示感谢，是你们和我分享了很多知识，使得我的生活变得更加丰富多彩，也更加美好。是你们向我展现了一个和我在书本中学到的完全不同的世界。

了解这个世界是一回事，把自己的理解变成演讲和书是另外一回事。是我身后的团队一如既往的无私奉献和支持，使得这一切变为可能。我要感谢团队中每一位无私奉献的成员。是 Gapminder 团队为我提供了所有的素材。

我要感谢我的代理人 Max Brockman 给我的各种建议和支持。也要感谢我们的编辑，来自英国 Hodder 出版公司的 Drummond Moir 和来自美国 Macmillan 出版公司的 Will Schwalbe，感谢你们的信任，也感谢你们在整个过程中给予的指导。感谢 Harald Hultquist 建议我们寻求国际代理的帮助，也感谢我们瑞典的编辑 Richard Herold，他在早期帮助我们做了大量的工作。我们也要感谢我们的新朋友 Deborah Crewe，她勇敢地接纳了我们，倾听我们的需求，并且用她的耐心、幽默和专业技能帮助我们最终达成任务。

我要特别感谢罗斯林家族中最年幼的一代。感谢你们，允许我和你的父母们一起度过了那么多的周末和夜晚。我希望当你们读到这本书的时候，可以理解我们所做的工作，并且原谅我占用了你们的父母——安娜和欧拉——这么多的时间。我也要感谢你们自己所做的贡献。感谢麦克斯花了无数的时间和我讨论，并且在我的办公室里帮我修改了上百份手稿。也感谢泰德为我们的收入大街拍摄了大量的照片，在自己的班级里做问卷调查，还去纽约代表我领取联合国的人口奖章。也感谢埃巴帮助欧拉为本书做了艺术设计。

在瑞典语里面有一个词叫作“stå ut”，这很难翻译。它的意思是忍耐、坚持和忍受，在此我把它理解为“挺住”。我希望我的家人、朋友和同事们知道我对你们的无尽感激之情。感谢你们这么多年来和我一起“挺住”。我知道，在过去的这么多年来，我经常缺席一些事情，即使在你们身边，我也经常会心不在焉或者变成一个很讨厌的人。在工作中，我经常会有失落沮丧的情绪。所以我要感谢所有的同事和朋友。我还要特别感谢 Hans Wigzell，是他在最早期的时候就勇敢地支持了开启民智基金会，并且竭尽所能地试图延长我的生命。

最后，我要将我最深厚最诚挚的感谢献给我青梅竹马的爱人，我的妻子，以及我一生的伴侣阿格尼塔。献给我心爱的孩子，安娜、欧拉、马格纳斯以及他们的伴侣。也献给我的孙子孙女麦克斯、泰德、埃巴、桃瑞丝、斯蒂格、拉尔斯、提基、米诺，是他们给了我对未来的希望。

我也要感谢：

Jörgen Abrahamsson，Christian Ahlstedt，Johan Aldor，Chris Anderson，Ola Awad，Julia Bachler，Carl-Johan Backman，Shaida Badiee，Moses Badio，Tim Baker，Ulrika Baker，Jean-Pierre Banea-Mayambu，Archie Baron，Aluisio Barros，Luke Bawo，Linus Bengtsson，Omar Benjelloun，Lasse Berg，Anna Bergström，Staffan Bergström，Anita Bergsveen，BGC3，the Bill and Melinda Gates Foundation，Sali Bitar，Pelle Bjerke，Stefan Blom，Anders Boiling，Staffan Bremmer，Robin Brittain-Long，Peter Byass，Arthur Câmara，Peter Carlsson，Paul Cheung，Sung-Kyu Choi，Mario Cosby，Andrea Curtis，Jörn Delvert，Kicki Delvert，Alisa Derevo，Nkosazana Dlamini-Zuma，Mohammed Dunbar，Nelson Dunbar，Daniel Ek，Anna Mia Ekström，Ziad El-Khatib，Mats Elzén，Klara Elzvik，Martin Eriksson，Erling Persson Foundation，Peter Ewers，Mosoka Fallah，Ben Fausone，Per Fernström，Guenther Fink，Steven Fisher，Luc Forsyth，Anders Frankenberg, Haishan Fu, Minou Fuglesang, Bill Gates, Melinda Gates, George Gavrilis, Anna Gedda, Ricky Gevert, Marcus Gianesco, Nils petter Gleditsch, Google, Google Public Data team, Georg Götmark, Olof Gränström, Erik Green, Ann-Charlotte Gyllenram, Catharina Hagströmer, Sven Hagströmer, Nina Halden, Rasmus Hallberg, Esther Hamblion, Mona Hammami and the team in Abu Dhabi behind Looking Ahead, Katie Hampson, Hans Hansson, Jasper Heeffer, Per Heggenes, David Herdies, Dan Hillman, Mattias Högberg, Ulf Högberg, Magnus Höglund, Adam Holm, Anu Horsman, Matthias Horx, Abbe Ibrahim, IHCAR, IKEA foundation, Dikena G. Jackson, Oskar Jalkevik and his team at Transkribering. nu, Kent Janer, Jochnick Foundation, Claes Johansson, Jan-Olov Johansson, Klara Johansson, Jan Jörnmark, Åsa Karlsson, Linley Chiwona Karltun, Alan Kay, Haris Shah Khattak, Tariq Khokhar, Niclas Kjellström Matseke, Tom Kronhöffer, Asli Kulane, Hugo Lagercrantz, Margaret Orunya Lamunu, Staffin Landin, Daniel Lapidus, Anna Rosling Larsson, Jesper Larsson, Pali Lehohla, Martin Lidholt, Victor Lidholt, Henrik Lindahl, Mattias Lindblad, Mattias Lindgren, Lars Lindkvist, Ann Lindstrand, Per Liss, Terence Lo, Håkan Lobell, Per Löfberg, Anna Mariann Lundberg, Karin Brunn Lundgren, Max Lundkvist, Rafael Luzano, Marcus Maeurer, Ewa Magnusson, Lars Magnusson, Jacob Malmros, Niherewa Maselina, Marissa Mayer, Branko Milanović, Zoriah Miller, Katayoon Moazzami, Sibone Mocumbi, Anders Mohlin, Janet Rae Johnson Mondlane, Louis Monier, Abela Mpobela, Paul Muret, Chris Murray, Hisham Najam,

Sahar Nejat，Martha Nicholson，Anders Nordström，Lennart Nordström，Marie Nordström，Tolbert Nyenswah，Johan Nystrand，Martin Öhman，Max Orward，Gudrun Østby，Will Page，Francois Pelletier，Karl-Johan Persson，Stefan Persson Måns Peterson，Stefan Swartling Peterson，Thiago Porto，Postcode Foundation，Arash Pournouri，Amir Rahnama，Joachim Retzlaff，Hannah Ritchie，Ingegerd Rooth，Anders Rönnlund，David Rönnlund，Quiyan Rönnlund，Thomsa Rönnlund，Max Roser and The World in Data team，Magnus Rosling，Pia Rosling，Siri Aas Rustad，Gabrielá Sá，Love Sahlin，Xavier Sala-i-Martín，Fia-Stina Sandlund，Ian Saunders，Dmitriy Shekhovtsov and his Valor Software，Harpal Shergill，Sida，Jeroen Smits，Cosimo Spada，Katie Stanton，Bo Stenson，Karin Strand，Eric Swanson，Amirhossein Takian，Lorine Zineb Nora "Loreen" Talhaoui，Manuel Tamez，Andreas Forø Tollefsen，Edward Tufte，Torkild Tylleskär，UNDP，Henrik Urdal，Bas van Leeuwen，the family of Johan Vesterlund，Cesar Victoria，Johan von Schreeb，Alem Walji，Jacob Wallenberg，Eva Wallstam，Rolf Wdigren，John Willmoth，Agnes World，Fredrik Wollsén and his team，World Health Organization，World We Want Foundation，Danzhen You，Guohua Zheng，Zhang Zhongxing。

感谢 Mattias Lindgren 替我们制作了经济与人口演变的资料。我要感谢我所有的学生和博士生，我从你们身上学到了很多。我也要感谢那些允许我们去他们的学校做实验的老师和学生。感谢那些全世界各地帮助我们的顾问。感谢维基百科的共同创办人威尔斯（Jimmy Wales）和编辑，感谢参与收入大街项目的所有家庭和拍摄人员。

感谢基金会之前和现在的董事的坚定支持：Hans Wigzell, Christer Gunnarsson, Bo Sundgren, Gun-Britt Andersson 和 Helena Nordenstedt。感谢基金会的优秀团队：Angie Skazka，Gabriela Sa，Jasper Heeffer，Klara Elzvik，Mikael Arevius 和 Olof Granstrom。感谢团队负责人 Fernanda Drumond 在我们写这本书时帮助我们继续为基金会制作免费材料，并对本书提出宝贵意见！

最后我要向所有的朋友和家庭致谢，感谢你们一直以来耐心的陪伴以及无私的支持，你们知道没有你们的支持，这本书是不可能完成的，谢谢你们！

附录：世界各个国家答得如何

2017 年，“开启民智”测试启动，测试共有 13 个问题，分 A、B、C 三个选项。2017 年，开启民智基金会与益普索和诺瓦斯测试了来自 14 个国家的 12000 个人，他们代表成年人群体接受了线上测试。这 14 个国家包括澳大利亚、比利时、加拿大、芬兰、法国、德国、匈牙利、日本、挪威、韩国、西班牙、瑞典、英国和美国。这 13 个测试题有多个语言版本，可以在 www.gapminder.org/test/2017 上获取。关于测试结果，可以浏览：www.gapminder.org/test/2017/results。

如果想进一步了解这些测试的方法和正确答案背后的数据，请参阅第 329~361 页的“笔记”。

低收入国家女孩受教育情况

事实问题1的结果：回答正确的百分比

在全世界所有的低收入国家里面，有多少百分比的女孩能够上完小学？
（正确答案：60%）

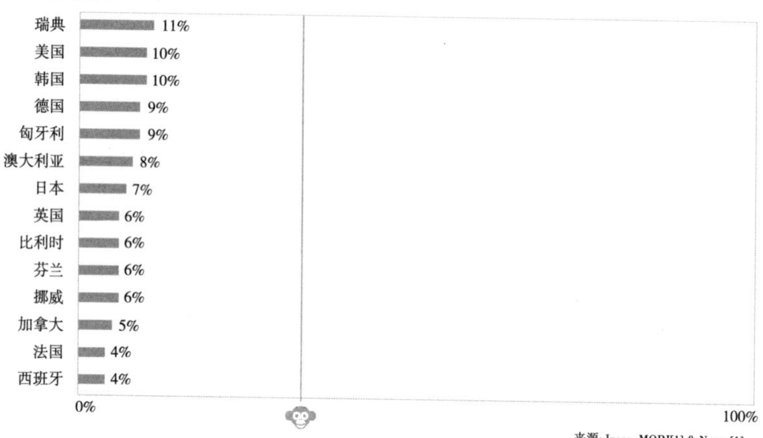

来源: Ipsos-MORI[1] & Novus[1]

多数人的收入等级

事实问题2的结果：回答正确的百分比

全世界最多的人口生活在什么样的国家？
（正确答案：中等收入国家）

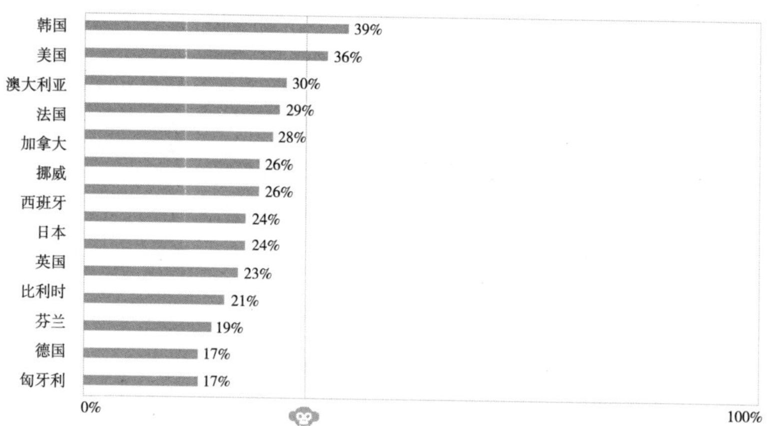

来源: Ipsos-MORI[1] & Novus[1]

极度贫穷

事实问题3的结果：回答正确的百分比

在过去的20年里，全世界生活在极度贫困状态下的人口是如何变化的？
（正确答案：差不多减少了一半）

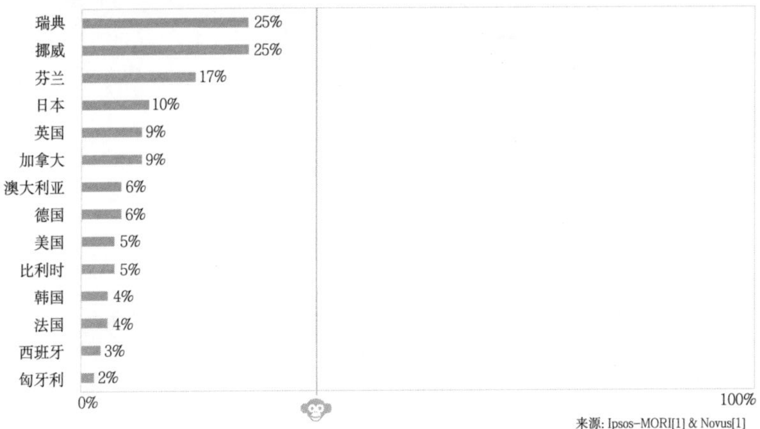

来源: Ipsos-MORI[1] & Novus[1]

平均寿命

事实问题4的结果：回答正确的百分比

全世界人口的预期寿命现在是多少岁？
（正确答案：70岁）

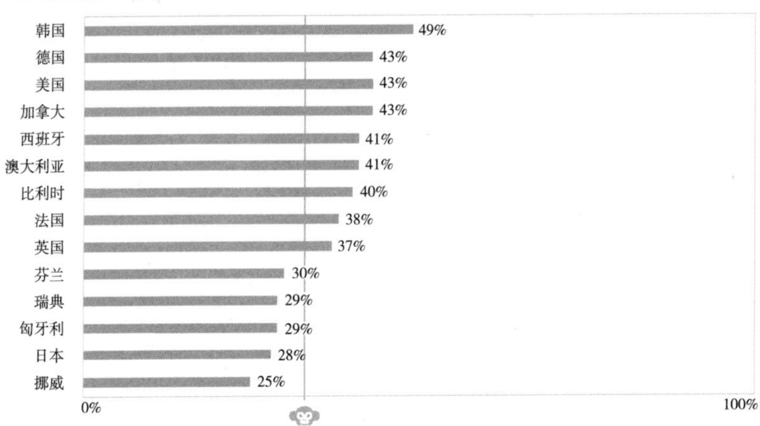

来源: Ipsos-MORI[1] & Novus[1]

未来的儿童数

事实问题5的结果：回答正确的百分比

今天全世界有20亿儿童，他们的年龄从0到15岁，那么根据联合国的预测，到2100年，全世界会有多少儿童？（正确答案：20亿儿童）

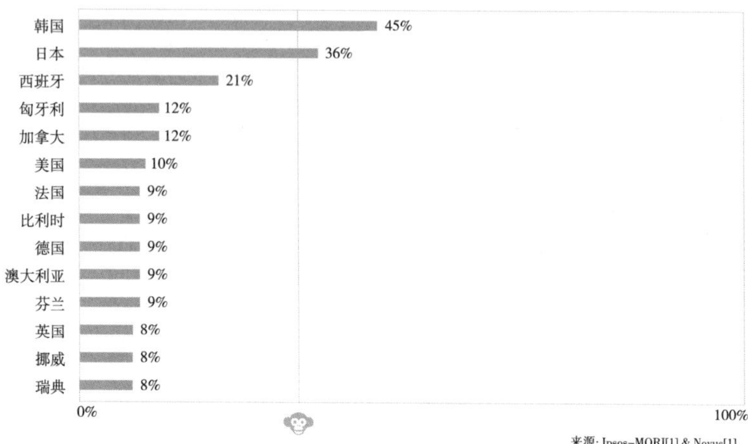

来源: Ipsos-MORI[1] & Novus[1]

更多人口

事实问题6的结果：回答正确的百分比

联合国预测，到2100年，世界人口将增加40亿，那么请问主要原因是什么？（正确答案：更多的成人）

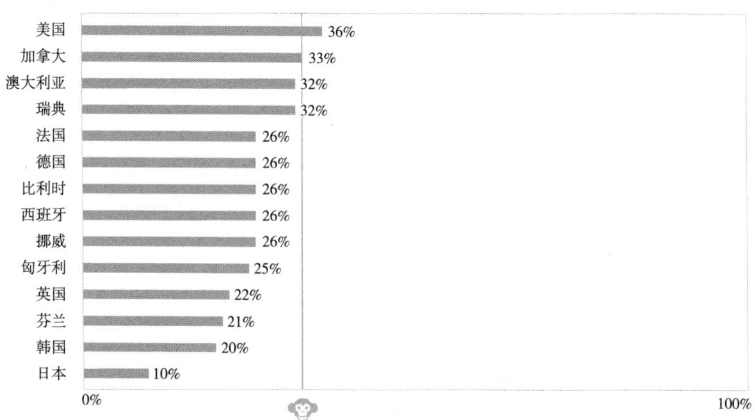

来源: Ipsos-MORI[1] & Novus[1]

自然灾害

事实问题7的结果：回答正确的百分比

在过去的100年间，死于自然灾害的人数是如何变化的？
（正确答案：减少到少于原来的一半）

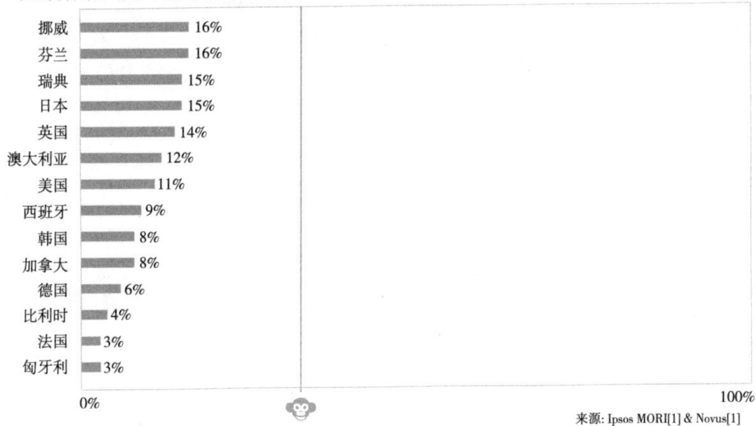

来源: Ipsos MORI[1] & Novus[1]

人们住在哪里

事实问题8的结果：回答正确的百分比

当今世界上的人口数量接近70亿，下面哪张地图最佳地表示了人口的分布情况？
（正确答案：见图）

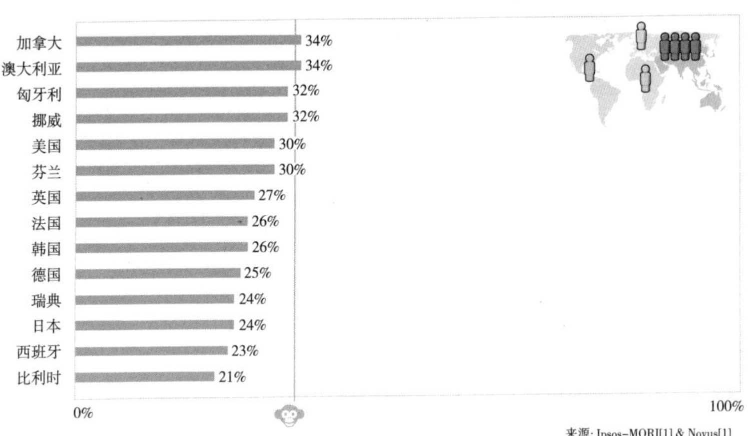

来源: Ipsos-MORI[1] & Novus[1]

儿童接种疫苗

事实问题9的结果：回答正确的百分比

现在全世界有多少一岁儿童接种过疫苗？

（正确答案：80%）

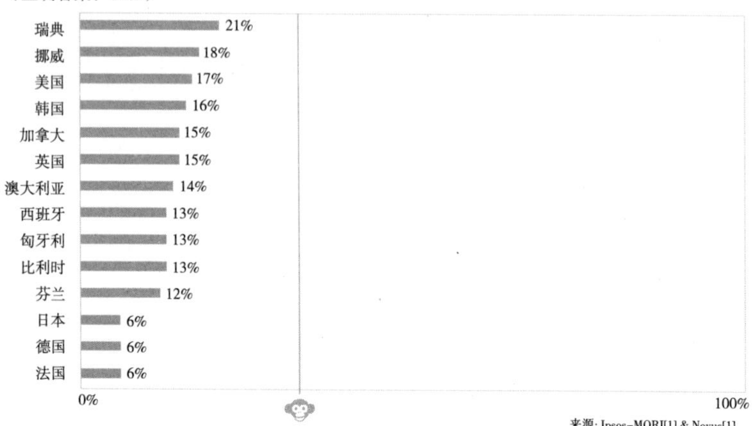

来源: Ipsos-MORI[1] & Novus[1]

女性受教育情况

事实问题10的结果：回答正确的百分比

在全世界范围内，30岁的男人平均接受教育的时间超过10年。请问30岁的女性，平均在学校接受教育的时间是多少年？（正确答案：9年）

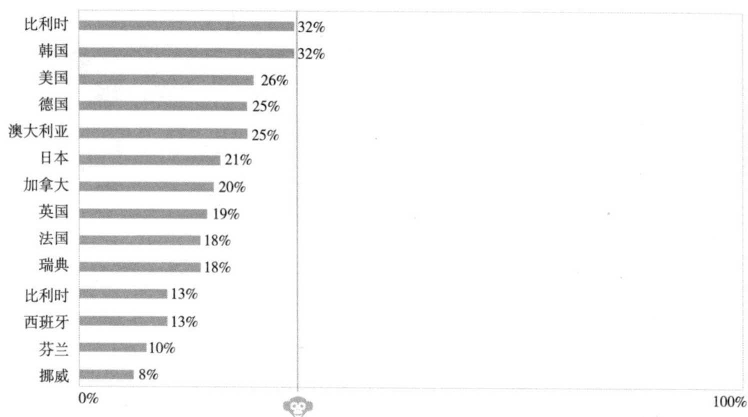

来源: Ipsos-MORI[1] & Novus[1]

濒临灭绝的动物

事实问题11的结果：回答正确的百分比

在1996年，老虎、大熊猫和黑犀牛被列为濒危动物，那么请问到今天这三种动物中的哪些还是濒危动物？（正确答案：都不是）

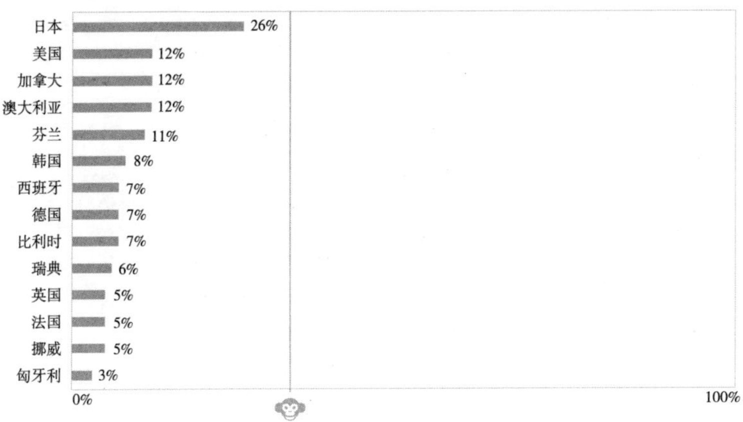

来源: Ipsos-MORI[1] & Novus[1]

电力

事实问题12的结果：回答正确的百分比

全世界有多少人能够使用电？（正确答案：80%）

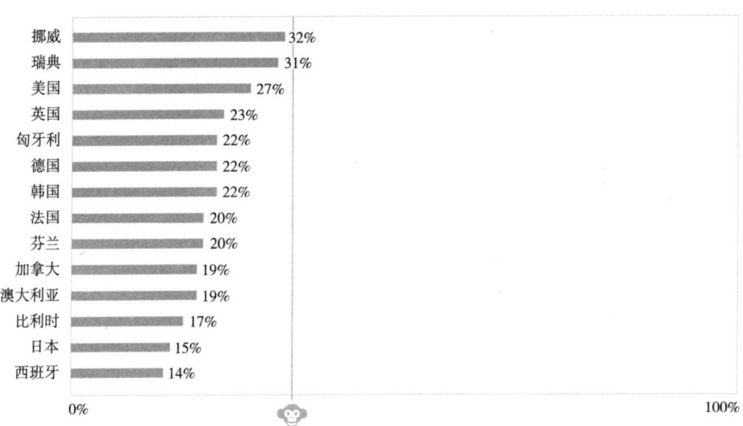

来源: Ipsos-MORI[1] & Novus[1]

气候

事实问题13的结果：回答正确的百分比

全球气候专家预测，在接下来的100年中，全球的平均温度将……

（正确答案：变暖）

来源: Ipsos-MORI[1] & Novus[1]

前 12 题的答题正确率

只有10%的人回答得比大猩猩好

十三个问题中回答正确的人的占比

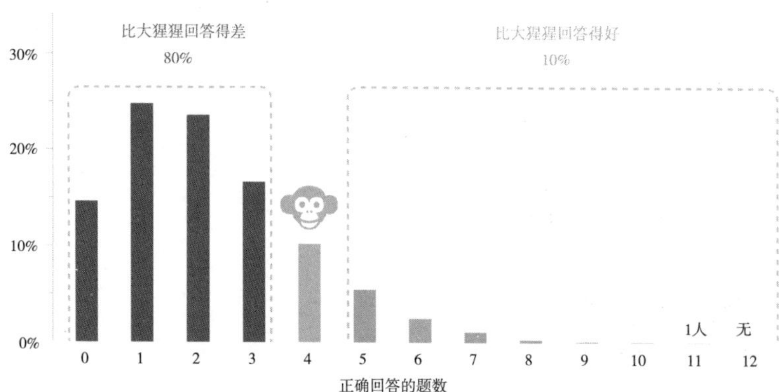

来源：Novus[1] & Ipsos-MORI[1], See gapm.io/rtest17

笔 记

我们非常谨慎地反复检查我们的数据来源以及我们使用它们的方式：在一本关于事实的书中，我们不想犯哪怕一个事实错误。但我们是人，无论多么努力，我们仍然会犯错误。

如果您发现错误，请与我们分享，使我们能够改进本书。请发送电子邮件至 factfulness-book@gapminder.org 与我们联系。您可以在下面的链接找到已经发现的所有错误：gapminder.org/factfulness/book/mistakes。

以下是部分重要的注释和信息来源。如果您希望找到信息来源的完整列表，请访问如下链接：gapm.io/ffbn。

一般说明

2017 年的数据。在整本书中，经济指标均延续至 2017 年。开启民智基金会（Gapminder）主要利用了国际货币基金组织的

IMF[1][1] 的世界经济展望中的预测数据。另外，我们使用了 2017 年世界人口展望，见 UN-Pop[2][1]。请参阅 gapm.io/eext。

国家边界。在整本书中，我们假设国家在过去到现在总是拥有和今天相同的界限。例如，我们谈论 1942 年孟加拉国的家庭规模和预期寿命，就把当时的它看作是一个独立的国家，尽管实际上它在当时仍然是英国统治下的英国印度的一部分。请参阅 gapm.io/geob。

内封面

2017 年全球健康图表。当您打开这本书时，您会看到一张彩色图表：2017 年全球健康图表。每个气泡都是一个国家。气泡的大小代表了该国的人口，气泡的颜色代表地理区域。x 轴上是人均国内生产总值（恒定 2011 年国际美元的购买力平价），y 轴代表预期寿命。来自 UN-Pop[1] 的人口数据，来自 World Bank[3][1] 的 GDP 数据和来自 IHME[4][1] 的预期寿命数据，如上所述，全部由我们延伸至 2017 年。此图表以及有关来源的更多信息可在 www.gapminder.org/whc 免费获取。

[1] 本部分笔记均可以在网站上找到详细版本，使用的缩写与网站保持统一，以便查找相关网页。——编者注

[2] 联合国人口署。

[3] 世界银行。

[4] 卫生计量与评价研究所缩写。

介绍

X 射线。X 射线照片由斯塔芬·布雷默（Staffan Bremmer）在斯德哥尔摩的索菲亚赫美（Sophiahemment）医院拍摄。吞剑的人是汉斯的朋友，名叫玛丽安娜·马格达伦（Maryanne Magdalen）。她的网站在这里：gapm.io/xsword。

事实问题。13 个事实问题可在 www.gapminder.org/test/2017 免费获得多种语言的版本。

在线民意调查。我们与益普索市场研究（Ipsos MORI）和诺瓦斯（Novus）合作，在 14 个国家测试了 12000 名员工。它们的民意调查是通过在线小组进行的，这些人代表了成年人口——Ipsos MORI[1] 和 Novus[1]。12 个问题的正确答案平均数（不包括问题 13 的气候变化）为 2.2 个，我们四舍五入到 2 个。在 gapm.io/rtest17 上可以查看更多内容。

民意调查结果。按问题和国家进行的在线民意调查的结果载于附录。关于我们在讲座中进行的民意调查的结果，请参阅 gapm.io/rrs。

世界经济论坛讲座。讲座的视频（5 分 18 秒）请参阅 WEF[1]。

事实问题 1：正确答案是 C。低收入国家中 60% 的女孩完成了小学教育。据 World Bank[3] 称，这一数字为 63.2%，但为了避免夸大进步，我们将其调整为 60%。见 gapm.io/q1。

事实问题 2：正确答案是 B。大多数人生活在中等收入国家。World Bank[2] 根据当前美元计算的人均国民总收入，将国家划分

[1] 世界经济论坛。

为不同收入群体。根据 World Bank[4]，低收入国家占世界人口的 9%，中等收入国家占世界人口的 76%，高收入国家占世界人口的 16%。见 gapm.io/q2。

事实问题 3：正确的答案是 C。根据 World Bank[5] 的数据，每天生活收入不到 1.9 美元的人的比例从 1993 年的 34%下降到 2013 年的 10.7%。尽管给出了精确的阈值，每天 1.9 美元这一数字的不确定性非常大。极度贫困很难衡量：最贫困的人口大多是自给自足的农民或贫困的贫民窟居民，生活条件不可预测且不断变化，很少有货币交易记录。但即使确切的水平不确定，趋势方向也是确定的，因为误差源可能随着时间的推移而不变。我们可以相信，即使水平没有降低至三分之一，也已至少降低至一半。见 gapm.io/q3。

事实问题 4：正确的答案是 C。根据 IHME[1]，2016 年出生的人的平均全球预期寿命为 72.48 年。UN-Pop[3] 估计略低，为 71.9 岁。我们四舍五入到 70 岁以免夸大进步。见 gapm.io/q4。

事实问题 5：正确的答案是 C。过去十年来，UN-Pop[2] 预测 2100 年的儿童人数不会高于今天。见 gapm.io/q5。

事实问题 6：正确的答案是 B。在他们的预测中，联合国人口部门的专家计算出，1%的人口增长将来自 3.70 亿儿童（0~14 岁），69%来自 25 亿成人（年龄在 15 到 74 岁之间），而另外 30%来自 11 亿老年人（年龄在 75 岁以上）。数据来自 UN-Pop[3]。见 gapm.io/q6。

事实问题 7：正确答案是 C。根据国际灾害数据库的数据，过去 100 年来自然灾害导致的年死亡人数减少了 75%，见国际灾害数据库（EM-DAT）。由于灾害每年都有所不同，我们比较十年平均值。在过去十年（2007—2016），平均每年有 80386 人死于自然灾害。这是 100 年前（1907—1916）的 25%，当时每年有 325742 人死亡。见 gapm.io/q7。

事实问题 8： 正确答案是 A。根据 UN-Pop[1]，2017 年世界人口为 75.5 亿。这通常会被四舍五入到 80 亿，但我们显示 70 亿，因为我们按地区划分人口区域。四个 Gapminder[1] 地区的人口是根据 UN-Pop[1] 的国家数据估算的：美洲 10 亿；欧洲 8.4 亿；非洲 13 亿；亚洲 44 亿。见 gapm.io/q8。

事实问题 9： 正确的答案是 C。WHO[1] 称，当今世界上有 88%的 1 岁儿童接种了某些疾病的疫苗。我们将其降低到 80%以避免夸大。见 gapm.io/q9。

事实问题 10： 正确的答案是 A。根据 IHME[2] 对 188 个国家的估计，全世界 25 至 34 岁的女性平均受教育年龄为 9.09 年，男性为 10.21 年。根据 Barro-Lee[1]（2013）2010 年对 146 个国家的估计，25 至 29 岁的女性平均受教育年龄为 8.79 年，男性为 9.32 年。见 gapm.io/ q10。

事实问题 11： 正确的答案是 C。根据世界自然保护联盟濒危物种红名单（IUCN Red List），今天这三个物种中没有一个被列为比 1996 年更严重的濒危物种。虎（Panthera tigris）在 1996 年被列为濒危（EN），现在它仍然是，见 IUCN Red List[1]。但根据世界自然基金会（WWF）和普拉特（Platt，2016）的说法，经过一个世纪的衰退，野外的老虎数量正在上升。根据 IUCN Red List[2]，大熊猫

[1] 一个教育成就数据统计网站。

（Ailuropoda melanoleuca）在 1996 年被列为濒危（EN），但在 2015 年，野生种群增加的新评估导致其分类变为弱势群体（VU）。黑犀牛（Diceros bicornis）仍然被列为极危（CR），见 IUCN Red List[3]。但国际犀牛基金会表示，其野生数量正在缓慢增加。见 gapm.io/q11。

事实问题 12：正确的答案是 C。据 GTF[1] 称，世界上大多数人口（85.3%）可以与他们国家的电网接通。我们将其降低到 80% 以避免夸大。术语“接通”在其所有底层来源中的定义不同。在某些极端情况下，一个家庭每周平均可能遭遇 60 次停电，但仍被列为“可以接通电力”。因此，这个问题涉及“某种程度”接通。见 gapm.io/q12。

事实问题 13：正确的答案是 A。“气候专家”是指政府间气候变化专门委员会（IPCC）于 2014 年发表的 IPCC[1] 第五次评估报告（AR5）的 274 位作者，他们写道：“在所有评估的排放情景下，预计 21 世纪的温度会上升。”见 IPCC[2]。见 gapm.io/q13。

遐想。使用缪勒－莱尔错觉解释认知偏差的想法来自丹尼尔·卡尼曼（Daniel Kahneman）2011 年的著作《思考，快与慢》（*Thinking Fast and Slow*）。

十种本能和认知心理学。我们对十种本能的思考受到一些杰出认知科学家的工作的影响。一些完全改变了我们对大脑的思考以及我们应该如何教导世界事实的书籍是：丹·阿里利（Dan Ariely）的《怪诞行为学》（*Predictably Irrational*，2008），《怪诞行为学 2》

[1] 世界银行和国际能源机构之间的合作项目。

（*The Upside of Irrationality*，2010），《怪诞行为学 4》（*The Honest Truth About Dishonesty*，2012）；史蒂芬·平克（Steven Pinker）的《心智探奇》（*How the Mind Works*，1997），《思想本质》（*The Stuff of Thought*，2007），《白板》（*The Blank Slate*，2002），《人性中的善良天使》（*The Better Angels of Our Nature*，2011）；卡罗尔·塔维里斯（Carol Tavris）和埃利奥特·阿伦森（Elliot Aronson）的《错不在我》（*Mistakes Were Made*（*But Not by Me*），2007）；丹尼尔·卡尼曼《思考，快与慢》（*Thinking Fast and Slow*）；沃尔特·米施（Walter Mischel）的《棉花糖实验》（*The Marshmallow Test*，2014）；菲利普·E. 泰洛克（Philip E.Tetlock）和丹·加德纳（Dan Gardner）的《超预测》（*Superforecasting*，2015）；乔纳森·歌德夏（Jonathan Gottschall）的《讲故事的动物》（*The Storytelling Animal*，2012）；乔纳森·海特（Jonathan Haidt）的《象与骑象人》（*The Happiness Hypothesis*，2006）和《正义之心》（*The Righteous Mind*，2012）；托马斯·吉洛维奇（Thomas Gilovich）的《理性犯的错》（*How We Know What Isn't So*，1991）。

第一章：一分为二

儿童死亡率。1995 年讲座中使用的儿童死亡率数据来自 UNICEF[1][1]。在本书中，我们更新了示例并使用了 UN–IGME[2] 的新

[1] 联合国儿童基金会。

[2] 联合国儿童死亡率估算机构间小组。

死亡率数据。

气泡图。1965 年和 2017 年的家庭规模和儿童存活率的气泡图数据来自 UN-Pop[1,3,4]，动态图可以在此免费获得：gapm.io/voutdwv。

低收入国家。我们已向美国和瑞典的公众询问他们如何想象“低收入国家”或“发展中国家”的生活。他们系统地猜测出了在 30 或 40 年前是正确的数字。请参阅 gapm.io/rdev。

仅三个国家的女童小学毕业率低于 35%。但对于这三个国家来说，数字不确定性很高，而且已经过时：阿富汗（1993 年），15%；南苏丹（2011 年），18%；乍得（2011 年），30%。其他三个国家（索马里、叙利亚和利比亚）没有官方数字。这六个国家的女孩遭受了严重的性别不平等，但根据 UN-Pop[4]，她们占全世界所有小学适龄女孩的比例仅为 2%。请注意，在这些国家，许多男孩也失学。见 gapm.io/twmedu。

收入水平。根据 PovcalNet[1] 的数据和 IMF[1] 的预测，Gapminder[8] 确定了四个收入水平的人数。根据国际比较项目（ICP）对 2011 年的购买力平价收入进行调整。请参阅 gapm.io/fwlevels。

图表显示按收入划分的人口，比较 2016 年墨西哥和美国的收入，基于相同的数据，略微调整以符合最新国民收入调查的分布形状。巴西的数据来自 World Bank[16]，PovcalNet，略微调整以更好地与 CETAD[2] 保持一致。请参阅 gapm.io/ffinex。

[1] 一种交互式计算工具。

[2] 行政培训和发展中心。

在整本书中，当谈到个人收入水平和国家的平均收入时，我们使用倍增坐标。在比较大范围内的数字时，或者当小数字之间的微小差异与大数字之间的巨大差异同样重要时，在许多情况下使用加倍（或对数）标度。当不是收入的绝对值影响最大，而是收入的幅度影响最大的时候，我们应当使用这种坐标。见 gapm.io/esca。

发展中国家。我曾明确质疑该术语过时，五个月后，世界银行宣布计划逐步停止使用“发展中国家”一词：https://blogs.worldbank.org/opendata/should-we-continue-use-term-developing-world。见 World Bank[15]。

联合国的大部分部门仍然使用“发展中国家”这个词，但没有共同的定义。联合国统计部（2017 年）使用它是为了所谓的“统计方便”，并且发现将 144 个国家划分为发展中国家很方便（包括卡塔尔和新加坡这两个世界上最健康和最富有的国家）。

数学分数。部分示例来自丹妮丝·康明斯（Denise Cummins，2014）。

极度贫困。“极度贫困”一词具有一定的技术含义：它意味着您每天的收入低于 1.9 美元。在许多收入水平第四级的国家，“贫困”一词是一个相对的术语，“贫困线”可以指社会福利的资格门槛或该国的官方贫困统计衡量标准。在斯堪的纳维亚半岛，官方贫困线即使在调整了购买力的巨大差异之后，也比最差的国家比如马拉维的贫困线高 20 倍，见 World Bank[17]。最新的美国人口普查估计，13%的人口生活在贫困线以下，每天的收入约为 20 美元。富国中最贫穷人群带来的社会和经济挑战不应被忽视（参见 World Bank[5]），但这与极度贫困不同。见 gapm.io/tepov。

第二章：负面思维

环境。关于过度捕捞和海洋恶化的声明是基于 UNEP[1][1] 和 FAO[2][2]，保罗·科利尔 2010 年的著作《掠夺星球》(*The Plundered Planet*) 第 160 页的内容。濒危物种数据来自 IUCN Red List[4]。见 gapm.io/tnplu。

条形图：更好，更差，还是差不多？条形图混合了 YouGov[3][1] 和 Ipsos MORI[1] 的结果，因为在不同国家提出了相同的问题。见 gapm.io/rbetter。

何时信任数据。在本章中，我们将介绍永远不应该百分之百信任数据的想法。关于我们对不同类型数据的合理怀疑的指导，请参阅 gapm.io/doubt。

图表：极度贫困趋势。历史学家试图用不同的方法估计 1820 年的极度贫困率，他们的结果差异很大。Gapminder[9] 粗略估计，在 1800 年，世界上 85%的人口生活在收入水平第一级。1980 年后的数据来自 PovcalNet。Gapminder[9] 使用 PovcalNet 和 IMF[1] 的预测并将趋势延伸到 2017 年。文中关于中国、印度、拉丁美洲和其他地区极度贫困减少的数字来自 World Bank[5]。见 gapm.io/vepovt。

预期寿命。预期寿命数据来自 IHME [1]。2016 年，只有中非共和国和莱索托的预期寿命低至 50 年。然而，数据的不确定性是巨大的，特别是在收入水平第一级和第二级国家。点击 gapm.io/blexd

[1] 联合国环境规划署。

[2] 联合国粮食及农业组织。

[3] 一家享誉全球的独立网上市场研究公司。

了解您应该对数据持多少程度的怀疑。

埃塞俄比亚饥饿造成的死亡。这个数字是 FRD 和国际灾害数据库（EM-DAT）这两个来源的平均值。

莱索托。莱索托市民通常被称为巴索托人。许多巴索托人也住在莱索托郊外，但在这里我们指的是那些居住在莱索托的人。

文化。瑞典的历史识字率来自 van Zande[21] 和 OurWorldInData[1][2]。印度的识字率来自印度 2011 年的普查。在今天的印度和 100 年前的瑞典，“识字”可能只意味着对字母的基本识别和缓慢解析文字的能力。这些数字并不意味着能够理解先进的文字。详见 gapm.io/ tlit。

接种。疫苗接种数据来自 WHO[1]。今天即使在阿富汗，也有超过 60%的一岁儿童接种过多次疫苗。当瑞典处于收入水平第一级或第二级时，还没有这些疫苗，这也是瑞典当时平均寿命较短的部分原因。见 gapm.io/tvac。

32 项进步。第 73—76 页的 32 个折线图中的每个图表背后的数据，以及多个数据来源是如何被使用的详细文档，可以在这里找到：gapm.io/ffimp。

人均吉他拥有量。有关此图表的更多信息，请参阅 gapm.io/tcminsg。

历史上的儿童谋杀案。在暴力社区，儿童不能幸免。如戈文和卡普兰（Gurven，Kaplan，2007）、戴蒙德（Diamond，2012）、平克（Pinker，2011）和 OurWorldInData[5] 所述，狩猎—采集团体

---

[1] 一个展示全球生活条件和地球环境变化的网站。

（hunter-gatherer）的成员通常经历了大量暴力。这并不意味着狩猎—采集社会的所有部落都是一样的。在全世界极度贫困的情况下，许多文化已经接受了杀婴儿的做法，即杀害自己的孩子以减少在困难时期的喂养数量。这种可怕的失去孩子的方式与其他方式一样痛苦，正如传统社会中人类学家一直记录的那样，他们采访了不得不杀死新生儿的父母，详细内容见平克（Pinker，2011），p.417。

教育女孩。关于女童和男童教育的数据来自 UNESCO[1][5]。舒尔茨（Schultz，2002）更清楚地描述了教育女孩如何被证明是世界上最好的想法之一。

溺水。今天的溺水数据来自 IHME[4,5]。直到 1900 年，超过 20% 的溺水受害者是 10 岁以下的儿童。瑞典救生协会开始游说所有学校进行强制性游泳练习，与其他预防措施一起有效减少了溺水数量。见松丁等人著作（Sundin，2005）。

追赶。使用世界卫生图的动画版本，了解几乎所有国家现在是如何追赶瑞典的（或选择另一个国家进行比较），网址为 www.gapminder.org/whc。

第三章：直线思维

埃博拉病毒。埃博拉病毒的数据来自 WHO[3]。我们为了传达形势的紧迫性而制作的材料在 gapm.io/vebol 上可以找到。

---

[1] 联合国教科文组织。

人口预测。人口预测基于 UN-Pop[1,2,5]。即使在现代计算机模拟成为可能之前，联合国人口部的人口统计专家数十年的预测都非常准确。他们对未来儿童人数的预测，在本书过去四个版本中保持不变。20 亿儿童是一个四舍五入的数字。联合国给出的准确数字为 2017 年 19.5 亿，2100 年 19.7 亿。有关联合国预测质量的更多信息，请参阅尼克・基尔曼（Nico Keilman，2010），邦加茨和布拉陶（Bongaarts，Bulatao，2000）。见 gapm.io/epopf。

历史人口数据。显示从公元前 8000 年到今天的世界人口的曲线使用了来自数百种不同来源的数据，由经济史学家马蒂亚斯・林德格伦（Mattias Lindgren）编制。图表下列出的来源只是主要来源。见 gapm.io/spop。

妇女人均生育率。我们使用"妇女人均生育率"作为"总生育率"的统计指标。我们使用 UN-Pop[3] 在 1950 年后的数据和 Gapminder[7]，基于马蒂亚斯・林德格伦的工作，基于 1950 年以前的年份。2017 年之后的虚线显示了联合国中等生育率预测，预计在 2099 年将达到 1.96。见 gapm.io/tbab。

填补。如果你发现很难理解本书中的文本和静态图像的填补现象，用动画或用自己的双手更容易解释，见 gapm.io/vidfu。（这种现象也称为人口动态。有关技术说明请参阅 UN-Pop[6,7]）见 gapm.io/efill。

历史婴儿和儿童死亡率。我们对 1800 年前家庭生育率和死亡率的假设，主要来源于利夫 - 巴契（Livi-Bacci，1989）、佩因和博尔德森（Paine，Boldsen，2002）以及戈文和卡普兰（Gurven，Kaplan，2007）。没有人知道 1800 年之前的生育率，但是六个孩子是常见且可能的平均值。见 gapm.io/eonb。

图表：按收入划分的平均家庭规模。我们对不同收入水平的家庭的估计是基于 Countdown 组织 2030 年和 GDL[1,2] 汇编的家庭数据，结合了来自 UNICEF-MICS[1]、USAID-DHS[2][1]、IPUMS[3] 等对数百个家庭的调查。见 Gapminder[30]。

改变典型的家庭规模。有关社会如何从大家庭转变为小家庭的更多信息，请参阅罗斯林等人（Rosling，1992）、奥本海姆·曼森（Oppenheim Mason，1997）、布莱恩特（Bryant，2007）和考德威尔（Caldwell，2008）。当人们在收入水平第四级上达到真正的高收入时，出生率似乎又开始增加，见米尔斯基拉等人（Myrskyla，2009）。这段视频展示了拯救生命如何导致更少的人口：gapm.io/esclfp。

直线、S 形曲线、滑梯曲线和驼峰曲线。这些图表大多使用国民收入数据，参见 Gapminder[3]。一些（如休闲消费的直线，接种疫苗和冰箱的 S 形弯曲，以及生育率滑梯曲线）使用家庭数据。在每个例子中，每个级别的国家之间存在巨大差异。很少有国家完全遵循这些曲线，但这些方面显示了几十年来所有国家的总体模式。您可以在 gapm.io/flinex 上探索这些曲线后面的实际基础数据。

你看到了曲线的哪一部分？如果你放大足够的曲线，甚至是一个圆圈，许多不直的线条可以看起来很直。这个想法的灵感来自艾伦伯格（Ellenberg）2014 年的著作《如何不犯错：数学思维的力

---

[1] 联合国儿童基金会多指标聚类调查。

[2] 美国国际开发署人口和健康调查。

[3] 世界人口微观共享数据库。

量》(*How Not to Be Wrong: The Power of Mathematical Thinking*)。请参阅 gapm.io/fline。

第四章：恐惧本能

自然灾害。尼泊尔地震的数据来自 PDNA[1]。欧洲 2003 年热浪的数据来自 UNISDR[2]。所有其他灾难数据均来自 EM-DAT。如今，孟加拉国有一个非常酷的洪水监测网站，见 http：//www.ffwc.gov.bd.See gapm.io/tdis。

儿童死于腹泻。我们根据 IHME[11] 和 WHO[4] 的数据计算了因饮用水污染导致腹泻死亡的儿童数量。参见 gapm.io/tsan。

飞机事故。近年来有关死亡人数的数据来自国际航空运输协会（IATA），乘客里程数据来自减少空难的联合国机构，见 ICAO[3][1,2,3]。见 gapm.io/ttranspa。

战争中的死亡。第二次世界大战中 6500 万人死亡的数字包括所有死亡人数，来自 White[1,2]。战斗死亡的数据来源（战争项目，格莱迪奇，PRIO[4] 和 UCDP[5][1] 相关）包括战斗期间平民和士兵的死亡报告，但不包括战争引起的间接死亡如饿死的数据。叙利亚的死

[1] 灾后需求评估。

[2] 联合国国际减灾战略。

[3] 国际民航组织。

[4] 奥斯陆和平研究所。

[5] 乌普萨拉冲突数据计划。

亡人数估计数来自 UCDP[2]。我们强烈建议观看这部互动数据驱动的纪录片，它将所有已知的战争放在眼前：www.fallen.io。要将其与自 1990 年以来的战争中的死亡事件相比较，请访问 http://ucdp.uu.se。见 gapm.io/ twar。

核恐惧。福岛的数据来自日本国家警察厅和一石（Ichiseki，2013）。根据警方记录，东北地震和海啸造成 15894 人死亡，仍有 2546 人失踪（截至 2017 年 12 月）。谷川等人（Tanigawa，2012）得出结论，61 名处于危急健康状况的老年人在仓促撤离期间死亡。一石的报告说，大约 1600 名死者是因为老年人撤离时的其他问题间接造成的。据 Pew[1][1] 称，2012 年，76%的日本人认为福岛的食物很危险。切尔诺贝利事故后对健康调查的讨论基于 WHO[5]。有关核弹头的数据来自核记事本（Nuclear Notebook）网站。见 gapm.io/tnuc。

化学品恐惧症。戈登·格里伯（Gordon Gribble，2013）将化学品恐惧症的起源追溯到瑞秋·卡森（Rachel Carson）出版的《寂静的春天》（*Silent Spring*，1962），以及随后几十年的化学事故。他认为，对化学品的夸大和非理性恐惧导致了对共同资源的错误使用。见 gapm.io/ffea。

拒绝接种疫苗。据 Gallup[2][3] 称，在美国，4%的家长认为疫苗并不重要。2016 年，拉尔森（Larson）等人研究发现，在 67 个国家中，平均有 13%的人对疫苗接种持怀疑态度。各国之间存在巨大差异：法国、波斯尼亚和黑塞哥维那的比例超过 35%；沙特阿拉伯和

[1] 一个提供民意调查、人口统计等服务的事实研究中心。

[2] 盖洛普咨询公司。

孟加拉国为0%。1990年，麻疹是造成7%儿童死亡的原因。今天，由于疫苗接种，它只造成了1%的死亡。麻疹死亡主要发生在收入水平第一级和第二级的国家，这些国家的儿童最近才开始接种疫苗，见IHME[7]和WHO[1]。见gapm.io/tvac。

DDT。保罗·赫尔曼·穆勒于1948年获得诺贝尔生理学和医学奖，因为“他发现了DDT作为消灭几种节肢动物的毒物的高效”。匈牙利从1968年起禁止使用DDT，是第一个禁止DDT的国家。其次是瑞典，在1969年禁止了DDT。美国在三年后禁止了它，参见CDC[1][2]。一项针对各种杀虫剂的国际条约，包括DDT在内，已在158个国家生效，见http://www.pops.int。自20世纪70年代以来，CDC[4]和美国环保署（EPA）已就如何避免DDT对人类的危害发布了指导。今天，世界卫生组织在严格的安全准则范围内，促进使用DDT来杀死疟疾蚊子，以此挽救生活在贫困地区的生命，见WHO。

恐怖主义。有关恐怖主义死亡事故的数据来自全球恐怖主义数据库（GTD）。各收入水平国家的恐怖活动死亡数据来自Gapminder[3]。参见Gallup[4]关于恐怖主义恐惧的民意调查。见gapm.io/tter。

酒精死亡。我们根据IHME[9]、NHTSA[2]（2017）、FBI[3]和BJS[4]对涉及酒精的死亡进行了计算。请参阅gapm.io/alcterex。

死亡的风险。我们引用的百分比，是将过去十年中收入水平第

[1] 美国疾病预防控制中心。

[2] 美国国家公路交通安全管理局。

[3] 美国联邦调查局。

[4] 美国司法统计局。

四级的死亡人数除以该期间第四级的所有死亡人数，并基于以下数据来源：自然灾害来源于 EM-DAT，飞机失事来源于 IATA，谋杀来源于 IHME[10]，战争来源于 UCDP[1]，恐怖主义来源于 GTD。更相关的风险计算不应仅仅除以所有死亡人数，而应考虑到可能发生这类死亡的情况。见 gapm.io/ffear。

比较灾难。为了比较不同类型的灾难死亡，请参阅 OurWorldInData[8] 的在线文章《并非所有死亡都是平等的：有多少人的死亡使得自然灾害的新闻报道变得值钱》（*Not All Deaths Are Equal: How Many Deaths Make a Natural Disaster Newsworthy?*）。我们目前正在整理有关媒体对不同类型的死亡和环境问题报道中的偏差的数据。准备好后，它将在这里发布：gapm.io/fndr。

第五章：规模错觉

纳卡拉儿童死亡计算。用于这些计算的出生人口和人口数据基于 1970 年的莫桑比克人口普查、纳卡拉医院自己的记录和 2017 年的联合国 IGME。

错误的比例。人们倾向于高估比例的例子来自 Ipsos MORI[2,3]，它揭示了 33 个国家的误解。保罗斯（Paulos）所著的《数学盲》（*Innumeracy*，1988）中充满了不成比例的例子，例如，如果你算上世界上所有的人类血液，红海的水平线会上升多少。请参阅 gapm.io/fsize。

受过教育的母亲和孩子的生存率之间的关系。关于受过教育的母亲如何提高儿童生存率的讨论是基于洛扎诺、默里等人（Lozano，Murray，2010）对 1970 年至 2009 年间 175 个国家的数据的研究。见 gapm.io/tcare。

拯救生命。拯救最多生命的低成本、高影响力干预措施清单来自 UNICEF[2]，该清单还列出了在公共卫生预算被用于更先进的公共卫生措施之前，所有公民应该获得的基本卫生安全措施。

420 万。近年来有关婴儿死亡的数据来自 UN-IGME。1950 年的婴儿出生和死亡数据来自 UN-Pop[3]。

熊和斧子。这个引人注目的比较是由一位名叫汉斯·汉森（Hans Hansson）的人提醒公众的。他写信给当地报纸，指出对向妇女使用家庭暴力事件的荒谬忽视，并开始为男性建立一个网络，以帮助他们打破暴力行为。可以在这里阅读他的英语访谈：http://www.causeofdeathwoman.com/the-mens-network。

西班牙流感。克罗斯比（Crosby，1989）在他的著作《美国被遗忘的流行病》（*American's Forgotten Pandemic*）中估计，西班牙流感造成 5000 万人死亡。这个数字基于约翰逊和缪勒（Johnson，Mueller，2002）及 CDC[1]。1918 年世界人口为 18.4 亿，这意味着这一流行病使全球人口减少了 2.7%。

结核病和猪流感。关于猪流感的数据来自 WHO[17]，以及 TB WHO[1][10,11]。参见 gapm.io/bswin。

能源。比较能源的数据来自斯米尔（Smil）的《能源转型：全球和国家视角》（*Energy Transitions：Global and National Perspectives*，

[1] 世界卫生组织的肺结核病数据。

2016）。斯米尔描述了远离化石燃料的缓慢过程，并揭示了有关粮食生产、创新、人口和巨型风险的错误看法。见 gapm.io/tene。

未来消费者。有关第 165 页的图表的交互式可视化，请参阅 gapm.io/incm。关于此的两本好书是法里德·扎卡利亚（Fareed Zakaria) 的《后美国世界》（*The Post-American World*，2008）和托马斯·弗里德曼（Thomas L.Friedman）撰写的《世界是平的》（*The World Is Flat*，2005）。

人均二氧化碳排放。中国、美国、德国和印度的人均二氧化碳排放数据来自 CDIAC[1]。见 gapm.io/tco2。

第六章：以偏概全

图：非洲的差异。有关图表（第 190 页）的交互式版本，请参阅 gapm.io/edafr。

避孕。数据来自 UNFPA[2][I] 和 UN-Pop[9]。见 gapm.io/twmc。

一切都是用化学品制成的。患有抑郁症的人将世界分为“天然”（安全的）和“化学”（工业和有害的）。世界上最大的特定化合物数据库对此有不同看法。化学文摘社（CAS）的数据包含 1.32 亿种有机和合成化学品及其性质。它表明，毒性与化合物产生的源头无关。例如，由自然界产生的眼镜蛇毒素（Cobratoxin，CAS 登记号 12584-83-7）使您的神经系统瘫痪，直至您无法呼吸。见 gapm.

[1] 二氧化碳信息分析中心。

[2] 联合国人口基金。

io/tind。

萨尔希家族。在 gapm.io/dssah 上查看有关萨尔希家族的更多信息。如果您认为我们在突尼斯或其他地方采访的家庭太少，请访问 gapm.io/dstun，请任意提供帮助。有关如何执行此操作的更多信息，请访问：http：//www.gapminder.org/dollar-street/about。

复苏体位。有关复苏体位的更多历史信息，请参阅霍格伯格和贝里斯特伦（Högberg，Bergström，1997）和 Wikipedia[1][10]。

婴儿猝死综合征（SIDS）。霍格伯格和贝里斯特伦（1997）和吉尔伯特（Gilbert）等人（2005）描述了是俯卧姿势的公共卫生政策导致瑞典 SIDS 案例增加的结论。中国香港的报告来自戴维斯（Davies，1985）。

第七章：命中注定

优越感。关于优于其他群体的优越感，请参阅海特《正义之心：为什么好人被政治和宗教划分》（*Haidt*，*The Righteous Mind*：*Why Good People Are Divided by Politics and Religion*，2012）。见 gapm.io/fdes。

社会和文化发生了变化。要查看 200 多年来的世界卫生图表，请访问 www.gapminder.org/whc 并单击“播放”。

非洲可以赶上。国家和地区的预期寿命数据来自 Gapminder[4]。

[1] 维基百科。

保罗·科利尔（Paul Collier）在《最底层的十亿》（*The Bottom Billion*，2007）中写到了关于世界上最贫困人口的未来前景。我们对接近冲突的极度贫困人口的粗略估计是基于 ODI[1]（2015），安德烈亚斯·托勒弗森和古德兰·斯比（Andreas Forø Tollefsen，Gudrun Østby）关于全球生活在冲突边缘地区人数的初步结果（2016 年为 7.43 亿），以及来自 WorldPop[2]、IHME[6]、FAO[4] 和 UCDP[2] 的地图。参见过去几十年的进步速度：gapm.io/edafr2。

孟加拉国和越南的进展。保罗和安妮·埃尔利希（Paul，Anne Ehrlich，1968）的“人口炸弹”促成了一个普遍的观点，即亚洲和非洲永远无法养活其不断增长的人口。

奥斯陆和平研究所（PRIO）制作了冲突和贫困地图：gapm.io/mpoco。

有关全球纺织品生产，请参阅 gapm.io/tmante。

IMF 预测。我们对 IMF 预测记录的评论是基于 IMF[2]。见 gapm.io/eecof。

伊朗的生育率。德黑兰医科大学的侯赛因·马利克·阿夫扎利（Hossein Malek-Afzali）教授是我在伊朗时接待我的东道主。他向我展示了不孕不育诊所，并教我如何了解伊朗的计划生育和性教育计划。伊朗——计划生育的世界冠军——与其他国家的对比，请参阅 gapm.io/vm2。

宗教和婴儿。在大多数国家，大多数人口属于一个大宗教，这决定了一个国家会出现在哪个图表。然而，在许多国家，没有

[1] 海外发展研究所。

[2] 一个人口分布图项目。

明显的多数。例如，在尼日利亚，根据我们的宗教数据 Pew [2,3]，在 2010 年，49%的人是基督徒，48%信奉伊斯兰教。我们在相关图表中将 81 个这样的国家划分为三个独立的气泡，使用 Pew[2] 和 USAID-DHS[2] 估算每个宗教团体的生育率，并根据 GDL[1,2]、OECD[1][3] 等来源粗略估计每个宗教团体的人均收入。见：gapm.io/ereltfr。

亚洲价值观。在《解释生育转变》(*Explaining Fertility Transitions*，1997）中，凯伦·奥本海姆·梅森（Karen Oppenheim Mason）讨论了家庭规范的变化。随着人们变得富裕并且他们的生活方式变得现代化，性别角色在所有文化中都发生了相当快的变化。在强调大家庭的文化中，价值观可能会变得更缓慢一些。见 gapm.io/twmi。

孟加拉国亚洲女子大学。见 http://www.auw.edu.bd。

自然保护区。关于自然保护区的数据基于世界保护区数据库（UNEP[5]）的数据，以及受保护地球报告（UNEP[6]）和 IUCN[1,2]。1911 至 1990 年的趋势来自阿布恰克拉（Abouchakra）等人的《向前看：50 个重要趋势》(*Looking Ahead: The 50 Trends That Matter*，2016）。有关详细信息，请参阅 Gapminder[5]。

过时的黑猩猩问题。在 20 世纪 90 年代，卡罗林斯卡医学院的学生并不知道许多欧洲国家的健康状况比许多亚洲国家差。这些是我在第一次 TED 演讲中展示的结果：罗斯林（Rosling，2006）。十三年后，当我们想要检查人们的知识是否有所改善时，我们无法

[1] 经济合作与发展组织。

使用原来的问题，因为这些欧洲国家已经赶上了，如这里的动画图表所示：gapm.io/vm3。

美国和瑞典的文化变迁。美国对同性婚姻态度的数据来自Gallup[5]。

第八章：单一视角

民意调查结果来自专业人士。有关此处提及的专业人员组和其他人的民意调查结果，请参阅 gapm.io/rrs。

专家预测。在一个领域拥有非凡专业知识的人，在事实问题上的得分与其他人一样错得严重。《超预测》（*Superforecasting*，2015）的作者菲利普·E. 泰洛克（Philip E.Tetlock）和丹·加德纳（Dan Gardner）对此并不感到惊讶。在该书中，他们描述了一种系统的方法来测试人们预测未来的能力，他们发现有一件事会真正损害良好的判断力，那就是狭隘的专业知识。他们还描述了通常具有良好判断力的人格特质：谦逊、有好奇心以及从错误中学习的意愿。您可以在“良好判断力”（Good Judgment）项目中练习预测：www.gjopen.com。

林道诺贝尔奖获得者会议。这是一个伟大的年轻研究人员的年度聚会，由于这个精彩的组织，他们有机会每年一次向诺贝尔奖获得者学习。我们不是批评他们！我们只是在疫苗接种问题上使用他们真正的低分来证明专家知识并不能保证他们对其他问题有正确的认知知识。请在林道网页上阅读更多关于这场演讲的内容：gapm.io/

xlindau64。

掠夺自然资源。关于公地和如何避免剥削的讨论，请参阅 2010 年的《掠夺的星球：我们为什么必须以及如何管理全球繁荣的自然》(*The Plundered Planet: Why We Must and How We Can-Manage Nature for Global Prosperity*)，作者保罗·科利尔，以及 IUCN Red List[4]。

教育需要电力。有关详细信息，请参阅 UNDESA[1]。

美国的医疗支出。支出数据来自 WHO[12]。美国在与其他收入水平第四级的资本主义国家的支出比较来自 OECD[1]，这项研究名为“为什么美国的医疗支出如此之高？”的结论是，美国医疗保健系统的成本全面提高，尤其是门诊护理和管理成本，并且这不会带来更好的结果，因为该系统不会激励医生花时间给最需要护理的患者。见 gapm.io/theasp。

民主。保罗·科利尔的书和他们的事实一样令人不安。请参阅他的《战争，枪支和投票：危险地方的民主》(*Wars, Guns and Votes: Democracy in Dangerous Places*, 2011)，了解民主是如何破坏收入水平第一级国家的稳定，而不是让它们更安全。在法里德·扎卡利亚的《自由的未来：国内外的自由民主》(*The Future of Freedom: Illiberal Democracy at Home and Abroad*) 中讨论了更多令人不安的民主问题。我们必须提醒自己温斯顿·丘吉尔的明智话语：“没有人假装民主是完美的或全智的。事实上已经说过了。除了所有其他尝试过的形式，民主是最糟糕的政府形式。”见 gapm.io/tgovd。

[1] 联合国经济和社会事务部。

快速的经济增长和民主。该讨论基于 IMF[1] 的经济增长数据和 2016 年 The Economist[1][2] 的民主指数。该指数给各国“民主”评级，分数区间为 1 到 10，其中最低分为 1.8，朝鲜；最高分为 9.93，挪威。以下是过去五年经济增长最快的十个国家和民主得分（增长最快的排在前面）：土库曼斯坦，1.83；埃塞俄比亚，3.6；中国，3.14；蒙古，6.62；爱尔兰，9.15；乌兹别克斯坦，1.95；缅甸，4.2；老挝，2.37；巴拿马，7.13；格鲁吉亚，5.93。十个增长最快的经济体中只有一个在民主方面得分很高。

第九章：归咎他人

被忽视的疾病。对于制药行业无利可图的疾病清单，由于受害者几乎完全是生活在收入水平第一级的人，请参阅 WHO[15]。最近，埃博拉就在此列表中。

系统思考。彼得·圣吉（Peter Senge）在企业组织中提出了系统思考的概念，作为阻止人们互相指责并帮助他们理解导致问题的机制的一种方式。但他的想法适用于各种组织，因为指责别人会阻止正确理解问题。参见圣吉的《第五项修炼：学习型组织的艺术与实践》（*Senge*，*The Fifth Discipline*：*The Art & Practice of the Learning Organization*，1990）。参见 gapm.io/fblame。

联合国儿童基金会的低成本。联合国儿童基金会精简的物流

[1] 《经济学人》杂志。

和供应链令人惊叹。如果您想出价，可以在 www.unicef.org/supply/index_25947.html 上查看联合国儿童基金会正在寻找的用品和服务。您可以在 UNICEF[5] 了解更多有关其采购流程的信息。

为什么难民不坐飞机。瑞典没有在第二次世界大战期间没收那些来自丹麦的走私难民的船只——请参阅 BBC 纪录片《丹麦犹太人如何逃脱大屠杀》。根据戈德伯格（Goldberger，1987）的说法，这些船只救了 7220 名丹麦犹太人。今天 EU Council[1][1] 指令 2002/90/EC 将“走私者”定义为促进非法移民的任何人，FU Council[2] 框架工作决定允许“没收用于实施犯罪的交通工具”。但《日内瓦公约》说，其中许多难民有权获得庇护，见难民专员办事处。见 gapm.io/p16 和 gapm.io/tpref。

二氧化碳排放。研究人员正试图弄清楚如何调整排放配额以适应不断变化的人口规模，参见申明等人（Shengmin，2011）和劳帕赫等人（Raupach，2014）。见 gapm.io/eco2a。有关不同收入等级的二氧化碳排放的更多信息，请参阅 gapm.io/tco2i。

梅毒。如果您认为自己没有生活在最好的时期，请搜索梅毒的图像，您很快就会感到幸福。通过格拉斯哥大学图书馆，我们从奎尔特（Quetel，1990）得到了许多这种令人作呕的疾病的名字。

出生率下降和强大的领导者。这个交互式图表显示了自 1800 年以来所有国家的出生率下降：gapm.io/vm4。

流产。世界卫生组织关于获得安全堕胎的准则说：“获得安全堕胎服务的限制导致不安全堕胎和不必要的堕胎。几乎所有不安全

[1] 欧盟理事会。

堕胎造成的死亡和发病率都发生于在法律及在实践中堕胎严重受限的国家。”见 WHO[2]。

机构。通过维护机构的人员所做的工作，可以最好地理解机构。在阿比吉特·班纳吉（Banerjee）和埃斯特·迪弗洛（Duflo）的《贫穷的本质》（*Poor Economics*，2011）一书中，他们描述了使逃离贫困更加容易的基本制度。见 gapm.io/tgovin。

拯救世界于埃博拉的政府雇员。莫索卡·法拉（Dr.Mosoka Fallah）是我有幸在蒙罗维亚一起工作的埃博拉接触者追踪工作人员之一。聆听他自己关于政府员工的言论以及他们在社会最需要他们时的承诺，并听他描述如何在寻找感染的同时保持社区内的信任，在他的 TEDx 蒙罗维亚谈话中：gapm.io/x1。

谢谢工业化。你可以在 gapm.io/vid1 的 TED 演讲中看到神奇的洗衣机。

第十章：情急生乱

麻痹病症。要了解村民和他们的孩子患有麻痹病症的生活，请观看由托尔基德·泰尔斯卡（Thorkild Tylleskar，1995）录制的电影，录制于班顿杜省，现今的刚果民主共和国：gapm.io/x2。

要么现在，要么别做。在罗伯特·西奥迪尼（Robert Cialdini）的《影响力》（*Influence*，2001）中学习如何保护自己免受常见销售伎俩影响。

情急生乱的本能。请参阅泰洛克和加德纳的《超预测》，了解更多关于我们保持“可能”的难度，以及因此在我们的头脑中保持合理的选择范围。

冰盖融化。《格陵兰今日》网站显示每天北极的融化情况，请参阅 https://nsidc.org/greenland-today。

GDP 和二氧化碳的新数字。经合组织定期为其 35 个富裕成员国发布数据。截至 2017 年 12 月，最近的 GDP 增长数字来自六周前。而二氧化碳排放的最新数字来自三年前；见 OECD[2]。对于瑞典，可以在瑞典环境和经济核算体系网站上找到不超过三个月的二氧化碳排放数据，见 SCB[1]。

气候难民。许多研究声称，由于气候变化，难民人数将急剧增加。英国政府科学办公室的课题《移民和全球环境变化》(前瞻，2011 年) 显示了这些主张所依据的共同假设的根本弱点。首先，它发现了大部分经常被引用的研究仅涉及两个原始来源：一个估计气候变化将产生 1000 万难民，另一个预计将有 1.5 亿难民，参见专栏 1.2:“现有的‘环境移民人数’估计倾向于基于一个或两个来源。”其次，它发现这些原始资料低估了生活在收入水平第一级和第二级的人以及他们应对变化的能力。相反，他们将迁移描述为面对气候变化的唯一选择。

将所有问题都归结为单一问题——气候——的坏习惯称为气候减少主义。面对它不是否认气候变化，而是记住世界历史上人们适应新环境的许多例子，怀抱现实的期望去应对它。参见鲁思·德弗里斯(Ruth DeFries)撰写的《大棘轮》(*The Big Ratchet*, 2014)。

---

[1] 瑞典统计局。

关于全球移民和难民情况的事实情况，请参见难民署人口统计数据：http：//popstats.unhcr.org/en/overview，阅读保罗·科利尔的《出埃及记》（*Exodus*，2013），亚历山大·贝茨（Alexander Betts）和保罗·科利尔的《避难所》（*Refuge*，2017）。

埃博拉病毒。WHO[13] 列出了自 2014 年以来为追踪埃博拉流行病而编制的所有情况报告。它们仍然显示可疑病例，CDC[3] 继续使用高估计数，其中包括疑似和未经证实的病例。

五大全球风险。有关基于事实的主要风险的更长列表，请参阅斯米尔所著的《全球灾难与趋势：未来 50 年》（*Global Catastrophes and Trends*：*The Next Fifty Years*，2008）。对于那些发现数字令人平静的人来说，您可以在这里找到比例风险和各种可能的致命中断的不确定性。见 gapm.io/furgr。

全球流行病的风险。西班牙流感的一个小版本比一个大版本更可能。见斯米尔（Smil，2008）。虽然我们应该反对肉类行业中过量使用抗生素的行为——见 WHO[14]——同时我们必须小心不要犯下我们在使用 DDT 上犯的错误，变得过度保护。如果它们更便宜，抗生素可以挽救更多的生命。见 gapm.io/tgerm。

金融崩溃的风险。在过去十年中，外部环境不稳定，资本市场越来越以极端事件为特征，观察多布斯（Dobbs）等人在《无普通干扰》（*No Ordinary Disruption*，2016）中的观点。另见豪斯曼（Hausmann，2015）。参见 gapm.io/dysec。

第三次世界大战的风险。在他的书中，斯米尔（Smil，2008）十年前已经在讨论新世界秩序的六个正在发展的趋势如何慢慢导致世界各地之间的冲突加剧：欧洲的地位、日本的衰落、伊斯兰的选择、俄罗斯的方式、中国的崛起和美国的撤退。见 gapm.io/dysso。

气候变化的风险。这篇文章借鉴了保罗·科利尔的《掠夺星球》，经济学家埃莉诺·奥斯特罗姆（Elinor Ostrom）和 Our-WorldInData[7] 的思想。见 gapm.io/dysna。

极度贫困的风险。该文章借鉴了世界银行 [26]、ODI、PRIO、保罗·科利尔的《最底层的十亿》以及 BBC 纪录片《不要恐慌——终结贫困》，见 Gapminder[11]。虽然极度贫困比例已经下降，根据 PRIO 的初步数据，生活在冲突中的极度贫困人口数量一直稳定甚至增加。如果目前的战争持续下去，绝大多数极度贫困儿童将很快生活在军事战线之后。这对国际援助构成了文化挑战。参见斯德哥尔摩宣言（2016）。见 gapm.io/tepov。

第十一章：实事求是

多元化经济。麻省理工学院已经制作了一个免费工具（https://atlas.media.mit.edu/en/），以帮助各国根据其现有的行业和技能制订出最佳的多样化方法，请参阅 gapm.io/x4 或阅读豪斯曼等人（Hausmann，2013）。

老师。访问 www.gapminder.org/teach，查找我们的免费教学材料，加入教师社区，他们在课堂上推广基于事实的世界观。

"Speling miskates"。这个错字是有意的，受到东方地毯应该总是至少包含一个故意错误这一事实的启发。每个东方地毯中至少有一个结总是错的。它提醒我们，我们是人类，我们不应该假装我们是完美的。

建设性新闻。以下是解决新闻问题的两种截然不同的方法：https：//constructiveinstitute.org 和 https://www.wikicribune.com/。

本地无知和数据。不要错过艾伦·史密斯的 TEDx 演讲《为什么你应该喜欢统计数据》，他在那里展示了英国当地误解的好例子。我们开始开发本地化的可视化，就像斯德哥尔摩这样。每个气泡代表一个小的城市的区域。点击开始，看看 90%的地区是如何集中在中间的某个地方，以及斯德哥尔摩的大部分地区如何变得更加富裕和受过更多教育，即使斯德哥尔摩的政治辩论经常讨论生活极端的人，因为这些差异大得令人不安。见 gapm.io/gswe1。

最后的说明

免费的全球发展数据。开放数据获取和研究使本书成为可能。1999 年，世界银行在光盘上制作了有史以来最全面的全球统计数据：世界发展指标。我们将内容做成动画气泡图，上传到我们的网站，以方便人们使用。世界银行有点生气，但我们的论点是，纳税人已经支付了这笔官方数据的费用，我们只是确保他们能够获取他们已经拥有的东西。我们问道："难道你不相信免费获取信息，能使全球市场力量按照他们应有的方式运作吗？"2010 年，世界银行决定免费发布所有数据（并感谢我们的坚持）。我们在 2010 年 5 月的新开放数据平台仪式上亮相，此后世界银行成为我们获得可靠的全球统计数据的主要接入点，见 seegapm.io/x6。

感谢蒂姆·伯纳斯·李和其他免费互联网的早期梦想家，使这一切都成为可能。在他发明万维网之后的某个时候，蒂姆·伯纳斯·李联系了我们，要求借用一个幻灯片，展示一个链接数据源的网络如何蓬勃发展（使用漂亮的鲜花图像）。我们免费分享了我们所有的内容，所以当然我们同意了。蒂姆在他 2009 年的 TED 演讲中使用了这个“花——演示文稿”——见 gapm.io/x6——以帮助人们看到“下一个网络”的美丽，并将我们基金会作为一个例子，说明当来自多个来源的数据汇集在一起时会发生什么，参见 Berners-Lee（2009）。他的视野如此大胆，我们到目前为止只看到了早期的趋势！

遗憾的是，本书几乎没有使用国际能源署（www.iea.org）提供的数据，该数据与经合组织一起，仍然在很多纳税人的数据上标注价格。由于能源统计数据过于重要而无法访问，因此这可能会，而且必须很快改变。

数据来源

Abouchakra, Rabih, Ibrahim Al Mannaee, and Mona Hammami Hijazi. *Looking Ahead: The 50 Trends That Matter*. Chart, page 274. Bloomington, IN: Xlibris, 2016.

Allansson, Marie, Erik Melander, and Lotta Themnér. "Organized violence, 1989–2016." *Journal of Peace Research* 54, no. 4 (2017).

Amnesty. Amnesty International. *Death Penalty: Data counting abolitionists for all crimes*. 2007–2016. Accessed November 3, 2017. gapm.io/xamndp17.

Ariely, Dan. *The Honest Truth About Dishonesty: How We Lie to Everyone, Especially Ourselves*. New York: Harper, 2012.

———. *Predictably Irrational: The Hidden Forces That Shape Our Decisions*. New York: Harper, 2008.

———. *The Upside of Irrationality: The Unexpected Benefits of Defying Logic at Work and at Home*. New York: Harper, 2010.

ATAA (Air Transport Association of America). *The Annual Reports of the U.S. Scheduled Airline Industry*, 1940–1991. Earlier editions were called *Little Known Facts about the Scheduled Air Transport Industry* and *Air Transport Facts and Figures*. http://airlines.org.

Banerjee, Abhijit Vinayak, and Esther Duflo. *Poor Economics: A Radical Rethinking of the Way to Fight Global Poverty*. New York: PublicAffairs, 2011.

Barro-Lee. Educational Attainment Dataset v2.1. Updated February 4, 2016. See

Barro and Lee (2013). Accessed November 7, 2017. http://www.barrolee.com. gapm.io/xbl17.

Barro, Robert J., and Jong-Wha Lee. "A New Data Set of Educational Attainment in the World, 1950–2010." *Journal of Development Economics* 104 (2013): 184–98.

BBC. Producer Farhana Haider. "How the Danish Jews Escaped the Holocaust." Witness, *BBC, Magazine*, October 14, 2015. gapm.io/xbbcesc17.

Berners-Lee, Tim. "The next web." TED video, 16:23. Filmed February 2009 in Long Beach, CA. https://www.ted.com/talks/tim_berners_lee_on_the_next_web. gapm.io/x-tim-b-l-ted.

Betts, Alexander, and Paul Collier. *Refuge: Rethinking Refugee Policy in a Changing World.* New York: Oxford University Press, 2017.

Biraben, Jean-Noel. "An Essay Concerning Mankind's Evolution." *Population. Selected Papers*. Table 2. December 1980. As cited in US-CPS. gapm.io/xuscbbir.

BJS (Bureau of Justice Statistics). Rand, M.R., et al. "*Alcohol and Crime: Data from 2002 to 2008*". Washington, DC: Bureau of Justice Statistics, Office of Justice Programs, US Department of Justice, 2010. Page last revised on July 28, 2010. Accessed December 21, 2017. https://www.bjs.gov/content/acf/ac_conclusion.cfm.

Bongaarts, John, and Rodolfo A. Bulatao. "Beyond Six Billion: Forecasting the World's Population." National Research Council. Panel on Population Projections. Committee on Population, Commission on Behavioral and Social Sciences and Education. Washington, D.C. 2000. National Academy Press. https://www.nap.edu/read/9828/chapter/4#38.

Bourguignon, François, and Christian Morrisson. "Inequality Among World Citizens: 1820–1992." *American Economic Review* 92, no. 4 (September 2002): 727–44.

Bryant, John. "Theories of Fertility Decline and the Evidence from Development Indicators." *Population and Development Review* 33, no. 1 (March 2007): 101–27.

BTS[1]. (US Bureau of Transportation Statistics). US Air Carrier Safety Data.

Total Fatalities. National Transportation Statistics. Table 2-9. Accessed November 24, 2017. gapm.io/xbtsafat.

BTS[2]. Revenue Passenger-Miles (The Number of Passengers and the Distance Flown in Thousands (000)). T-100 Segment data. Accessed November 4, 2017. gapm.io/xbtspass.

Caldwell, J. C. "Three Fertility Compromises and Two Transitions." *Population Research and Policy Review* 27, no. 4 (2008): 427–46. gapm.io/xcaltfrt.

Carson, Rachel. Silent Spring. Boston: Houghton Mifflin, 1962.

CAS. Database Counter. American Chemical Society, 2017. Accessed December 3, 2017. gapm.io/xcas17.

CDC[1]. (Centers for Disease Control and Prevention). Taubenberger, Jeffery K., and David M. Morens. "1918 Influenza: The Mother of All Pandemics." *Emerging Infectious Diseases* 12, no. 1 (January 2006): 15–22. gapm.io/xcdcsflu17.

CDC[2]. "Organochlorine Pesticides Overview"Dichlorodiphenyltrichloroethane (DDT). National Biomonitoring Program.

CDC[3]. "Ebola Outbreak in West Africa—Reported Cases Graphs." Centers for Disease Control and Prevention, 2014. gapm.io/xcdceb17.

CDC[4]. Toxicological Profile for DDT, DDE and DDD. https://www.atsdr.cdc.gov/toxprofiles/tp.asp?id=81&tid=20.

CDIAC. "*Global, Regional, and National Fossil-Fuel CO_2 Emissions*." Boden, T.A., G. Marland, and R.J. Andres. 2017. Carbon Dioxide Information Analysis Center, Oak Ridge National Laboratory, U.S. Department of Energy, Oak Ridge, Tenn., U.S.A. DOI: 10.3334/CDIAC/00001_V2017. gapm.io/xcdiac.

CETAD (Centro de Estudos Tributários e Aduaneiros). "Distribuição da Renda por Centis Ano MARÇO 2017." Ministério da Fazenda, Brazil, 2017. gapm.io/xbra17.

Cialdini, Robert B. *Influence: How and Why People Agree to Things*. Boston, MA: Allyn and Bacon, 2001.

College Board. SAT Total Group Profile Report, 2016. gapm.io/xsat17.

Collier, Paul. *The Bottom Billion: Why the Poorest Countries Are Failing and*

What Can Be Done About It. New York: Oxford University Press, 2007.

———. *Exodus: How Migration Is Changing Our World*. New York: Oxford University Press, 2013.

———. *The Plundered Planet: Why We Must—and How We Can—Manage Nature for Global Prosperity*. New York: Oxford University Press, 2010.

———. *Wars, Guns and Votes: Democracy in Dangerous Places*. New York: Random House, 2011.

Correlates of War Project. COW Data set v4.0. Based on Sarkees, Meredith Reid, and Frank Wayman (2010). Data set updated 2011. Accessed Dec 3, 2017. http://www.correlatesofwar.org/data-sets/COW-war.

Countdown to 2030. *Reproductive, Maternal, Newborn, Child, and Adolescent Health and Nutrition*. Data produced by Aluisio Barros and Cesar Victora, Federal University of Pelotas, Brazil, 2017. http://countdown2030.org/.

Crosby, Alfred W. *America's Forgotten Pandemic*. Cambridge, UK: Cambridge University Press, 1989.

Cummins, Denise. "Why the Gender Difference on SAT Math Doesn't Matter." *Good Thinking* blog, *Psychology Today*. March 17, 2014.

Davies, D.P. (1985). "Cot Death in Hong Kong: a Rare Problem?" *Lancet* 1985 Dec 14;2(8468):1346-9. https://www.ncbi.nlm.nih.gov/pubmed/2866397.

DeFries, Ruth. *The Big Ratchet: How Humanity Thrives in the Face of Natural Crisis*. New York: Basic Books, 2014.

Diamond, Jared. *The World Until Yesterday: What Can We Learn from Traditional Societies?* London: Viking, 2012.

Dobbs, Richard, James Manyika, and Jonathan Woetzel. *No Ordinary Disruption: The Four Global Forces Breaking All the Trends*. New York: PublicAffairs, 2016.

Dollar Street. Free photos under Creative Commons License CC BY 4.0. By Gapminder, Anna Rosling Rönnlund. 2017. www.dollar-street.org.

Ehrlich, Paul R., and Anne Ehrlich. *The Population Bomb*. New York: Ballantine, 1968.

EIA (U.S. Energy Information Administration). "Annual passenger travel tends to increase with income." *Today in Energy* May 11, 2016. https://www.eia.gov/

todayinenergy/detail.php?id=26192#

Ellenberg, Jordan. *How Not to Be Wrong: The Power of Mathematical Thinking*. New York: Penguin, 2014.

Elsevier. Reller, Tom. "Elsevier Publishing—A Look at the Numbers, and More." Posted March 22, 2016. Accessed November 26, 2017. https://www.elsevier.com/connect/elsevier-publishing-a-look-at-the-numbers-and-more.

EM-DAT. Centre for Research on the Epidemiology of Disasters (CRED). The International Disaster Database. Debarati Guha-Sapir, Université catholique de Louvain. Accessed November 5, 2017. www.emdat.be.

ENIGH (Encuesta Nacional de Ingresos y Gastos de los Hogares). Nueva serie, Tabulados básicos, 2017. Table 2.3, 2016. gapm.io/xenigh17

EPA (US Environmental Protection Agency). Environment Program, Pesticide Information. gapm.io/xepa17.

EU Council[1]. Council Directive 2002/90/EC of 28 November 2002 "defining the facilitation of unauthorised entry, transit and residence." November, 2002. gapm.io/xeuc90.

EU Council[2]. Council Directive 2001/51/EC of 28 June 2001 "supplementing the provisions of Article 26 of the Convention implementing the Schengen Agreement of 14 June 1985." June, 2001. gapm.io/xeuc51.

FAO[1] (Food and Agriculture Organization of the United Nations). "Food Insecurity in the World 2006." 2006. gapm.io/faoh2006.

FAO[2]. *The State of World Fisheries and Aquaculture 2016: Contributing to Food Security and Nutrition for All*. Rome: FAO, 2016. Accessed November 29, 2017. http://www.fao.org/3/a-i5555e.pdf. gapm.io/xfaofi.

FAO[3]. "Statistics—Food Security Indicators." Last modified October 31, 2017. Accessed November 29, 2017. gapm.io/xfaofsec.

FAO[4]. FAOSTAT World Total, Yield: Cereals, Total, 1961–2014. Last modified May 17, 2017. Accessed November 29, 2017. gapm.io/xcer.

FAO[5]. "State of the World's Land and Water Resources for Food and Agriculture." SOLAW, FAO, Maps, 2011. gapm.io/xfaowl17.

FBI (Federal Bureau of Investigation). Uniform Crime Reporting Statistics. *Crime in the United States*. All reported violent crimes and property crimes combined. Accessed October 12, 2017. gapm.io/xfbiu17.

Foresight. *Migration and Global Environmental Change. Final Project Report.* London: Government Office for Science, 2011. gapm.io/xcli17.

FRD. Ofcansky, Thomas P., Laverle Bennette Berry, and Library of Congress Federal Research Division. *Ethiopia: A Country Study*. Washington, DC: Federal Research Division, Library of Congress, 1993. gapm.io/xfdi.

Friedman, Thomas L. *The World Is Flat: A Brief History of the Twenty-first Century*. New York: Farrar, Straus & Giroux, 2005.

Gallup[1]. McCarthy, Justin. "More Americans Say Crime Is Rising in U.S." *Gallup News*, October 22, 2015. Accessed December 1, 2017. http://news.gallup.com/poll/186308/americans-say-crime-rising.aspx.

Gallup[2]. Brewer, Geoffrey. "Snakes Top List of Americans' Fears." *Gallup News*, March 19, 2001. Accessed December 17, 2017. http://news.gallup.com/poll/1891/snakes-top-list-americans-fears.aspx.

Gallup[3]. Newport, Frank. "In U.S., Percentage Saying Vaccines Are Vital Dips Slightly." *Gallup News*, March 6, 2015. gapm.io/xgalvac17.

Gallup[4]. "Concern About Being Victim of Terrorism." U.S. polls, 1995–2017. *Gallup News*, December 2017. gapm.io/xgal17.

Gallup[5]. McCarthy, Justin. "U.S. Support for Gay Marriage Edges to New High." *Gallup News*, May 3–7, 2017. gapm.io/xgalga.

Gapminder[1]. Regions, dividing the world into four regions with equal areas. gapm.io/ireg.

Gapminder[2]. GDP per capita—v25. Mainly Maddison data extended by Mattias Lindgren and modified by Ola Rosling to align with World Bank GDP per capita constant PPP 2011, with IMF forecasts from WEO 2017. gapm.io/dgdppc.

Gapminder[3]. Four income levels—v1. gapm.io/elev.

Gapminder[4]. Life expectancy—v9, based on IHME-GBD 2016, UN Population and Mortality.org. Main work by Mattias Lindgren. gapm.io/ilex.

Gapminder[5]. Protected nature—v1, based on World Database on Protected Areas (WDPA), UK-IUCN, UNEP-WCMC. gapm.io/natprot.

Gapminder[6]. Child mortality rate—v10, based on UN-IGME. Downloaded

November 10, 2017, gapm.io/itfr.

Gapminder[7]. Total fertility rate—v12. gapm.io/dtfr.

Gapminder[8]. Income mountains—v3. Accessed November 2, 2017. gapm.io/incm.

Gapminder[9]. Extreme poverty rate—v1, rough guestimation of extreme poverty rates of all countries for the period 1800 to 2040, based on the Gapminder Income Mountains dataset. gapm.io/depov.

Gapminder[10]. Household per capita income—v1. gapm.io/ihhinc.

Gapminder[11]. "Don't Panic—End Poverty." BBC documentary featuring Hans Rosling. Directed by Dan Hillman. Wingspan Productions, September 2015.

Gapminder[12]. Legal slavery data—v1. gapm.io/islav.

Gapminder[13]. HIV, newly infected—v2. Historic prevalence estimates before 1990 by Linus Bengtsson and Ziad El-Khatib. gapm.io/dhivnew.

Gapminder[14]. Death penalty abolishment—v1. gapm.io/ideat.

Gapminder[15]. Countries ban leaded gasoline—v1. gapm.io/ibanlead.

Gapminder[16]. Air plane fatalities—v1. Indicator Population—v5—all countries—1800–2100, based on IATA, ICAO[3], BTS[1,2] & ATAA. gapm.io/dpland.

Gapminder[17]. Population—v5—all countries—1800–2100, based on *World Population Prospects: 2017 Revision*, UN Population Division and mainly Maddison[2] before 1950. gapm.io/dpop.

Gapminder[18]. Undernourishment—v1. gapm.io/dundern.

Gapminder[19]. Feature films—v1. gapm.io/dcultf.

Gapminder[20]. Women's suffrage—v1, based primarily on Wikipedia[4]. gapm.io/dwomsuff.

Gapminder[21]. Literacy rate—v1, based on UNESCO[2] and van Zanden. gapm.io/dliterae.

Gapminder[22]. Internet users—v1. gapm.io/dintus.

Gapminder[23]. Children with some vaccination—v1, based on WHO[1]. gapm.io/dsvacc.

Gapminder[24]. Playable guitars per capita (very rough estimates)—v1. gapm.io/dguitars.

Gapminder[25]. Maternal mortality—v2. gapm.io/dmamo.

Gapminder[26]. “Factpods on Ebola.” 1–15. gapm.io/fpebo.

Gapminder[27]. Poll results from events. gapm.io/rrs.

Gapminder[28]. How good are the UN population forecasts? gapm.io/mmpopfut.

Gapminder[29]. The Inevitable Fill-Up. gapm.io/mmfu.

Gapminder[30]. Family size by income level. gapm.io/efinc.

Gapminder[31]. Protected Nature—v1, based on World Database on Protected Areas (WDPA), UK-IUCN, UNEP-WCMC. gapm.io/protnat.

Gapminder[32]. Hans Rosling. “Swine flu alert! News/Death ratio: 8176.” Video. May 8, 2009. gapm.io/sftbn.

Gapminder[33]. Average age at first marriage. gapm.io/fmarr.

Gapminder[34]. World Health Chart. www.gapminder.org/whc.

Gapminder[35]. Differences within Africa. gapm.io/eafrdif.

Gapminder[36]. Monitored species. gapm.io/tnwlm.

Gapminder[37]. Food production. gapm.io/tfood.

Gapminder[38]. War deaths. gapm.io/twar.

Gapminder[39]. Textile. gapm.io/ttextile.

Gapminder[41]. “Why Boat Refugees Don’t Fly!” gapm.io/p16.

Gapminder[42]. Child labour. gapm.io/dchlab.

Gapminder[43]. Gapminder Factfulness Poster, v3.1. Free Teaching Material, Creative Commons License CC BY 4.0. 2017. gapm.io/fposter.

Gapminder[44]. Length of schooling. gapm.io/dsclex.

Gapminder[45]. Recreation spending by income level. gapm.io/tcrecr.

Gapminder[46]. Caries. gapm.io/dcaries.

Gapminder[47]. Fertility rates by income quintile. gapm.io/dtfrq.

Gapminder[48]. Road accidents. gapm.io/droada.

Gapminder[49]. Child drownings by income level. gapm.io/ddrown.

Gapminder[50]. Travel distance. gapm.io/ttravel.

Gapminder[51]. CO2 emissions. gapm.io/tco2.

Gapminder[52]. Natural disasters. gapm.io/tndis.

Gapminder[53]. Fertility rate and income by religion. gapm.io/dtfrr.

GDL[1]. (Global Data Lab). Area data initiated by Jeroen Smits. https://

globaldatalab.org/areadata.

GDL[2]. IWI International Wealth Index. https://globaldatalab.org/iwi.

Gilbert et al. (2005). "Infant sleeping position and the sudden infant death syndrome: systematic review of observational studies and historical review of recommendations from 1940 to 2002" Ruth Gilbert, Georgia Salanti, Melissa Harden, Sarah See. *International Journal of Epidemiology*, Volume 34, Issue 4, 1 August 2005, Pages 874–87. https://doi.org/10.1093/ije/dyi088.

Gilovich, Thomas. *How We Know What Isn't So*. New York: Macmillan, 1991.

Gleditsch, Nils Petter. *Mot en mer fredelig verden?* [Norwegian: *Towards a more peaceful world?*]. Oslo: Pax, 2016. Figure 1.4. gapm.io/xnpgfred.

Gleditsch, Nils Petter, and Bethany Lacina. "Monitoring trends in global combat: A new dataset of battle deaths." *European Journal of Population* 21, nos. 2–3 (2005): 145–66. gapm.io/xbat.

Goldberger, Leo. *The Rescue of the Danish Jews: Moral Courage Under Stress*. New York: New York University Press, 1987.

Good Judgment Project. www.gjopen.com.

Gottschall, Jonathan. *The Storytelling Animal: How Stories Make Us Human*. Boston and New York: Houghton Mifflin Harcourt, 2012.

Gribble, Gordon W. "Food chemistry and chemophobia." *Food Security* 5, no. 1 (February 2013). gapm.io/xfosec.

GSMA. *The Mobile Economy* 2017. GSM Association, 2017. gapm.io/xgsmame.

GTD. Global Terrorism Database 2017. Accessed December 2, 2017. gapm.io/xgtdb17.

GTF. "The Global Tracking Framework measures the population with access to electricity in both rural and urban areas from 1990–2014." The World Bank & the International Energy Agency. Global Tracking Framework. Accessed November 29, 2017. http://gtf.esmap.org/results.

Gurven, Michael, and Hillard Kaplan. "Longevity Among Hunter-Gatherers: A Cross-Cultural Examination." *Population and Development Review* 33, no. 2 (2007): 321–65. gapm.io/xhun.

Haidt, Jonathan. *The Happiness Hypothesis: Finding Modern Truth in Ancient Wisdom*. New York: Basic Books, 2006.

———. *The Righteous Mind: Why Good People Are Divided by Politics and Religion*. New York: Pantheon, 2012.

Hausmann, Ricardo. "How Should We Prevent the Next Financial Crisis?" The Growth Lab, Harvard University, 2015. gapm.io/xecc.

Hausmann, Ricardo, Cesar A. Hidalgo, et al. *Atlas of Economic Complexity: Mapping Paths to Prosperity*, 2nd ed. Cambridge, MA: MIT Press, 2013. Accessed November 10, 2017. gapm.io/xatl17.

Hellebrandt, Tomas, and Paulo Mauro. *The Future of Worldwide Income Distribution*. Peterson Institute for International Economics Working Paper 15-7, April 2015. Accessed November 3, 2017. gapm.io/xpiie17.

HMD (Human Mortality Database). University of California, Berkeley and Max Planck Institute for Demographic Research. Downloaded September 2012. Available at www.mortality.org or www.humanmortality.de.

Högberg, Ulf, and Erik Bergström. "Läkarråd ökade risken för plötslig spädbarnsdöd" ["Physicians' advice increased the risk of sudden infant death syndrome"]. Läkartidningen 94, no. 48 (1997). gapm.io/xuhsids.

IATA (International Air Transport Association). "Accident Overview." Table. Fact Sheet Safety. December 2017. gapm.io/xiatas.

ICAO[1] (International Civil Aviation Organization). Convention on International Civil Aviation. Chicago, December 7, 1944. gapm.io/xchicc.

ICAO[2]. Aircraft Accident and Incident Investigation. Convention on International Civil Aviation, Annex 13. International Standards and Recommended Practices, 1955. gapm.io/xchi13.

ICAO[3]. Global Key Figures. Revenue Passenger-Kilometres. Air Transport Monitor. 2017. https://www.icao.int/sustainability/Pages/Air-Traffic-Monitor.aspx.

Ichiseki, Hajime. "Features of disaster-related deaths after the Great East Japan Earthquake." *Lancet* 381, no. 9862 (January 19, 2013): 204. gapm. io/xjap.

ICP (International Comparison Program). "Purchasing Power Parity $ 2011." gapm.io/x-icpp.

IHME[1] (Institute for Health Metrics and Evaluation). Data Life Expectancy. Global Burden of Disease Study 2016. Institute for Health Metrics and

Evaluation, University of Washington, Seattle, September 2017. Accessed October 7, 2017. gapm.io/xihlex.

IHME[2]. "Global Educational Attainment 1970–2015." Accessed May 10, 2017. gapm.io/xihedu.

IHME[3]. "Road injuries as a percentage of all disability." GBD Compare. gapm.io/x-ihaj.

IHME[4]. "Drowning as a percentage of all death ages 5–14, by four development levels." GBD Compare. http://ihmeuw.org/49kq.

IHME[5]. "Drowning, share of all child deaths in ages 5–14, comparing Sweden with average for all highly developed countries." GBD Compare. http://ihmeuw.org/49ks.

IHME[6]. "Local Burden of Disease—Under-5 Mortality." Accessed November 29, 2017. gapm.io/xih5mr.

IHME[7]. "Measles." GBD Compare. 2016. gapm.io/xihels.

IHME[8]. "All causes of death" GBD Compare. 2016. http://ihmeuw.org/49p3.

IHME[9]. "Transport injuries." GBD Compare. 2016. http://ihmeuw.org/49pa.

IHME[10]. "Interpersonal violence." GBD Compare. 2016. http://ihmeuw.org/49pc.

IHME[11]. Data for deaths under age 5 in 2016, attributable to risk factor unsafe water source, from IHME GBD 2016. Accessed December 12, 2017. http://ihmeuw.org/49xs.

ILMC (International Lead Management Center). Lead in Gasoline Phase-Out Report Card, 1990s. International Lead Zinc Research Organization (ILZRO), supported by the International Lead Association (ILA). Accessed October 12, 2017. http://www.ilmc.org/rptcard.pdf.

ILO[1] (International Labour Organization). C029 - Forced Labour Convention, 1930 (No. 29). Accessed December 2, 2017. gapm.io/xiloflc.

ILO[2]. C105 - Abolition of Forced Labour Convention, 1957 (No. 105). Accessed December 2, 2017. gapm.io/xilola.

ILO[3]. Country baselines: Turkmenistan. gapm.io/xiloturkm.

ILO[4]. Country baselines: Uzbekistan. gapm.io/xilouzb.

ILO[5]. Country baselines: North Korea. gapm.io/xilonkorea.

ILO[6]. C182 Worst Forms of Child Labour Convention, 1999 (No. 182). gapm.io/xilo182.

ILO[7]. IPEC. "Global child labour trends 2008 to 2012." Yacouba Diallo, Alex Etienne, and Farhad Mehran. International Programme on the Elimination of Child Labour (IPEC). Geneva: ILO, 2013. gapm.io/xiloi.

ILO[8]. IPEC. Children in employment, child labour and hazardous work, 5–17 years age group, 2000–2012. Page 3, Table 1. International Labour Office; ILO International Programme on the Elimination of Child Labour (IPEC). gapm.io/xiloipe.

ILO[9]. "Programme on the Elimination of Child Labour, World (1950–1995)." International Labour Organization Programme on Estimates and Projections on the Elimination of Child Labour (ILO-EPEAP). Kaushik Basu, 1999. Via OurWorldInData.org/child-labor.

ILO[10]. Living Standard Measurement Survey. LABORSTA Labour Statistics Database. International Labour Organization. gapm.io/xilohhs.

IMDb (Internet Movie Database). Search results for feature films filtered by year. gapm.io/ximdbf.

IMF[1] (International Monetary Fund). GDP per capita, constant prices with forecasts to 2022. World Economic Outlook 2017, October edition. Accessed November 2, 2017. gapm.io/ximfw.

IMF[2]. Archive. World Economic Outlook Database, previous years. gapm.io/ximfwp.

India Census 2011. "State of Literacy." Office of the Registrar General & Census Commissioner, India. 2011. gapm.io/xindc.

International Rhino Foundation. "Between 5,042–5,455 individuals in the wild—Population slowly increasing." Black Rhino. November 5, 2017. https://rhinos.org/state-of-the-rhino/

IPCC[1] (Intergovernmental Panel on Climate Change). Fifth Assessment Report (AR5) Authors and Review Editors. May 27, 2014. gapm.io/xipcca.

IPCC[2]. Fifth Assessment Report (AR5)—Climate Change 2014: Climate Change 2014 Synthesis Report, page 10: "Surface temperature is projected to rise over the 21st century under all assessed emission scenarios." Accessed

April 10, 2017. gapm.io/xipcc.

Ipsos MORI[1]. Online polls for Gapminder in 12 countries, August 2017. gapm.io/gt17re.

Ipsos MORI[2]. "Perils of Perception 2015." Ipsos MORI, December 2, 2015. gapm.io/xip15.

Ipsos MORI[3]. "Perils of Perception 2016." Ipsos MORI, December 14, 2016. gapm.io/xip16.

IPUMS (Integrated Public Use Microdata Series International). Version 6.3. gapm.io/xipums.

ISC (Internet System Consortium). "Internet host count history." gapm.io/xitho.

ISRC. "International Standard Recording Code." Managed by International ISRC Agency. http://isrc.ifpi.org/en/faq.

ITOPF (International Tanker Owners Pollution Federation). "Oil tanker spill statistics 2016." Page 4. Published February 2017. Accessed September 20, 2017. http://www.itopf.com/fileadmin/data/Photos/Publications/Oil_Spill_Stats_2016_low.pdf.

ITRPV. "International Technology Roadmap for Photovoltaic." Workshop at Intersolar Europe, Munich, June 1, 2017. Graph on slide 6. gapm.io/xitrpv.

ITU[1] (International Telecommunication Union). "Mobile cellular subscriptions." World Telecommunication/ICT Development Report and Database. gapm.io/xitumob.

ITU[2]. "ICT Facts and Figures 2017." Individuals using the Internet. Accessed November 27, 2017. gapm.io/xituintern.

IUCN[1] (International Union for Conservation of Nature). Protected Area (Definition 2008). gapm.io/xprarde.

IUCN[2]. Categories of protected areas. gapm.io/x-protareacat.

IUCN[3]. Green, Michael John Beverley, ed. *IUCN Directory of South Asian Protected Areas*. IUCN, 1990.

IUCN Red List[1]. Goodrich, J., et al., "Panthera tigris (Tiger)." *IUCN Red List of Threatened Species 2015*: e.T15955A50659951. Accessed December 7, 2017. gapm.io/xiucnr1.

IUCN Red List[2]. Swaisgood, R., D. Wang, and F. Wei. "Ailuropoda melanoleuca (Giant Panda)" (errata version published in 2016). *IUCN Red List of Threatened Species 2016*: e.T712A121745669. Accessed December 7, 2017. http://dx.doi.org/10.2305/IUCN.UK.2016-2.RLTS.T712A45033386.en.

IUCN Red List[3]. Emslie, R. "Diceros bicornis (Black Rhinoceros, Hook-lipped Rhinoceros)." *IUCN Red List of Threatened Species 2012*: e.T6557A16980917. Accessed December 7, 2017. http://dx.doi.org/10.2305/IUCN.UK.2012.RLTS.T6557A16980917.en.

IUCN Red List[4]. IUCN. "Table 1: Numbers of threatened species by major groups of organisms (1996–2017)." Last modified September 14, 2017. gapm.io/xiucnr4.

Jacobson, Jodi L. "Environmental Refugees: A Yardstick of Habitability." Worldwatch Paper 86. Washington, DC: Worldwatch Institute, 1988.

Jinha, A. E. "Article 50 million: an estimate of the number of scholarly articles in existence." *Learned Publishing* 23, no. 10 (2010): 258–63. DOI: 10.1087/20100308. gapm.io/xjinha.

Johnson, N. P., and J. Mueller. "Updating the accounts: global mortality of the 1918–1920 'Spanish' influenza pandemic." *Bulletin of the History of Medicine* 76, no. 1 (Spring 2002): 105–15.

Kahneman, Daniel. *Thinking, Fast and Slow*. New York: Farrar, Straus & Giroux, 2011.

Keilman, Nico. "Data quality and accuracy of United Nations population projections, 1950–95." *Population Studies* 55, no. 2 (2001): 149–64. Posted December 9, 2010. gapm.io/xpaccur.

Klein Goldewijk, Kees. "Total SO_2 Emissions." Utrecht University. Based on Paddy (http://cdiac.ornl.gov). May 18, 2013. gapm.io/x-so2em.

Klepac, Petra, et al. "Towards the endgame and beyond: complexities and challenges for the elimination of infectious diseases." Figure 1. *Philosophical Transactions of the Royal Society B*, June 24, 2013. DOI: 10.1098/rstb.2012.0137. http://rstb.royalsocietypublishing.org/content/368/1623/20120137.

Lafond, F., et al. "How well do experience curves predict technological progress? A method for making distributional forecasts." Navigant Research. 2017.

https://arxiv.org/pdf/1703.05979.pdf.

Larson, Heidi J., et al. "The State of Vaccine Confidence 2016: Global Insights Through a 67-Country Survey." *EBioMedicine* 12 (October 2016): 295–301. Posted September 13, 2016. DOI: 10.1016/j.ebiom.2016.08.042. gapm.io/xvacnf.

Lindgren, Mattias. "Gapminder's long historic time series." published from 2006 to 2016. gapm.io/histdata.

Livi-Bacci, Massimo. *A Concise History of World Population*. 2nd. ed. Page 22. Maiden, MA: Blackwell, 1989.

Lozano, Rafael, Krycia Cowling, Emmanuela Gakidou, and Christopher J. L. Murray. "Increased educational attainment and its effect on child mortality in 175 countries between 1970 and 2009: a systematic analysis." *Lancet* 376, no. 9745 (September 2010): 959–74. DOI: 10.1016/S0140-6736(10)61257-3. gapm.io/xedux.

Maddison[1]. Maddison project maintaining data from Angus Maddison. GDP per capita estimates, via CLIO Infra. Updated by Jutta Bolt and Jan Luiten van Zanden, et al. Accessed December 3, 2017. https://www.clio-infra.eu/Indicators/GDPperCapita.html.

Maddison[2]. Maddison project via CLIO Infra. Filipa Ribeiro da Silva's version revised by Jonathan Fink-Jensen, updated April 29, 2015. https://www.clio-infra.eu/Indicators/TotalPopulation.html.

Magnus & Pia. Mino's parents.

McEvedy, Colin, and Richard Jones. *Atlas of World Population History*. New York: Facts on File, 1978. As cited in US-CPS. gapm.io/x-pophist.

Mischel, Walter. *The Marshmallow Test: Mastering Self-Control*. New York: Little, Brown, 2014.

Music Trades. "The Annual Census of the Music Industries." 2016. http://www.musictrades.com/census.html.

Myrskylä, M., H. P. Kohler, and F. Billari. "Advances in Development Reverse Fertility Declines." *Nature* 460, No. 6 (2009): 741–43. DOI: 10.1038/nature08230.

National Biomonitoring Program. Centers for Disease Control and Prevention

Organochlorine Pesticides Overview. gapm.io/xpes.

National Police Agency of Japan. *Damage Situation and Police Countermeasures Associated with 2011 Tohoku District Off the Pacific Ocean Earthquake September 8, 2017*. Emergency Disaster Countermeasures Headquarters. gapm.io/xjapan.

NCI[1] (National Cancer Institute). "Trends in relative survival rates for all childhood cancers, age 20, all races, both sexes SEER (9 areas), 1975–94." Figure 10, p. 9, in L. A. G. Ries, M. A. Smith, et al., eds., "Cancer Incidence and Survival Among Children and Adolescents: United States SEER Program 1975–1995." National Cancer Institute, SEER Program. NIH. Pub. No. 99-4649. Bethesda, MD: 1999. gapm.io/xccs17.

NCI[2]. Childhood cancer rates calculated using the Incidence SEER18 Research Database, November 2016 submission (Katrina/Rita Population Adjustment). https://www.cancer.gov/types/childhood-cancers/child-adolescent-cancers-fact-sheet#r4.

NHTSA (National Highway Traffic Safety Administration). "Alcohol-Impaired Driving from the Traffic Safety Facts, 2016 Data." Table 1. October 2017. gapm.io/xalc.

Nobel Prize in Physiology or Medicine 1948. Paul Herman Müller. gapm.io/xnob.

Novus[1]. Polls for Gapminder in Finland and Norway, April–October 2017. gapm.io/pnovus17a.

Novus[2]. Polls for Gapminder in Sweden, Norway, USA and UK, 2013 to 2017. gapm.io/polls17b.

Novus[3]. Polls for Gapminder in Sweden, April 2017; in USA, November 2013 and September 2016 by GfK Group using KnowledgePanel; in the UK, by NatCen. gapm.io/pollnov17bnovus-17b.

Nuclear Notebook. Kristensen, Hans M., and Robert S. Norris. "The Bulletin of the Atomic Scientists' Nuclear Notebook." Federation of American Scientists. https://thebulletin.org/nuclear-notebook-multimedia.

ODI (Overseas Development Institute). Greenhill, Romilly, Paddy Carter, Chris Hoy, and Marcus Manuel. "Financing the future: how international public finance should fund a global social compact to eradicate poverty." ODI, 2015.

gapm.io/xodi.

OEC. Simoes, Alexander J. G., and César A. Hidalgo. "The Economic Complexity Observatory: An Analytical Tool for Understanding the Dynamics of Economic Development." Workshops at the Twenty-Fifth AAAI Conference on Artificial Intelligence, 2011. Trade in hs92 category 920.2. String Instruments. gapm.io/xoec17. The Economic Complexity Observatory. https://atlas.media.mit.edu/en/.

OECD[1] (Organisation for Economic Co-operation and Development). "Why Is Health Spending in the United States So High?" Chart 4: Health spending per capita by category of care, US and selected OECD countries, 2009. Health at a Glance 2011: OECD Indicators. gapm.io/x-ushealth.

OECD[2]. Air and GHG emissions: Carbon dioxide (CO_2), Tonnes/capita, 2000–2014. gapm.io/xoecdco2.

OECD[3]. "Indicators of Immigrant Integration 2015". OECD and European Union, July 2, 2015. gapm.io/xoecdimintegr.

OHDB (Oral Health Database). WHO Collaborating Centre for Education, Training and Research at the Faculty of Odontology, Malmö, Sweden, supported by the WHO Global Oral Health Programme for Oral Health Surveillance and Niigata University, Japan. https://www.mah.se/CAPP/.

Oppenheim Mason, Karen. "Explaining Fertility Transitions." *Demography*, Vol. 34, No. 4, 1997, pp. 443-54. gapm.io/xferttra.

Ostrom, Elinor. *Governing the Commons*. Cambridge, UK: Cambridge University Press, 1990.

OurWorldInData[1]. Roser, Max, and Esteban Ortiz-Ospina. "Declining global poverty: share of people living in extreme poverty, 1820–2015, Global Extreme Poverty." Published online at OurWorldInData.org. Accessed November 20, 2017. https://ourworldindata.org/extreme-poverty.

OurWorldInData[2]. Roser, Max, and Esteban Ortiz-Ospina. "When did literacy start growing in Europe?" Published online at OurWorldInData.org. Accessed November 20, 2017. https://ourworldindata.org/literacy.

OurWorldInData[3]. Roser, Max, and Esteban Ortiz-Ospina. "Child Labor." 2017. Published online at OurWorldInData.org. Accessed November 20, 2017.

https://ourworldindata.org/child-labor.

OurWorldInData[4]. Roser, Max. "Share of World Population Living in Democracies." 2017. Published online at OurWorldInData.org. Accessed November 26, 2017. https://ourworldindata.org/democracy.

OurWorldInData[5]. Roser, Max. "Ethnographic and Archaeological Evidence on Violent Deaths." Published online at OurWorldInData.org. Accessed November 26, 2017. https://ourworldindata.org/ethnographic-and-archaeological-evidence-on-violent-deaths.

OurWorldInData[6]. Roser, Max, and Mohamed Nagdy. "Nuclear weapons test." 2017. Published online at OurWorldInData.org. Accessed November 14, 2017. https://ourworldindata.org/nuclear-weapons.

OurWorldInData[7]. Number of parties in multilateral environmental agreements based on UNCTAD United Nations Treaty Collection. Published online at OurWorldInData.org. https://ourworldindata.org/grapher/number-of-parties-env-agreements.

OurWorldInData[8]. Tzvetkova, Sandra. "Not All Deaths Are Equal: How Many Deaths Make a Natural Disaster Newsworthy?" Published online at OurWorldInData.org. Accessed July 19, 2017. https://ourworldindata.org/how-many-deaths-make-a-natural-disaster-newsworthy.

OurWorldInData[9]. Ritchie, Hannah and Max Roser. "Energy Production & Changing Energy Sources", Based on Lafond et al. (2017). Published online at OurWorldInData.org. Accessed December 19, 2017. https:// ourworldindata.org/energy-production-and-changing-energy-sources/.

OurWorldInData[10]. Roser, Max. "Fertility Rate." Published online at OurWorldInData.org. https://ourworldindata.org/fertility-rate.

Paine, R. R., and J. L. Boldsen. "Linking age-at-death distributions and ancient population dynamics: a case study." 2002. In *Paleodemography: Age distributions from skeletal samples*, ed. R. D. Hoppa and J. W. Vaupel, 169–80. Cambridge, UK: Cambridge University Press.

Paulos, John Allen. *Innumeracy: Mathematical Illiteracy and its Consequences*. New York: Penguin, 1988.

PDNA. Government of Nepal National Planning Commission. *Nepal Earthquake*

2015: Post Disaster Needs Assessment, vol. A. Kathmandu: Government of Nepal, 2015. gapm.io/xnep.

Perry, Mark J. "SAT test results confirm pattern that's persisted for 50 years—high school boys are better at math than girls." *AEIdeas* blog, American Enterprise Institute, September 27, 2016. gapm.io/xsat.

Pew[1]. "Japanese Wary of Nuclear Energy." Pew Research Center, Global Attitudes and Trends, June 5, 2012. gapm.io/xpewnuc.

Pew[2]. "Religious Composition by Country, 2010–2050." Pew Research Center, Religion & Public Life, April 2, 2015 (table). gapm.io/xpewrel1.

Pew[3]. "The Future of World Religions: Population Growth Projections, 2010–2050." Pew Research Center, Religion & Public Life, April 2, 2015. gapm.io/xpewrel2.

Pinker, Steven. *The Better Angels of Our Nature: The Decline of Violence in History and Its Causes*. London: Penguin, 2011.

———. *The Blank Slate: The Modern Denial of Human Nature*. New York: Penguin, 2002.

———. *How the Mind Works*. New York: W.W. Norton, 1997.

———. *The Stuff of Thought*. New York: Viking, 2007.

Platt, John R. "Big News: Wild Tiger Populations Are Increasing for the First Time in a Century." *Scientific American*, April 10, 2016.

PovcalNet "An Online Analysis Tool for Global Poverty Monitoring." Founded by Martin Ravallion, at the World Bank. Accessed November 30, 2017. http://iresearch.worldbank.org/PovcalNet.

PRIO. "The Battle Deaths Dataset version 3.1." Updated in 2006; 1946–2008. See Gleditsch and Lacina (2005), Accessed November 12, 2017. gapm.io/xpriod.

Quétel, Claude. *History of Syphilis*. Trans. Judith Braddock and Brian Pike. Cambridge, UK: Polity Press, 1990. gapm.io/xsyph.

Raupach M. R., et al. "Sharing a quota on cumulative carbon emissions." *Nature Climate Change* 4 (2014): 873–79. DOI: 10.1038/nclimate2384. gapm.io/xcar.

Rosling, Hans. "The best stats you've ever seen." TED video, 19:50. Filmed February 2006 in Monterey, CA. https://www.ted.com/talks/hans_rosling_

shows_the_best_stats_you_ve_ever_seen. gapm.io/xtedros.

———. "Hans Rosling at World Bank: Open Data." World Bank video, 41:54. Filmed May 22, 2010, in Washington, DC. https://www.youtube.com/watch?v=5OWhcrjxP-E. gapm.io/xwbros.

———. "The Magic Washing Machine." TEDWomen video, 9:15. Filmed December 2010 in Washington, DC. https://www.ted.com/talks/hans_rosling_and_the_magic_washing_machine. gapm.io/tedrosWa.

Rosling, Hans, Yngve Hofvander, and Ulla-Britt Lithell. "Children's Death and Population Growth." *Lancet* 339 (February 8, 1992): 377–78.

Royal Society of London. *Philosophical Transactions of the Royal Society of London*. 155 vols. London, 1665–1865. gapm.io/xroys1665.

Sarkees, Meredith Reid, and Frank Wayman. *Resort to War: 1816–2007*. Washington DC: CQ Press, 2010. gapm.io/xcow17.

SCB (Statistiska Centralbyrån). System of Environmental and Economic Accounts. gapm.io/xscb2.

Schultz, T. Paul. "Why Governments Should Invest More to Educate Girls." *World Development* 30, no. 2 (2002): 207–25.

SDL. "Slavery in Domestic Legislation", a database by Jean Allain and Dr. Marie Lynch at Queen's University, Belfast. http://www.qub.ac.uk/slavery/.

Senge, Peter M. *The Fifth Discipline: The Art & Practice of the Learning Organization*. New York: Doubleday, 1990.

Shengmin, Yu, et al. "Study on the Concept of Per Capita Cumulative Emissions and Allocation Options." *Advances in Climate Change Research* 2, no. 2 (June 25, 2011): 79–85. gapm.io/xcli11.

SIPRI (Stockholm International Peace Research Institute). Trends in world nuclear forces, 2017. Kile, Shannon N. and Hans M. Kristensen. SIPRI, July 2017. gapm.io/xsipri17.

Smil, Vaclav. *Energy Transitions: Global and National Perspectives*. 2nd ed. Santa Barbara, CA: Praeger, 2016. gapm.io/xsmilen.

———. *Global Catastrophes and Trends: The Next Fifty Years*. Cambridge: MIT Press, 2008. gapm.io/xsmilcat.

Spotify. Web API. https://developer.spotify.com/web-api.

Stockholm Declaration. Fifth Global Meeting of the International Dialogue on Peacebuilding and Statebuilding, 2016. https://www.pbsbdialogue.org/en.

Sundberg, Ralph and Erik Melander. "Introducing the UCDP Georeferenced Event Dataset", Journal of Peace Research, vol. 50, no. 4, (2013): 523-32.

Sundin, Jan, Christer Hogstedt, Jakob Lindberg, and Henrik Moberg. *Svenska folkets hälsa i historiskt perspektiv*. Barnhälsans historia, page 122. Solna, Sweden: Statens folkhälsoinstitut, 2005. gapm.io/xsfhi5.

Tanigawa, Koichi, et al. "Loss of life after evacuation: lessons learned from the Fukushima accident." *Lancet* 379, no. 9819 (March 10, 2012): 889–91. gapm.io/xfuk.

Tavris, Carol, and Elliot Aronson. *Mistakes Were Made (But Not by Me): Why We Justify Foolish Beliefs, Bad Decisions, and Hurtful Acts*. New York: Harcourt, 2007.

Tetlock, P.E., and D. Gardner. *Superforecasting: The Art and Science of Prediction*. New York: Crown, 2015.

The Economist[1]. "The tragedy of the high seas." *Economist*, February 22, 2014. gapm.io/xeconsea.

The Economist[2]. "Democracy Index from the Economist Intelligence Unit." Accessed December 2, 2017. gapm.io/xecodemi.

Tylleskär, Thorkild. "Konzo—The Walk of the Chameleon." Video, a group work in global nutrition, featuring Dr. Jean-Pierre Banea-Mayambu (head of Pronanut), Dr. Desire Tshala-Katumbay (from the neurology clinic at the Centre Neuropsychopathologique, CNPP, Kinshasa), and students in nutrition at Uppsala University, Sweden, 1995. gapm.io/xvkonzo.

UCDP[1] (Uppsala Conflict Data Program). Battle-Related Deaths Dataset, 1989 to 2016, dyadic, version 17.1. See Allansson et al. (2017). http://ucdp.uu.se/downloads.

UCDP[2]. Uppsala Conflict Data Program, Georeferenced Event Dataset (GED) Global version 17.1 (2016), See Sundberg et al (2013). Department of Peace and Conflict Research, Uppsala University, http://ucdp.uu.se/downloads.

UN Comtrade. https://comtrade.un.org/.

UN Statistics Division. "Developing regions". Accessed December 20, 2017.

gapm.io/xunsdef.

UN-IGME (United Nations Inter-agency Group for Child Mortality Estimation). "Child Mortality Estimates." Last modified October 19, 2017. http://www.childmortality.org.

UN-Pop[1] (UN Population Division). Population, medium fertility variant. World Population Prospects 2017. United Nations, Department of Economic and Social Affairs, Population Division. https://esa.un.org/unpd/wpp.

UN-Pop[2]. Annual age composition of world population, medium fertility variant. World Population Prospects 2017. UN Population Division. https://esa.un.org/unpd/wpp.

UN-Pop[3]. Indicators: Life expectancy and total fertility rate (medium fertility variant). World Population Prospects 2017. UN Population Division. Accessed September 2, 2017. https://esa.un.org/unpd/wpp.

UN-Pop[4]. Annual population by age—Female, medium fertility variant. World Population Prospects 2017. UN Population Division. Accessed November 7, 2017. gapm.io/xpopage.

UN-Pop[5]. World Population Probabilistic Projections. Accessed November 29, 2017. gapm.io/xpopproj.

UN-Pop[6]. "The impact of population momentum on future population growth." *Population Facts* no. 2017/4 (October, 2017): 1–2. gapm.io/xpopfut.

UN-Pop[7]. Andreev, K., V. Kantorová, and J. Bongaarts. "Demographic components of future population growth." Technical paper no. 2013/3. United Nations DESA Population Division, 2013. gapm.io/xpopfut2.

UN-Pop[8]. Deaths (both sexes combined), medium fertility variant. World Population Prospects 2017. UN Population Division. Accessed December 2, 2017. gapm.io/xpopdeath.

UN-Pop[9]. World Contraceptive Use 2017. World Population Prospects 2017. UN Population Division, March 2017. Accessed December 2, 2017. gapm.io/xcontr.

UNAIDS. "AIDSinfo." Accessed October 4, 2017. http://aidsinfo.unaids.org.

UNDESA (United Nations Department of Economic and Social Affairs). "Electricity and education: The benefits, barriers, and recommendations for achieving the electrification of primary and secondary schools." December 2014. gapm.io/xdessel.

UNEP[1] (United Nations Environment Programme). *Towards a Pollution-Free Planet*. Nairobi: United Nations Environment Programme, 2017. gapm.io/xpolfr17.

UNEP[2]. Regional Lead Matrix documents published between 1990 and 2012. gapm.io/xuneplmats.

UNEP[3]. "Leaded Petrol Phase-out: Global Status as at March 2017." Accessed November 29, 2017. gapm.io/xunepppo.

UNEP[4]. Ozone data access center: ODS consumption in ODP tonnes. Data updated November 13, 2017. Accessed November 24, 2017. gapm.io/xods17.

UNEP[5]. The World Database on Protected Areas (WDPA). UNEP, IUCN, and UNEP-WCMC. https://protectedplanet.net.

UNEP[6]. Protected Planet Report 2016. UNEP-WCMC and IUCN, Cambridge, UK, and Gland, Switzerland, 2016. Accessed December 17, 2017. gapm.io/xprotp16.

UNESCO[1] (United Nations Educational, Scientific and Cultural Organization). "Education: Completion rate for primary education (household survey data)." Accessed November 5, 2017. gapm.io/xcomplr.

UNESCO[2]. "Education: Literacy rate." Last modified July 2017. Accessed November 5, 2017. gapm.io/xuislit.

UNESCO[3]. "Education: Out-of-school rate for children of primary school age, female." Accessed November 26, 2017. gapm.io/xuisoutsf.

UNESCO[4]. "Rate of out-of-school children." Accessed November 29, 2017. gapm.io/xoos.

UNESCO[5]. "Reducing global poverty through universal primary and secondary education." June 2017. gapm.io/xprimsecpov.

UNFPA (United Nations Population Fund). "Sexual & reproductive health." Last updated November 16, 2017. http://www.unfpa.org/sexual-reproductive-health.

UNHCR (United Nations High Commissioner for Refugees). "Convention and protocol relating to the status of refugees." UN Refugee Agency, Geneva.

gapm.io/xunhcr.

UNICEF-MICS. Multiple Indicator Cluster Surveys. Funded by the United Nations Children's Fund. Accessed November 29, 2017. http://mics.unicef.org.

UNICEF[1]. *The State of the World's Children 1995*. Oxford, UK: Oxford University Press, 1995. gapm.io/xstchi.

UNICEF[2]. "Narrowing the Gaps—The Power of Investing in the Poorest Children." July 2017. gapm.io/xunicef2.

UNICEF[3]. "Diarrhoea remains a leading killer of young children, despite the availability of a simple treatment solution." Accessed September 11, 2017. gapm.io/xunicef3.

UNICEF[4]. "The State of the World's Children 2013—Children with Disabilities." 2013. gapm.io/x-unicef4.

UNICEF[5]. "Vaccine Procurement Services". https://www.unicef.org/supply/index_54052.html.

UNISDR (United Nations Office for Disaster Risk Reduction). "Heat wave in Europe in 2003: new data shows Italy as the most affected country." UNISDR, 2003. gapm.io/x-unicefC5.

US-CPS. US Census Bureau. Current Population Survey, 2017 Annual Social and Economic Supplement. Table: "FINC01_01. Selected Characteristics of Families by Total Money Income in: 2016," monetary income, all races, all families. gapm.io/xuscb17.

USAID-DHS[1]. Demographic and Health Surveys (DHS), funded by USAID. https://dhsprogram.com.

USAID-DHS[2]. Bietsch, Kristin, and Charles F. Westoff. *Religion and Reproductive Behavior in Sub-Saharan Africa*. DHS Analytical Studies No. 48. Rockville, MD: ICF International, 2015. gapm.io/xdhsarel.

van Zanden[1]. van Zanden, Jan Luiten, Joerg Baten, Peter Foldvari, and Bas van Leeuwen. "World Income Inequality: The Changing Shape of Global Inequality 1820–2000." Utrecht University, 2014. http://www.basvanleeuwen.net/bestanden/WorldIncomeInequality.pdf.

van Zanden[2]. van Zanden, Jan Luiten, and Eltjo Buringh. "Rise of the West:

Manuscripts and Printed Books in Europe: A long-term perspective from the sixth through eighteenth centuries." *Journal of Economic History* 69, no. 2 (February 2009): 409–45. gapm.io/xriwe.

van Zanden[3], van Zanden, Jan Luiten, et al., eds. *How Was Life? Global Well-Being Since 1820.* Paris: OECD Publishing, 2014. gapm.io/x-zanoecd.

WEF (World Economic Forum). "Davos 2015—Sustainable Development: Demystifying the Facts." WEF video, 15:42. Filmed Davos, Switzerland, January 2015. Link to 5 minutes 18 seconds into the presentation, when Hans show the audience results: https://youtu.be/3pVlaEbpJ7k?t=5m18s.

White[1]. White, Matthew. *The Great Big Book of Horrible Things*. New York: W.W. Norton, 2011.

White[2]. White, Matthew. Estimates of death tolls in World War II. Necrometrics. http://necrometrics.com/20c5m.htm#Second.

WHO[1] (World Health Organization). "Global Health Observatory data repository: Immunization." Accessed November 2, 2017. gapm.io/xwhoim.

WHO[2]. Safe abortion: Technical & policy guidance for health systems. gapm.io/xabor.

WHO[3]. WHO Ebola Response Team. "Ebola Virus Disease in West Africa—The First 9 Months of the Epidemic and Forward Projections." *New England Journal of Medicine* 371 (October 6, 2014): 1481–95. gapm.io/xeboresp.

WHO[4]. "Causes of child mortality." Global Health Observatory (GHO) data. Accessed September 12, 2017. gapm.io/xeboresp2.

WHO[5]. "1986–2016: Chernobyl at 30." April 25, 2016. gapm.io/xwhoc30.

WHO[6]. "The use of DDT in malaria vector control: WHO position statement." Global Malaria Programme, World Health Organization, 2011. gapm.io/xwhoddt1.

WHO[7]. "DDT in Indoor Residual Spraying: Human Health Aspects—Environmental Health Criteria 241." World Health Organization, 2011. gapm.io/xwhoddt2.

WHO[8]. "WHO Global Health Workforce Statistics." World Health Organization, 2016. gapm.io/xwhowf.

WHO[9]. Situation updates—Pandemic. gapm.io/xwhopand.

WHO[10]. Global Health Observatory (GHO) data. Tuberculosis (TB). http://www.who.int/gho/tb/.

WHO[11]. "What is multidrug-resistant tuberculosis (MDR-TB) and how do we control it?" gapm.io/xmdrtb.

WHO[12]. "Global Health Expenditure Database." Last updated December 5, 2017. http://apps.who.int/nha/database.

WHO[13]. Ebola situation reports. gapm.io/xebolawho.

WHO[14]. Antimicrobial resistance. gapm.io/xantimicres.

WHO[15]. Neglected tropical diseases. gapm.io/xnegtrop.

WHO[16]. "Evaluation of the international drinking water supply and sanitation decade, 1981-1990." World Health Organization, November 21, 1991. Executive board, eighty-ninth session. Page 4. gapm.io/xwhow90.

WHO[17]. Emergencies preparedness, response. Situation updates—Pandemic (H1N1) 2009. http://www.who.int/csr/disease/swineflu/updates/en/index.html.

WHO[18]. Global Health Observatory (GHO) data. Tuberculosis (TB). http://www.who.int/gho/tb/.

WHO/UNICEF. "Ending Preventable Child Deaths from Pneumonia and Diarrhoea by 2025." World Health Organization/The United Nations Children's Fund (UNICEF), 2013. gapm.io/xpneuDiarr.

WHO/UNICEF JMP (Joint Monitoring Programme). "Drinking water, sanitation and hygiene levels," 2015. https://washdata.org/data.

Wikipedia[1]. "Timeline of abolition of slavery and serfdom." https://en.wikipedia.org/wiki/Timeline_of_abolition_of_slavery_and_serfdom.

Wikipedia[2]. "Capital punishment by country: Abolition chronology." https://en.wikipedia.org/wiki/Capital_punishment_by_country#Abolition_chronology.

Wikipedia[3]. "Feature film: History." https://en.wikipedia.org/wiki/Feature_film#History.

Wikipedia[4]. "Women's suffrage." https://en.wikipedia.org/wiki/Women%27s_suffrage.

Wikipedia[5]. "Sound recording and reproduction: Phonoautograph." https://

en.wikipedia.org/wiki/Sound_recording_and_reproduction#Phonautograph.

Wikipedia[6]. “World War II casualties.” https://en.wikipedia.org/wiki/World_War_II_casualties.

Wikipedia[7]. “List of terrorist incidents: 1970–present.” https://en.wikipedia.org/wiki/List_of_terrorist_incidents#1970-present.

Wikipedia[8]. “Cobratoxin: Multiple sclerosis.” https://en.wikipedia.org/wiki/Cobratoxin#cite_note-pmid21999367-8.

Wikipedia[9]. “Charles Waterton.” https://en.wikipedia.org/wiki/Charles_Waterton.

Wikipedia[10]. “Recovery position.” https://en.wikipedia.org/wiki/Recovery_position.

World Bank[1]. “Indicator GDP per capita, PPP (constant 2011 international $).” International Comparison Program database. Downloaded October 22, 2017. gapm.io/xwb171.

World Bank[2]. “World Bank Country and Lending Groups.” Accessed November 6, 2017. gapm.io/xwb172.

World Bank[3]. “Primary completion rate, female (% of relevant age group).” Accessed November 5, 2017. gapm.io/xwb173.

World Bank[4]. “Population of Country Income Groups in 2015—Population, total.” Accessed November 7, 2017. gapm.io/xwb174.

World Bank[5]. “Poverty headcount ratio at $1.90 a day (2011 PPP) (% of population).” Development Research Group. Downloaded October 30, 2017. gapm.io/xwb175.

World Bank[6]. “Indicator Access to electricity (% of population).” Sustainable Energy for All (SEforALL) Global Tracking Framework. International Energy Agency and the Energy Sector Management Assistance Program, 2017. gapm.io/xwb176.

World Bank[7]. “Life expectancy at birth, total (years).” United Nations Statistical Division. Population and Vital Statistics Reports (various years). Accessed November 8, 2017. gapm.io/xwb177.

World Bank[8]. “Improved water source (% of population with access).” WHO/UNICEF Joint Monitoring Programme (JMP) for Water Supply and

Sanitation. Accessed November 8, 2017. gapm.io/xwb178.

World Bank[9]. “Immunization, measles (% of children ages 12-23 months).” Accessed November 8, 2017. gapm.io/xwb179.

World Bank[10]. “Prevalence of undernourishment (% of population).” Food and Agriculture Organisation. Accessed November 8, 2017. gapm.io/xwb1710.

World Bank[11]. “Out-of-pocket health expenditure (% of total expenditure on health).” Global Health Expenditure database, 2017. gapm.io/xwb1711.

World Bank[12]. Narayan, Deepa, Raj Patel, et al. *Voices of the Poor: Can Anyone Hear Us?* New York: Oxford University Press, 2000. gapm.io/xwb1712.

World Bank[13]. “International tourism: number of departures.” Yearbook of Tourism Statistics, Compendium of Tourism Statistics and Data Files, World Tourism Organization, 2017. gapm.io/xwb1713.

World Bank[14]. “Beyond Open Data: A New Challenge from Hans Rosling.” World Bank Video, 1:49:01. Filmed June 8, 2015. gapm.io/xwb1714.

World Bank[15]. Khokhar, Tariq. “Should we continue to use the term ‘developing world’?” *The Data* blog, World Bank, November 16, 2015. gapm.io/xwb1715.

World Bank[16]. “Income share held by highest 10%.” Development Research Group, 2017. gapm.io/xwb1716.

World Bank[17]. Jolliffe, Dean, and Espen Beer Prydz. “Estimating International Poverty Lines from Comparable National Thresholds.” World Bank Group, 2016. gapm.io/xwb1717.

World Bank[18]. “Mobile cellular subscriptions.” International Telecommunication Union, World Telecommunication/ICT Development Report and Database. Downloaded November 26, 2017. gapm.io/xwb1718.

World Bank[19]. “Individuals using the Internet (% of population).” International Telecommunication Union, World Telecommunication/ICT Development Report and Database. Downloaded November 27, 2017. gapm.io/xwb1719.

World Bank[20]. Global Consumption Database. http://datatopics.worldbank.org/consumption.

World Bank[21]. “School enrollment, primary and secondary (gross), gender parity index (GPI).” United Nations Educational, Scientific, and Cultural

Organization (UNESCO) Institute for Statistics, 2017. gapm.io/xwb1721.

World Bank[22]. "Global Consumption Database." World Bank Group, 2017. gapm.io/xwb1722.

World Bank[23]. "Physicians (per 1,000 people)." Selected countries and economies: Sweden and Mozambique. World Health Organization, Global Health Workforce Statistics, OECD, 2017. gapm.io/xwb1723.

World Bank[24]. "Health expenditure, total (% of GDP)." World Health Organization Global Health Expenditure Database, 2017. gapm.io/xwb1724.

World Bank[26]. Newhouse, David, Pablo Suarez-Becerra, and Martin C. Evans. "New Estimates of Extreme Poverty for Children—Poverty and Shared Prosperity Report 2016: Taking On Equality." Policy Research Working Paper no. 7845. World Bank, Washington, DC, 2016. gapm.io/xwb1726

World Bank[27]. World Bank Open Data Platform. https://data.worldbank.org.

WorldPop. Case Studies—Poverty. gapm.io/xworpopcs.

WWF. Tiger—Facts. 2017. Accessed November 5, 2017. gapm.io/xwwftiger.

YouGov[1]. November–December 2015. Poll results: gapm.io/xyougov15.

YouGov[2]. Poll about fears. 2014. gapm.io/xyougov15.

Zakaria, Fareed. *The Future of Freedom: Illiberal Democracy at Home and Abroad.* New York: W.W. Norton, 2003.

———. *The Post-American World.* New York: W.W. Norton, 2008.

作者简介

汉斯·罗斯林

汉斯于1948年出生于瑞典乌普萨拉。他在乌普萨拉大学学习统计学和医学，在印度班加罗尔的圣约翰医学院学习公共卫生，于1976年获得医生资格。在1974年至1984年期间，他全职护理他的三个孩子，共计18个月。从1979年到1981年，汉斯是莫桑比克纳卡拉的地区医疗官，在那里他发现了一种以前未被认识的麻痹性疾病，现在被称为“konzo”。随后，他对这种疾病的研究使他在1986年获得了乌普萨拉大学的博士学位。1997年，汉斯就任瑞典斯德哥尔摩医科大学卡罗林斯卡医学院国际健康学教授。他的研究重点是经济发展、农业、贫困和健康之间的联系。他还开设了新课程，启动了研究合作伙伴关系，并与人合著了一本关于全球健康的教科书。

2005年，汉斯与他的儿子欧拉·罗斯林和儿媳安娜·罗斯林·罗朗德共同创立了“开启民智”（Gapminder）基金会。其使命是以每个人都能理解的“基于事实的世界观”来对抗“毁灭性的无知”。汉斯曾向金融机构、企业和非政府组织讲课，他的10次TED演讲已被观看超过3500万次。

汉斯是世界卫生组织、联合国儿童基金会和几个援助机构的顾问，并参与了瑞典医生无国界组织的创立。他制作并发表了三部 BBC 纪录片：《快乐统计学》（2010）、《不要恐慌——人口的真相》（2013）、《不要恐慌：如何在 15 年内结束贫困》（2015）。汉斯是隶属于瑞典科学院的国际集团的成员，也是瑞士世界经济论坛的成员。他于 2009 年被《外交政策》杂志列为全球 100 位思想家之一，2011 年被《快公司》（*Fast Company*）杂志评为 100 位最具创造力的人之一，并于 2012 年成为《时代》杂志评选的全球最具影响力人物之一。

汉斯和他的妻子阿格妮塔·罗斯林有三个孩子：安娜、欧拉和马格纳斯。汉斯于 2017 年 2 月 7 日去世。

欧拉·罗斯林

欧拉·罗斯林于 1975 年出生于瑞典胡迪斯瓦尔。他是“开启民智”基金会的联合创始人，并于 2005 年至 2007 年以及 2010 年至今担任董事。

欧拉发明并开发了“开启民智”基金会的无知测试、结构化的无知测量项目及其认证过程。他为汉斯的大多数 TED 演讲和讲座提供了数据和材料。从 1999 年开始，欧拉领导了著名的动画气泡图工具“Trendalyzer”的开发，该工具被全世界数百万学生用来理解多维时间序列。2007 年，该工具被谷歌收购，欧拉在 2007 年至 2010 年期间领导了谷歌公共数据团队，之后他又回到基金会开发新的免费教材。欧拉经常做公开演讲，他与汉斯的联合 TED 谈话已经被观看了数百万次。

欧拉因其在基金会的工作获得了多个奖项，包括 2017 年的超级沟通者奖、金蛋奖[1]以及 2016 年的 NIRAS 国际综合发展奖。

欧拉与安娜·罗斯林·罗朗德结婚。他们有三个孩子：麦克斯、泰德和埃巴。

安娜·罗斯林·罗朗德

安娜于 1975 年出生于瑞典法伦。她拥有隆德大学的社会学学位和哥德堡大学的摄影学位，并且是“开启民智”基金会的联合创始人和副总裁。

安娜是“开启民智”最终用户的讲师和守护者，确保基金会所做的一切都很容易理解。安娜与欧拉一起指导了汉斯的 TED 讲座和其他讲座，开发了“开启民智”图表和幻灯片，并设计了动画气泡图工具“Trendalyzer”的用户界面。当该工具于 2007 年被谷歌收购时，她作为高级用户界面设计师加入谷歌工作。2010 年，安娜回到基金会，开发新的免费教材。

收入大街于 2016 年推出，是安娜的心血结晶，也是 2017 年 TED 演讲的主题。

安娜凭借在“开启民智”基金会的工作赢得了多个奖项，包括 2017 年的超级沟通者奖、金蛋奖和《快公司》改变世界创意大奖。

安娜与欧拉·罗斯林结婚。他们有三个孩子：麦克斯、泰德和埃巴。

---

[1] 由瑞典通讯机构协会颁发。

四个收入等级的日常生活

每个人像代表10亿人

来源: Gapminder[3] & Dollar Street